Karl Josef Westritschnig

Josef STEFAN 1835-1893

Kärntner Physikpionier – Lehrer – Mensch

disserta
Verlag

Westritschnig, Karl Josef: Josef STEFAN 1835-1893. Kärntner Physikpionier – Lehrer – Mensch, Hamburg, disserta Verlag, 2016

Buch-ISBN: 978-3-95935-278-9
PDF-eBook-ISBN: 978-3-95935-279-6
Druck/Herstellung: disserta Verlag, Hamburg, 2016
Covergestaltung: © Annelie Lamers

Bibliografische Information der Deutschen Nationalbibliothek:
Die Deutsche Nationalbibliothek verzeichnet diese Publikation in der Deutschen Nationalbibliografie; detaillierte bibliografische Daten sind im Internet über http://dnb.d-nb.de abrufbar.

Das Werk einschließlich aller seiner Teile ist urheberrechtlich geschützt. Jede Verwertung außerhalb der Grenzen des Urheberrechtsgesetzes ist ohne Zustimmung des Verlages unzulässig und strafbar. Dies gilt insbesondere für Vervielfältigungen, Übersetzungen, Mikroverfilmungen und die Einspeicherung und Bearbeitung in elektronischen Systemen.

Die Wiedergabe von Gebrauchsnamen, Handelsnamen, Warenbezeichnungen usw. in diesem Werk berechtigt auch ohne besondere Kennzeichnung nicht zu der Annahme, dass solche Namen im Sinne der Warenzeichen- und Markenschutz-Gesetzgebung als frei zu betrachten wären und daher von jedermann benutzt werden dürften.

Die Informationen in diesem Werk wurden mit Sorgfalt erarbeitet. Dennoch können Fehler nicht vollständig ausgeschlossen werden und die Diplomica Verlag GmbH, die Autoren oder Übersetzer übernehmen keine juristische Verantwortung oder irgendeine Haftung für evtl. verbliebene fehlerhafte Angaben und deren Folgen.

Alle Rechte vorbehalten

© disserta Verlag, Imprint der Diplomica Verlag GmbH
Hermannstal 119k, 22119 Hamburg
http://www.disserta-verlag.de, Hamburg 2016
Printed in Germany

Dieses Buch ist jenen Menschen gewidmet, denen dieser hervorragende Physiker und Mensch, welcher aus bildungsferner und einfacher Sozialschicht gekommen ist, etwas bedeutet.

Inhaltsverzeichnis

Vorbemerkung 11

1   Einleitung 19

2   Kärnten und eine zweisprachige Landeskultur 29
  2.1   Fürstenstein ein zweisprachiges Rechtssymbol 29
  2.2   Ein einerlei Volk von Brüdern 30
  2.3   Ein verhängnisvolles Bewusstwerden als Deutsche und Slowenen 33
  2.4   Perkonig und das Landesbewusstsein 35

3   Josef STEFAN ein entbehrungsreich geborener Kärntner Slowene 42
  3.1   Geburt in ländlich-bäuerlicher Umgebung von Klagenfurt 42
  3.2   Muster-Hauptschule in Klagenfurt 62
  3.3   Alexius Stefan und ein Mehlgeschäft in Klagenfurt 68
  3.4   Stefan und das Gymnasium der Benediktiner in Klagenfurt 72
      3.4.1   Gymnasien und Modernisierung nach liberaler Revolution 76
      3.4.2   Robida ein kritisch gewürdigter Physiklehrer 81
      3.4.3   Physikalisch-mathematisch begabter Gymnasiast 82
      3.4.4   Sprachlich-musisch-literarisches Talent 87

4   Josef STEFAN und eine Bildungsbeteiligung aus ländlicher Südkärntner Gesellschaft 92
  4.1   Student der Mathematik und Physik in Wien 94
      4.1.1   Erste physikalische Abhandlungen 96
      4.1.2   Musisch-literarische slowenische Tätigkeiten als Student 97
      4.1.3   Habilitation in mathematischer Physik 101
  4.2   Realschule eine protestantische Bildungsidee 102
      4.2.1   Comenius und ein pädagogischer Realismus 103
      4.2.2   Pietismus und die Realschule 107
      4.2.3   Semler und eine Realschule für Handwerker 112
      4.2.4   Hecker und eine Realschule für Bürger 115
  4.3   Stefan ein wirklicher Realschullehrer 116
  4.4   Stefan ein hingebungsvoller Universitätslehrer 123

5   Josef STEFAN eine Symbiose experimenteller und mathematischer Physik 129
  5.1   Beziehung zur Akademie der Wissenschaften 130

5.2	Lehrkanzel für Physik zum Institut für Experimentalphysik	140
5.3	Physikalisch-Chemisches Labor zur Festkörperphysik	153
5.4	Radium- und Isotopenforschung zur Kernphysik	158
5.5	Zwischenkriegszeit und experimentelle Physik	161
5.6	Stefan prägt österreichische Physik europäisch	161
5.6.2	Publikationen mathematisch-physikalisch vielfätig	176
5.6.3	Experimental-Unterricht an Mittelschulen	179
5.6.4	Tätigkeiten ehrenamtlich-wissenschaftlich vielseitig	181
5.6.5	Physikanwendung in der aufstrebenden Elektrotechnik	187
5.6.6	Loschmidt ein Weg weisender Atom- und Molekularforscher	189
5.6.7	Boltzmann und eine würdige Festrede für Stefan bei der Denkmal-Enthüllung an der Universität Wien	191
5.6.8	Doppler erster Direktor des neuen Physikalischen Instituts der Universität Wien	194

6	STEFAN und eine verwandtschaftliche Beziehungsstruktur zu Kärnten	201
6.1	Lebensende vom Schicksal geprägt	203
6.2	Wohltäter in der Südkärntner Ortschaft Eberndorf	207
6.3	Erbe für Cousin Simon Jarz in Eberndorf	215
6.4	Vergessen und verwahrlost am Zentralfriedhof Wien	220
6.5	Gedenktafel auf Initiative der Kärntner Landsmannschaft am Geburtsort enthüllt	223
6.6	Verehrung durch Slowenen auf Grund vieler muttersprachlicher Publikationen als junger Mensch	227

7	Zeittafel	229
8	Quellen- und Literaturverzeichnis	235
8.1	Quellen ungedruckt	235
8.2	Quellen gedruckt	236
8.3	Primärliteratur	236
8.4	Sekundärliteratur	237

Vorbemerkung

Der Verfasser dieser Veröffentlichung, verbrachte viel Ferienzeit bei der Tante Sophie und Cousine Dorothea in Eberndorf. Ich wachse in der heute fast rein deutschen Gemeinde Grafenstein auf. Beide Elternteile konnten ursprünglich muttersprachlich slowenisch. Die ältere ländlich-bäuerliche Generation war im Grenzbereich von Grafenstein und Tainach in meiner Kindheit und Jugend noch teilweise **zweisprachig**. Es wurde in dieser Gegend vielfach, wenn überhaupt, der slowenische Rosentaler und Jauntaler, als „grenzwertiger" Mischdialekt gesprochen. Der slowenische Dialekt wird in der Öffentlichkeit allerdings **meist** zum Verstummen gebracht. Die Kinder zweisprachig aufwachsen zu lassen, war für viele zweisprachige Eltern aufgrund der schwierigen politischen und kriegerischen Situation in der ersten Hälfte des 20. Jahrhundert fast undenkbar. Selbst Familien werden dadurch oft gespalten. Der Freiheitskampf und die Partisanenproblematik haben biografisch einige Spuren hinterlassen. Die ältere bäuerliche Bevölkerung sprach oft noch beide Kärntner Landessprachen. Die Tante Sophie versuchte mir in Eberndorf, so manches slowenische Wort aus dem ländlich-bäuerlichen Bereich zu vermitteln. Es ist für mich rückblickend äußerst schade, dass bei meiner familiären Sozialisation die slowenische Sprache verstummt ist. Neben dem **deutschen** Kulturraum hätte ich gerne auch das **slawische** Kultur- und Sprachempfinden als Kind und Jugendlicher näher kennengelernt. Die Zweisprachigkeit wird in Kärnten wieder mehr **übernational** in das Bewusstsein der Bevölkerung gerückt. Die slowenische Sprache wird zunehmend geistig und intellektuell, nicht mehr nur ethnisch und politisch gesehen. Das Weltverständnis und wie man denkt wird durch eine Sprache vermittelt, wobei jede Mutter-Sprache als ein ausgeprägtes Kulturgut gesehen werden kann. Die Zweisprachigkeit in Kärnten kann bei vielen Mitmenschen, aufgrund der politischen Situation am Ende des Zweiten Weltkrieges, noch nicht übernational vermittelt werden.

Josef Stefan wird mit dem unehelichen Namen der Mutter, Startinick, in eine äußerst schwierige Lebenssituation hineingeboren. Dieser entstammt einer slowenisch-ländlichen Südkärntner Bevölkerungsschicht. Die **Alphabetisierung** im Jaun- und Rosenthal ist in der ersten Hälfte des 19. Jahrhunderts noch gering. In ländlichen Gebieten gibt es damals meist noch ein sehr geringes Das Bildungsbewusstsein ist in ländlichen Gebieten oft wenig ausgeprägt, wobei es noch wenige formale Bildungsmöglichkeiten gibt. Es gibt damals meist nur wenige Möglichkeiten, eine Pfarr- und Trivialschule mit etwas mehr weltlichem Unterricht zu besuchen. Im Laufe des 19. Jahrhunderts wird durch die Erzherzogin von Österreich, Maria

Theresia, durch die **Allgemeine Schulordnung 1774,** die Volksbildung für **alle** allmählich umgesetzt. Die Schulpflicht ist im Grunde genommen, eine Unterrichtspflicht. Die Adelssprösslinge können doch nicht gleich und nebeneinander öffentlich mit Untertanenkindern unterrichtet werden. Die **allgemeine** Schulpflicht ermöglicht zunehmend eine Volks- und Grundbildung für alle Schichten und Klassen der Bevölkerung. Das **liberale** Reichsvolksschulgesetz 1869 wird zu einem Meilenstein für die Volksbildung am Lande. Die viel geschmähte, **gottlose Neuschule,** wandelt die Pfarr- und Trivialschulen in moderne und höher organisierte öffentliche Volksschulen um. Die **niederen** Standesschulen werden bis zur vierten Schulstufe, zu bewährten Volksschule. Politische und ideologische Empfindungen ermöglichen es nicht, die **gemeinsame** „vierjährige" Volksschule auf „acht" Jahre zu erhöhen. Eine **herkunftsfreie** Bildung aller Jugendlichen, sollte nicht nur vier, sondern acht Jahre ermöglicht werden.

Der wissenschaftliche Aufstieg von Josef Stefan erfolgt rasch. Die Eltern des Knaben Josef, mit **slowenischer** Muttersprache, können nicht/kaum lesen und schreiben. Stefan vermittelt als Student und auch später ab 1863 als Professor der Universität Wien, den Eltern die entsprechenden Kulturtechniken. Der Physik-Gelehrte Josef Stefan tat dies während der Sommerferien in Kärnten, solange die von ihm geschätzten Eltern leben. Stefan ist ein **Wander- und Bergfreund** und dieser liebt vornehmlich die Südkärntner Berge. Stafan ist vor allem dem Boden- und Bärental und wahrscheinlich auch dem Hausberg **Hochstuhl,** zugetan. Das erste Lebensjahrzehnt wird für den aufgeweckten Knaben Josef schwierig. Den jungen Stefan belastet die Tatsache, dass die Eltern weder verheiratet sind, und auch nicht zusammen leben. Die Familienverhältnisse **verbessern** sich dadurch, indem die Eltern im Jahre 1844 in der Stadtpfarrkirche St. Egid in Klagenfurt heiraten. Der Knabe Josef, mit dem unehelichen mütterlichen Namen Statinick getauft, erhält den lang ersehnten Namen Stefan des Vaters. Einem Zugang zum Gymnasium der Benediktiner in Klagenfurt steht nichts mehr im Wege. Es gibt auch von Seite der Muster-Hauptschule in Klagenfurt, die besten Empfehlungen für einen Besuch des Gymnasiums. Die eher freudlose Kindheit und Jugend von Josef Stefan ist vermutlich dafür verantwortlich, dass dieser naturwissenschaftlich denkende Mensch, eher ernst und verschlossen bleibt. Bei Stefan setzt bereits als Student ein **selbstständiges Denken** ein. Der junge Stefan lernt nicht nur passiv aufnehmend, sondern beginnt bereits früh, wenn die Möglichkeit dazu besteht, **aktiv** zu forschen. Josef Stefan hat mit 25 Jahren bereits einen hervorragenden **wissenschaftlichen** Ruf. Er wird bereits in diesem Alter als **korrespondierendes** Mitglied in die Akademie der Wissenschaften in Wien aufgenommen. Die geplante

Präsidentschaft an der Akademie der Wissenschaften kann Stefan als Vizepräsident durch seinen früheren Tod nicht erleben. Stefan stammt aus einfachen und bildungsfernen Lebensverhältnissen. Durch seinen Fleiß, entsprechend dem Können und der Begabung und entsprechendes Glück wird Stefan früh, physikalisch-wissenschaftlich Professor und ein langjähriger Direktor am **Physikalischen Institut** der Universität Wien. Stefan etabliert sich als „klassischer" Physikpionier auf europäischem Niveau. Er wird dadurch zu einem großen Vertreter der klassischen Physik nicht nur in der Habsburgermonarchie. Die Liebe gilt einem **übernationalen** Vaterland **Österreich,** das Josef Stefan aus Dankbarkeit nicht verlässt. Es gibt ein Berufungsangebot von der legendären Eidgenössischen Technischen Hochschule Zürich. Einen Ruf an die Technische Hochschule Wien lehnt Stefan als Dank für die frühe Entfaltungsmöglichkeit an der Universität Wien, ebenfalls ab. Beim geborenen Slowenen Josef Stefan gewinnt man aufgrund der wenigen und fragmentierten Tagebuchaufzeichnungen den Eindruck, dass der aufstrebende Nationalismus in der zweiten Hälfte des 19. Jahrhunderts diesem nicht behagt. Stefan ist als Jugendlicher vor allem den slowenischen Literaten zugeneigt. Dieser oder jener deutschsprachige Dichter findet ebenfalls seine Zustimmung. Die aufkommende nationale Trennung der Kärntner in Deutsche und Slowenen in der zweiten Hälfte des 19. Jahrhundert dürfte Stefan nicht goutiert haben. Josef Stefan ist aufgrund der spärlichen privaten Quellenlage, vermutlich letzten Endes eher dem **einerlei** Kärntner, vor der nationalen Phase zugetan.

Das **erste** Physikalische Institut der Universität in Wien-Erdberg wird räumlich in bescheidenen Verhältnissen untergebracht. Durch dessen Direktor 1863/66-1875 strahlt das „Stefan-Institut" eine menschliche Nähe aus. In Erdberg arbeiten auch die Schüler und **Seelenfreunde** Ludwig Boltzmann und Josef Loschmidt. Boltzmann schwärmt noch später als hervorragender Theoretischer Physiker vom kollegialen und forschenden Geist, der unter Stefan in Erdberg geherrscht hat. Im Jahre 1875 wird das legendäre **Physikalische Institut**, wie andere Physikinstitute, in die Türkenstraße 3 am Alsergrund verlegt. Die Physikinstitute liegen nun in unmittelbarer Nähe zur neuen Universität. Die neue Universität wird in der Gründerzeit am nordwestlichen Ring im Jahre 1884 bezogen.

Josef Stefan entwickelt sich in der 2. Hälfte des 19. Jahrhunderts zu einem österreichischen Physiker von europäischem Format. Den Begriff „klassische" Physik gibt es damals noch nicht. Stefan war von Charakter und Herkunft her, der richtige Mann für die klassische **symbiotische** Physik. Bei Stefan findet noch eine Synthese von eigenem Experiment und einer mathematischen Formulierung der physikalischen Erkenntnisse statt. Stefan selbst ist heute, im Gegensatz zu seinem berühmten Schüler Ludwig Boltzmann, bei nicht eingeweihten physikalischen Naturwissenschaftlern weitgehend unbekannt. In Slowenien wird Stefan mit dem **Stefan-Institut** an der Universität Laibach ein würdiges äußeres Zeichen gesetzt. Stefan publiziert in jüngeren Jahren viel an literarischen und populärwissenschaftlichen Texten in seiner slowenischen Muttersprache. Stefan wird in seiner aktiven Zeit als Lehrender und Forschender in physikalisch-wissenschaftlichen Kreisen im In- und Ausland geschätzt.[1]

Seelenfreunde: Josef Stefan – Josef Loschmidt – Ludwig Boltzmann

---

[1] Vgl. Obermayer, Albert von 1893: Zur Erinnerung an Josef Stefan, S. 69.

Physikalisches STEFAN-INSTITUT in Erdberg der Universität Wien

Josef Stefan hält sich in seiner gesamten wissenschaftlichen Berufszeit ausschließlich an der Universität Wien auf. Dies war auch zu dieser Zeit nicht unbedingt üblich. Stefan unterrichtet nach dem Lehramtsstudium für Mittelschulen an der privaten Ober-Realschule am Bauernmarkt, denn Stefan hat auch die Lehrbefähigung für Mathematik und Physik an Gymnasien und Realschulen. Stefan arbeitet als wissenschaftlich forschender Physiker undwird ein hingebungsvoller und beliebter Lehrender an der Universität Wien. In den 1860er-Jahren bekommt Stefan das Angebot einer Berufung an das berühmte aufstrebende Polytechnische Institut in Zürich. Er bleibt aber aus Liebe zu seinem **österreichischen** Vaterland und übernationalem Vielvölkerstaat, der Doppelmonarchie, der Universität Wien treu.[2] Stefan wird mit 28 Jahren bereits o. Professor für höhere Physik und Direktor des experimentierenden und mathematisch formulierenden Physikalischen Instituts. Das apparativ gut ausgerüstete Physikalische Institut bietet Stefan beim Forschen und Lehren eine 30-jährige, erfolgreiche wissenschaftliche Zeit. Ein plötzlicher Schlaganfall am 19. Dezember führt am 6. Jänner 1893

---

[2] Vgl. Obermayer, Albert von 1893: Zur Erinnerung an Josef Stefan, S. 69.

zum Tod. Stefan kommt praktisch nach dem Schlaganfall nicht mehr zum Bewusstsein. Eine Ironie des Schicksals wollte es offenbar, dass Stefan während des Besuchs bei seinem besten Freund, einem Elektroingenieur, die Tragik des bevorstehenden Todes erleidet. Dem Archiv der Philosophischen Fakultät der Universität Wien kann entnommen werden, dass Stefan vor seinem Tod schwer erkrankte und einige Zeit außer Dienst war, allerdings Stefan erholt sich wieder. Im vermute, dass Stefan schon etwas geahnt hat und seinen Nachlass im Krankenstand entsprechend geregelt hat. Die Nachlässe und andere Dokumente als solche sind trotz intensiver Nachforschungen von mir, offenbar in der fraglichen Zeit verschwunden. Stefan hat als **theoretischer** Physiker den Kontakt zu praktischen Ingenieuren gesucht. **Physikalische Apparate,** mit denen Stefan experimentiert, werden teilweise von ihm selbst hergestellt. Die Apparate und Messgeräte sind teilweise noch am Institut für Experimentalphysik an der Universität Wien aufbewahrt. Es ist dies auch die große Zeit der **Apparatephysik,** wobei Stefan beide Methoden der physikalischen Erkenntnis gleichermaßen beherrscht:

1. Die **experimentelle** Untersuchung der Natur durch Modelle.

2. Die **theoretische** Berechnung durch mathematische Formulierungen.

Josef Stefan ist experimenteller und theoretischer Physiker in einer Person, der versucht, die Naturerkenntnisse mathematisch zu formulieren. Diese **komplexe** Erkenntnis ermöglicht es ihm, einen klaren Blick für die **Naturphänomene** zu bekommen. Stefan überblickt die „klassische" Physik noch **vielfältig**. Seine wissenschaftlichen Arbeiten bereichern viele Bereiche der Physik **nachhaltig**. Durch sein langes und ununterbrochenes wissenschaftliches Wirken begründet Stefan als Pionier der physikalischen Schule, europäischer Prägung in Wien. Die physikalische Zeit vor Stefan wird europäisch geprägt. Stefans forschende und lehrende Zeit in den 1870er und 1880er Jahren hat eine Blüte der „klassischen" Physik in Wien zur Folge.

> „Wie aus einem Brief James Clerk Maxwell an Josef Loschmidt hervorgeht, wurde auch im Ausland die Bedeutung der Arbeiten der **Stefan-Schule** anerkannt und Josef Stefan hoch geschätzt".[3]

Die Physik spielt bei Entdeckungen aus der Natur durch Modellbildung an der Universität Wien in der zweiten Hälfte des 19. Jahrhunderts eine wichtige Rolle. Die Physik in Wien zählt **zwei Nobelpreisträger** zu ihren Persönlichkeiten. Dies sind Erwin Schrödinger, dem der Nobelpreis 1933 verliehen wird und Viktor Hess, der ihn 1936 erhält. Die Universität

---

[3] Bittner, Lotte 1949: Geschichte des Studienfaches Physik an der Universität Wien, S. 114.

Wien bringt bedeutsame physikalisch forschende Wissenschaftler und Gelehrte hervor. Dies sind vorwiegend wissenschaftliche Persönlichkeiten, die im 19. Jahrhundert geboren werden. Die zweite Hälfte des 19. Jahrhunderts bis in die Zwischenkriegszeit ist eine besonders fruchtbare Zeit der Physik an der Wiener Universität. Die liberale Revolution 1848 ist für die reale Bildung und Forschung förderlich.

Die **realistische** Wende bringt durch die Revolution 1848 das legendäre **Physikalischen Institut** 1850-1902 der Universität Wien hervor. Diese Wende bewirkt zunehmend auch einen Industrialisierungsschub in der Habsburgermonarchie. In Wien wirken, teilweise mit Unterbrechung durch auswertige Berufungen, **fünf** europäisch wirksame, physikalische Forscher und Gelehrte: Christian Doppler 1803-1853 wird durch die Abhandlung über das farbige Licht der Doppelsterne 1842, den sogenannten **Doppler-Effekt,** bekannt. Der Doppler-Effekt konnte von einem anderen physikalischen Forscher im Jahre 1845 akustisch nachgewiesen werden. Das Physikalische Institut wird Dopplers letzte wissenschaftlich forschende und lehrende Wirkungsstätte seiner immens erfolgreichen und vielfältigen Berufskarriere. Doppler verstarb 49- jährig an einer Lungenkrankheit.[4]

Josef Stefan 1835-1893 wird ein **symbiotisch** praktisch-experimentell und theoretisch-wissenschaftlich arbeitender klassischer Physiker in Wien. Stefan ist ein **vielseitiger** physikalischer Forscher, wobei seine wichtigste Erkenntnis das vielfältig experimentell bestimmte und bedeutende **Strahlungsgesetz** ist. Das von Stefan ermittelte Strahlungsgesetz ermöglicht eine sehr genaue Berechnung der **Temperatur** an der **Sonne**oberfläche. Josef Loschmidt 1821-1895 wird von Josef Stefan der Weg an die Universität Wien geebnet. Dieser konnte sich am Physikalischen Institut bei Direktor Stefan habilitieren. Loschmidt wird ein Pionier der Atom- und Molekularforschung, und dieser entdeckt die **Loschmidt-Konstante.** Diese ermöglicht die Bestimmung des Gewichtes von Atomen oder Molekülen. Ludwig Boltzmann 1844-1906 begründet die klassische Art von **Wahrscheinlichkeitsrechnung,** wobei dadurch die **Entropie** berechnet wird.

Friedrich Hasenöhrl 1874-1915 wird ein Meister der Theoretischen Physik und entwickelt sich zu einem beliebten akademischen Lehrer. Durch die Entdeckung der Hohlraumgestaltung im Jahre 1904 erfolgt eine entscheidende Erkenntnis. Hasenöhrl kann als Vordenker einen

---

[4] Vgl. Österreichische Zentralbibliothek für Physik 2004 (Hrsg.): Geschichte, Dokumente, Dienste; S. 18.

Zusammenhang zwischen **Energie, Masse** und **Lichtgeschwindigkeit** herstellen. **Albert Einstein** hat diesen Zusammenhang **exakt** mit einer mathematischen Formel bestimmt.

Die **Lehrkanzel für Physik** entsteht im Jahre **1554** an der Philosophischen Fakultät der Universität Wien durch die **katholische Reform** des römisch-deutschen Kaisers Ferdinand I. Der Staat und der Humanismus gewinnen zunehmend Einfluss auf die Universitäten. Die Lehrkanzel für Physik wird im Jahre **1715** durch ein **Physikalisches Kabinett** erweitert. Dieses Kabinett wird in der zweiten Hälfte des 19. Jahrhunderts allmählich zu einem **Laboratorium** erweitert. Ein modernes Laboratorium entsteht durch Viktor von Lang 1838-1921, während dessen langen Gelehrten- und Forscherlebens. Lang wird zu einem Pionier der **Kristallphysik**. Josef Stefan und Viktor Lang prägen die österreichische und damit Wiener Physik in ihrer forschenden und lehrenden Zeit. Beide Gelehrte sind unterschiedliche Charaktere und ergänzen einander deswegen entsprechend gut. Lang repräsentiert durch sein entsprechendes Auftreten die Wiener Physik europäisch. Stefan ist ein in sich gekehrter Gelehrter und eher verschlossener und gehemmter Mensch. Stefan verlässt seinen lokalen Wiener Wirkungsbereich nicht. Er hält daher keine wissenschaftlichen Vorträge im Ausland. Gelehrtenkollegen werfen ihm vor, mit ausländischen Kollegen kaum persönlichen Kontakt zu pflegen. Stefan ist ein bescheidener und zurückgezogener Mensch. Er fühlt sich in der feinen Gesellschaft nicht besonders wohl. Stefan sucht keinen Kontakt zur Politik und zu den Zeitungen und hält sich von der Öffentlichkeit fern. Er entfaltet sich vollkommen als Forscher und Lehrerender der **klassischen Physik**. Franz Serafin Exner 1849-1926 wird ein Wegbereiter für viele Bereiche der modernen Physik. Exner ist zu verdanken, dass man sich bereits früh mit der **Radioaktivität** und der **Luftelektrizität** an der Universität Wien beschäftigt.

1 Einleitung

Josef Stefan wird ein wirkungsmächtiger Physiker[5] der Habsburgermonarchie in Österreich. Dieser wird in schwierige Lebensumstände hineingeboren. Stefans Eltern entstammen einer bildungsbenachteiligten ländlichen bäuerlichen und handwerklichen Bevölkerungsschicht. In diesen ländlichen Gebieten ist in der ersten Hälfte des 19. Jahrhundert der Alphabetisierungsgrad noch gering. Die Familienverhältnisse ändern sich bis zum Eintritt in das Gymnasiums der Benediktiner in Klagenfurt überraschend. Die finanzielle Situation des Vaters verbessert sich zunehmend. Es findet ein Aufstieg vom Müllergehilfen bei der „Großnigmühle" in Limmersach an der Glan, zum Mehlkaufmann in der Stadt Klagenfurt statt. Eine verbesserte berufliche Situation des Vaters ermöglicht den Ehestand. Die gymnasiale Oberstufe kennzeichnet sich bei Josef Stefan durch eine slowenisch-literarische Publizität. Durch Lehrer am Gymnasium beeinflusst, entwickelt Stefan ein ungewöhnliches Interesse für die Mathematik und der Physik. Stefan hat als Student an der Universität Wien und später auch als Lehrer und Forscher an dieser hohen Lehranstalt zu seinen Kärntner Eltern einen liebenswürdigen Kontakt. Er besucht seine Eltern meist zwei Monate in den Sommerferien, obwohl er bereits ein angesehener Professor der Universität und Direktor am Physikalischen Institut ist. Stefan trifft der Tod seiner Eltern besonders tief. Er widmet sich danach nur mehr lehrend und forschend der Physik. Stefan will dadurch der Einsamkeit durch den Verlust seiner Kärntner Eltern entkommen. Er wird in der zweiten Hälfte des 19. Jahrhundert ein wirksamer Vertreter der klassischen Physik in Österreich. Stefan ist privat ein bescheidener, zurückgezogener und eigentlich einsamer Mensch. Dieser wohnt in einer Natural-Wohnung der Universität Wien. Stefan wird quasi vorgeworfen das heutige Österreich nicht verlassen zu haben. Die Eisenbahnverbindungen werden immer besser und schneller. Die Kollegen der Universität Wien halten Stefan vor, zu ausländischen Gelehrten keinen persönlichen Kontakt zu halten. Im Jahre 1891 lernt Stefan die Witwe eines Staatseisenbahn-Beamten aus Friesach in Kärnten kennen. Diese Ehe dauert nur kurz, denn am 7. Jänner 1893 stirbt Stefan mit 57 Jahren an einer schweren Nierenentzündung.

Das Studium an der Philosophischen Fakultät der Universität Wien wird mit der Lehramtsprüfung in Mathematik und Physik für Mittelschulen, dem Doktorat der Philosophie und der

---

[5] Damit der Lesefluss nicht beeinträchtigt wird, erfolgt die traditionelle Schreibweise, wobei das weibliche Geschlecht mitgedacht werden soll.

Habilitation für mathematische Physik zum Privatdozenten mit 23 Jahren beendet. Der rasche Abschluss seines Studiums hat zur Folge, dass Stefan schlagartig seine literarischen und populärwissenschaftlichen Publikationen eingestellt. Stefan veröffentlicht auch nicht mehr in Slowenisch. Er verfasst sehr viele physikalisch-mathematische Abhandlungen in Fachzeitschriften. Stefan untermauert viele Abhandlungen durch eigene Experimente und formuliert diese auch mathematisch. Bei Stefan findet noch oft eine Symbiose von Praxis und Theorie statt. Die Experimentalphysik und die mathematische Physik bilden meist noch eine Einheit. Die Physik der zweiten Hälfte des 19. Jahrhundert erfolgt oft noch allgemein und enzyklopädisch. Eine fachliche Spezialisierung in den Disziplinen erfolgt zunehmend im 20. Jahrhundert. Ein aufgeklärt naturwissenschaftlicher Bildungsschub erfolgt durch die liberale Revolution 1848/49. Eine Folge dieser Bildungsrevolution ist die Gründung des ersten Physikalischen Instituts an der Philosophischen Fakultät der Universität Wien. Stefan wird im Jahre 1863, bereits mit 28 Jahren ordentlicher Professor für höhere Mathematik und Physik an der Universität Wien. Diese hohe Lehranstalt verlässt Stefan lehrend und forschend aus Dankbarkeit nicht. Er wird bereits früh zum Professor berufen und im Jahre 1866 mit 31 Jahren erfolgt die Bestellung zum Direktor des bahnbrechenden Physikalischen Instituts. Dort forscht Stefan fruchtbar bis zu seinem frühen Tod im Jahre 1893. Stefan lehnt eine Berufung an das berühmte Polytechnische Institut Zürich ab. Einen Lehr- und Forschungsauftrag der Technischen Hochschule Wien weist Stefan dankend zurück. Stefan hat Glück, dass sein Vorgänger des Physikalischen Instituts Andreas Ettingshausen, da sein begabter und verwandten Physiker Josef Grailich schwer erkrankt und tragischer weise bereits mit 30 Jahren stirbt. Die sich schnell entwickelnde und in den Anwendungen immer wichtiger werdende Physik erfordert im Jahre 1902 eine Reorganisation der Physikinstitute der Universität Wien. Das erste Physikalische Institut, gegründet 1849 wird zu einem Institut der Theoretischen Physik. Die Experimentalphysik wird in den anderen Physikinstituten gepflegt. Der Theorieorientierte Physiker Ludwig Boltzmann wird Vorstand des umgewandelten Instituts für Theoretische Physik. Boltzmann wird unmittelbarer Nachfolger seines geschätzten Lehrers und Freundes Stefan. Die Experimentalphysik wird zunehmend organisatorisch von der mathematischen Physik getrennt. Die mathematische Physik wird nunmehr als Theoretische Physik bezeichnet. Boltzmann hält als theoretisch orientierter Physiker das Experimentieren an seinem Institut für nicht sinnvoll.

Dieser zurückgezogene und aus einfachen Verhältnissen stammende Mensch hat durch Fleiß und Ausdauer einen guten Ruf erhalten. Stefan forscht experimentell und formuliert mathematisch erfolgreich. Stefan lehrt anschaulich, da die Studenten vornehmlich Lehramtskandidaten für Mittelschulen sind. Die wichtigste wissenschaftliche Arbeit Stefans erfolgt auf dem Gebiet der Wärmestrahlung. Diese Ableitung Stefans wird eine bahnbrechende Erkenntnis in der Thermodynamik. Stefan hat das Strahlungsgesetz experimentell bestimmt. Diese Abhandlung wird in einem 39-seitigen Artikel im Jahre 1879 veröffentlicht. Das Stefan Strahlungsgesetz wird durch den Theorie orientierten Schüler Boltzmann in einem 4-seitigen Artikel 1884 ergänzend mathematisch formuliert. Das als „Stefan-Boltzmann" bezeichnete Strahlungsgesetz ist eine grundlegende Schlüsselerkenntnis der höheren Thermodynamik. Der k. k. Hofrat und Professor der Physik an der Universität Wien publiziert 88 Ergebnisse seiner naturwissenschaftlichen Forschungen. Stefan bleibt ein bescheidener und zurückgezogener Physiker. Die lange forschende und leitende Tätigkeit von Stefan am Physikalischen Institut hat das Entstehen einer Wiener Physiker Schule. Nach dem plötzlichen Tod von Stefan entwickelt sich das Physikalische Institut vor allem durch Boltzmann zu einem wichtigen Institut der Theoretischen Physik. Die Direktoren des neuen „Physikalischen Instituts" der Universität Wien sind die Physiker Christian Doppler, Andreas von Ettingshausen mit Mitarbeiter Josef Grailich, der lange wirkende Josef Stefan mit Mitarbeiter Josef Loschmidt und Ludwig Boltzmann. Das Nachfolgeinstitut der „Theoretischen Physik" mit Josef Hasenöhrl, Gustav Jäger, Hans Thirring und Erwin Schrödinger, ein Nobelpreisträger des Jahres 1933 der Physik.

Die Homepage der Fakultät für Physik der Universität Wien hält **neun** Wissenschaftler[6] mit aufsteigender Geburtszeit fest. Diese Persönlichkeiten prägen die Physik an der Universität Wien nachhaltig: Christian Doppler 1803-1853, Josef Loschmidt 1821-1895, **Josef Stefan 1835-1893,** Ernst Mach 1838-1916, Ludwig Boltzmann 1844-1906, Lise Meitner 1878-1968, Victor Franz Hess 1883-1964 – Nobelpreisträger 1936, Erwin Schrödinger 1887-1961 – Nobelpreisträger 1933 – und Hans Thirring 1888-1976.

Die Physik wird an der Universität Wien als Fakultät für Physik am 1. Oktober 2004 gegründet. Die Fakultät für Physik entsteht im Jahr 2004 mit vier Instituten, die bis zum jeweiligen Ursprung der **physikalischen Bildung** in der Neuzeit eine entsprechende Entwicklung durchläuft:

---

[6] Damit der Lesefluss nicht beeinträchtigt wird, erfolgt die traditionelle Schreibweise, wobei das weibliche Geschlecht mitgedacht werden soll.

1. **Auflösung** der Instituts-Struktur 2007 - Institut für Experimentalphysik 2004 – Institut für Experimentalphysik 1997 – I. Physikalisches Institut 1902 – Physikalisches Cabinet/Kabinet 1715 – **Physikalische Lehrkanzel 1554.**

2. **Auflösung** der Instituts-Struktur 2007 - Institut für Theoretische Physik 2004 – Institut für Theoretische Physik 1902 – **Physikalisches Institut 1850.**

3. **Auflösung** der Instituts-Struktur 2007 - Institut für Materialphysik 2004 – Institut für Festkörperphysik 1977 – II. Physikalisches Institut 1902 – **Physikalisch-Chemisches Laboratorium/Institut 1875.**

4. **Auflösung** der Instituts-Struktur 2007 - Institut für Isotopenforschnung und Kernphysik 2004 – Institut für Isotopenforschung und Kernphysik 2000 – Institut für Radiumforschung und Kernphysik – **Institut für Radiumforschung 1910.**

Die Fakultät für Physik löst die Institutsstruktur zugunsten von sechszehn Arbeitsgruppen auf. Die Fakultät ist grundlagenorientiert, wobei es im Jahre 2014 zwölf **Arbeitsgruppen** gibt: Aerosolphysik und Umweltphysik; Computergestützte Materialphysik; Computergestützte Physik; Dynamik Kondensierter Systeme; Elektronische Materialeigenschaften; Experimentelle Grundausbildung und Hochschuldidaktik; Gravitationsphysik; Isotopenforschung und Kernphysik; Mathematische Physik; Physik funktioneller Materialien; Quantenoptik, Quantennanophysik und Quanteninformation; Teilchenphysik.

Die Französische Revolution 1889-1899 und die folgenden **Kriege Napoleons** haben finanziell zur Folge, dass in Schulen der Volksbildung Reformen zurückgestellt werden. Eine dahingehende Angst gibt es von einem durch die Französische Revolution liberal-revolutionär geprägten Geist. Die staatliche Unterdrückung der Bevölkerung nimmt zu, um damit revolutionäre Sympathien im Keim zu ersticken. Staatskanzler Metternich organisiert im Vormärz einen zensurierten Habsburgerstaat. Der stabilisierende Faktor einer umfassend religiösen Erziehung wird wieder erkannt. Eine Steuerung dieser Erziehung erfolgt durch entsprechende Lehrpläne und Bildungsziele. Die liberalen und nationalen, aber auch soziale Strömungen, stoßen bei Staatskanzler Metternich auf wenig Verständnis. Fürst Metternich fördert die Naturwissenschaften, wobei die **Polytechnischen Institute** wichtige Bildungsstätten für das Bürgertum werden. Eine **Berufsbildung** für das Gewerbe, die Industrie, dem Handel, dem Bergbau und der Landwirtschaft beginnt allmählich eine wichtige Rolle zu spielen. Die Sonderpädagogik entwickelt sich zunehmend in der zweiten Hälfte des 19. Jahrhundert.

Die Familiensituation ändert sich vor dem Eintritt in das Benediktiner Gymnasium für den Knaben Josef zum Vorteil. Die finanzielle und gesellschaftliche Situation des Vaters Alexius Stefan verbessert sich auch entsprechend. Ein Aufstieg vom Müllergehilfen bei der Großnig-Mühle in Limmersach an der Glan zum kleinen Mehl- und Brotkaufmann erfolgt in der Burggasse in Klagenfurt. Eine bessere, berufliche und soziale Situation des Vaters ermöglicht es ihm, die Mutter des Knaben Josef, Maria Startinick, zu ehelichen. Ein Zugang zum Benediktiner Gymnasium wird dadurch möglich, auch die Lehrer der Muster-Hauptschule sprechen sich für einen Eintritt ins Gymnasium aus. Die gymnasiale Oberstufe ist beim Jugendlichen durch eine rege slowenisch-literarische Publizität gekennzeichnet. Stefan wird durch Lehrer am Gymnasium sprachlich, geistig und literarisch beeinflusst. Der jugendliche Stefan entwickelt an der Oberstufe des modernen 8-jährigen Gymnasiums ein ungewöhnliches Interesse für Mathematik und Physik und klagt darüber, dass am Humanistischen Gymnasium zu wenig Mathematik angeboten werde, was er autodidaktisch nachholt. Stefan hat als Student an der Universität Wien und später als akademischer Lehrer und physikalischer Forscher zu seinen Kärntner Eltern weiterhin einen liebenswürdigen Kontakt und ist sehr behilflich dabei, die Lese- und Schreibkenntnisse der Eltern zu erweitern. Er besucht diese zwei Monate in den Sommerferien, obwohl er bereits ein angesehener Ordinarius und Direktor am Physikalischen Institut der Universität ist. Der Tod der Eltern trifft ihn besonders tief. Er liebt das Wandern und die Südkärntner Berge. Stefan widmet sich nach dem Tod der Eltern nur mehr lehrend und forschend der Physik. Er geht vollkommen in der naturwissenschaftlichen Physik auf und versucht, dadurch der durch den Verlust seiner Kärntner Eltern hervorgerufenen Einsamkeit in Wien zu entkommen.

Josef Stefan wird zu einem wirkungsmächtigen Vertreter der **klassischen Physik** an der Universität Wien, ist jedoch privat ein bescheidener, zurückgezogener und vermutlich einsamer Mensch. Er wohnt in der Funktion als Direktor des **Physikalischen Institutes** in einer Natural-Wohnung der Universität. Kollegen werfen Stefan vor, das Österreich der Habsburgermonarchie nicht verlassen zu haben. Die Eisenbahnverbindungen werden zunehmend besser und schneller. Die Universitätskollegen halten dem Gelehrten Stefan vor, zu ausländischen Wissenschaftlern keinen persönlichen Kontakt zu pflegen. Boltzmann äußert sich seinem Freund gegenüber, dass er durch einen persönlichen Kontakt zum Ausland die Wiener Physik in Europa bekannt machen hätte können.

Das Studium an der Philosophischen Fakultät der Universität Wien schließt Stefan mit 23 Jahren mit der Lehramtsprüfung in Mathematik und Physik für Mittelschulen, dem Doktorat der Philosophie und der Habilitation für **Mathematische Physik** zum Privatdozenten ab. Der rasche Abschluss seines Studiums hat zur Folge, dass Stefan **schlagartig** seine literarischen und die eher populärwissenschaftlichen Publikationen einstellt. Er veröffentlicht seit dieser Zeit auch nicht mehr in seiner **slowenischen** Muttersprache, verfasst aber für Fachzeitschriften viele mathematisch-physikalische Abhandlungen. Diese rühren meist von selbstständig durchgeführten Experimenten her. Stefan untermauert viele physikalisch-wissenschaftliche Abhandlungen durch eigene Experimente, die entsprechend mathematisch formuliert werden. Bei ihm findet durchwegs noch eine **Symbiose** von Praxis und Theorie statt. Die Experimentalphysik und die Mathematische Physik bilden damals meist noch eine Einheit. Die Physik der zweiten Hälfte des 19. Jahrhunderts wird oft noch **allgemein** gesehen. Eine Spezialisierung der Physik in Disziplinen erfolgt im 20. Jahrhundert. Ein aufgeklärter, naturwissenschaftlicher Bildungsschub erfolgt durch die bürgerlich-liberale Revolution. Die einsetzende, naturwissenschaftliche Bildungsrevolution hat die Gründung des **ersten Physikalischen Instituts** an der Philosophischen Fakultät der Universität Wien im Jahre 1850 zur Folge. Christian Doppler wird Gründungsdirektor dieses Physikinstitutes. Stefan wird im Jahre 1863 mit 28 Jahren ordentlicher Professor für höhere Mathematik und Physik an der Universität Wien. Stefan verlässt die Universität Wien als Lehrender und Forschender nicht, aus Dankbarkeit für sein österreichisches Vaterland. Die Bestellung zum Direktor des **bedeutenden** Physikalischen Instituts erfolgt mit 31 Jahren im Jahre 1866. Stefan forscht fruchtbar und unaufhaltsam bis zu seinem frühen Tod im Jahre 1893. Der Physiker lehnt eine Berufung an das berühmte und aufstrebende **Polytechnische Institut** Zürich ab. Stefan weist eine Berufung an die immer wichtiger werdende Technische Hochschule in Wien ab. Diese Technische Hochschule ist eine Zentrallehranstalt der Habsburger Doppel-Monarchie. Der Vorgänger Stefans am **Physikalischen Institut** ist Andreas Ettingshausen. Dessen begabter und verschwägerter Physiker, Josef Grailich, erkrankt schwer und stirbt bereits mit 30 Jahren tragisch. Die schnell sich entwickelnde und in den Anwendungen immer wichtiger werdende Physik erfordert im Jahre 1902 eine **Neuorganisation** der Physikinstitute an der Universität Wien. Das erste Physikalische Institut, gegründet 1850 von Christian Doppler, wird zu einem Institut der **Theoretischen Physik**. Die Experimentalphysik wird an den anderen Physikinstituten der Universität Wien, vor allem am I. Physikalischen Institut gepflegt. Der theorieorientierte Physiker, Ludwig Boltzmann, wird Nachfolger Stefans als Vorstand des umgewandelten

Instituts für Theoretische Physik. Boltzmann wird unmittelbarer Nachfolger seines geschätzten Lehrers und Seelenfreundes Stefan. Die Experimentalphysik wird organisatorisch zunehmend von der Mathematischen Physik getrennt. Die Mathematische Physik wird in der Fachwelt nunmehr als Theoretische Physik bezeichnet, was nicht ganz stimmt. Boltzmann hält als theoretisch orientierter Physiker das Experimentieren an seinem Institut für nicht ergiebig und zielführend.

Der zurückgezogene und aus einfachen Verhältnissen stammende Mensch Josef Stefan erhält durch Fleiß und Ausdauer einen guten Ruf in der wissenschaftlich-physikalischen Fachwelt. Stefan forscht selbsttätig experimentell und formuliert diese Erkenntnisse mathematisch erfolgreich. Er lehrt anschaulich, da seine Studenten vornehmlich Lehramtskandidaten für Mittelschulen sind. Die wichtigste wissenschaftliche Arbeit Stefans erfolgt auf dem Gebiet der Wärmestrahlung. Diese wissenschaftliche Abhandlung Stefans wird eine bahnbrechende Erkenntnis in der Thermodynamik. Josef Stefan hat das **Strahlungsgesetz** experimentell bestimmt. Diese Abhandlung wird im Jahre 1879 in einem 39-seitigen Artikel veröffentlicht. Das Stefansche Strahlungsgesetz wird durch den theorieorientierten Schüler Ludwig Boltzmann im Jahre 1884 in einem 4-seitigen Artikel, durch die Lichttheorie ergänzt, mathematisch bestätigt. Das Stefan-Boltzmann **Strahlungsgesetz** ist eine grundlegende Schlüsselerkenntnis der höheren Thermodynamik. Der k. k. Hofrat und Professor der Physik an der Universität Wien publiziert die Ergebnisse der naturwissenschaftlichen, mathematisch-experimentellen Forschungen in namhaften Fachzeitschriften. Josef Stefan hat durch grundlegende Erkenntnisse in der Physik auch Spuren in der Elektrotechnik hinterlassen. Stefan bleibt ein bescheidener und zurückgezogener Physiker und Mensch. Die lange forschende und leitende Tätigkeit von Stefan am Physikalischen Institut hat Spuren in der wichtig werdenden Wiener Physik hinterlassen. Stefan hat einen wesentlichen Beitrag zur österreichischen Physik an der Universität Wien geleistet. Die Entwicklung der klassischen Physik wird von Stefan entscheidend mitgeprägt. Die moderne Physik tritt nach seinem Wirken zunehmend in Erscheinung, sein prominenter Schüler, Ludwig Boltzmann, wirkt bereits zunehmend im Bereich der aufstrebenden, modernen Physik. Die mathematische Physik wird zu einer Theoretischen Physik, die auch in die Philosophie hineinwirkt. Der Zufall dringt in das physikalische Weltbild ein. Ludwig Boltzmann wird mit theoretischen Abhandlungen zur **Entropie** und **Wahrscheinlichkeit** berühmt. Stefan unterstützt die Experimente vornehmlich mathematisch, wogegen Boltzmann bereits ein rein theoretischer Physiker wird. Boltzmann zieht für seine naturwissenschaftlichen Vorhaben die Experimente kaum noch zu Rate. Eine Trennung der Experimentalphysik von der theoretischen

Physik vollzieht sich. Die **klassische Physik** versucht, Naturvorgänge zu begründen und die theoretische Physik will diese vor allem verstehen, und lehnt sich auch an die Philosophie an. Das legendäre Physikalische Institut wird unter Boltzmann zunehmend ein namhaftes und **wichtiges** Institut der **Theoretischen Physik**.

Die realistische Wende bringt durch die Revolution 1848 das neue **Physikalische Institut** an der Universität Wien hervor. Der erste Direktor dieses Physikinstitutes ist der mit 49 Jahren verstorbene Christian Doppler, der durch die Abhandlung über das farbige Licht der Doppelsterne im Jahre 1842 weltbekannt wird. Der Physiker Ballot kann den sogenannten **Doppler-Effekt** im Jahre 1845 an Eisenbahnzügen akustisch nachweisen. Das Prinzip Dopplers besagt, dass, wenn sich Beobachter und Quelle zueinander relativ bewegen, dadurch die Frequenz beeinflusst wird. Diese Erkenntnis gilt für die Akustik, aber auch für die Optik. Der früh verstorbene Christian Doppler erreicht in dieser seiner letzten beruflichen Station den Höhepunkt seiner erfolgreichen Karriere.[7]

Nachfolger Christian Dopplers am **ersten Physikinstitut** wird Andreas von Ettingshausen, dessen wichtigster Mitarbeiter Josef Grailich ist. Ettingshausen beantragt, dass ihm im Jahre 1862 wegen seines Alters und des gesundheitlichen Zustandes ein Vizedirektor am Physikinstitut zur Seite gestellt wird. Ettingshausen schlägt im Jahre 1863 den aufstrebenden Josef Stefan für diese Stelle vor. Grailich ist Assistent und Schwiegersohn von Ettingshausen und stirbt im Jahre 1859 früh an Tuberkulose. Stefan übernimmt eine Lehramtsstelle als wirklicher Lehrer an der Ober-Realschule am Bauernmarkt. Grailich hätte vermutlich wegen seiner Qualifikation diese leitende Stellung am Physikinstitut der Philosophischen Fakultät bekommen.[8] Andreas Ettingshausen konstruiert als einer der ersten Physiker eine **elektromagnetische** Maschine.[9] Michael Faraday hat im Jahre 1831 als erster eine Abhandlung über die Entdeckung der elektromagnetischen **Induktion** publiziert. Das Prinzip der elektromagnetischen Induktion erfolgt bei den **Dynamomaschinen**. Dieses Prinzip wird bei Elektromoren und Generatoren in der 2. Hälfte des 19. Jahrhunderts umgesetzt. Gleichungen von Clerk Maxwell kommen bei diesem elektrischen Maschinenprinzip zur Anwendung.[10]

---

[7] Vgl. Österreichische Zentralbibliothek für Physik 2004 (Hrsg.): Geschichte, Dokumente, Dienste; S. 18.
[8] Vgl. Adamcik-Preusser, Helga 2004: Die wissenschaftliche Bedeutung der physikalischen Arbeiten von Josef Stefan, S. 112.
[9] Vgl. Ettingshausen, Andreas Freiherr 1957: Österreichisches Biographisches Lexikon 1815-1950. Bd. 1, S. 271 f.
[10] Vgl. Lenard, Philipp 1930: Große Naturforscher, S. 219-223.

Der Antrag von Andreas von Ettinghausen, dem Direktor des Physikinstitutes, bewirkt, dass Josef Stefan, Privatdozent für Mathematische Physik, am 26. Jänner 1863 zum ordentlichen Professor der höheren Mathematik und Physik berufen wird. Die leitenden Entscheidungen am Physikalischen Institut muss Stefan in Absprache mit Ettingshausen umsetzen. Stefan wird dadurch allmählich in die künftigen Aufgaben eines Direktors eingeführt und wirkt von 1866 bis zu seinem Tode im Jahre 1893 leitend, forschend und lehrend am Physikalischen Institut der Universität. Das **experimentell** ermittelte **Strahlungsgesetz** wird in einer Abhandlung im Jahre 1879 veröffentlicht. Das Strahlungsgesetz macht Stefan in der physikalisch-wissenschaftlichen Fachwelt bekannt. Er kann Strahlungen erstmals auf Grundlage des Strahlungsgesetzes durch Messungen begründen, die Temperatur der Sonne genau berechnen.[11]

Josef Loschmidt lernt Stefan kennen, dadurch kann sich Loschmidt ohne Doktorat im Jahre 1866 an der Universität Wien wissenschaftlich zum Privatdozenten habilitieren. Loschmidt stammt auch aus bescheidenen Lebensverhältnissen. Das Mol enthält in jedem Stoff die gleiche Teilchenzahl, dies wird durch die **Loschmidt-Konstante** ausgedrückt. Die Grundlage für diese Erkenntnis legen die Naturforscher Amadeo Avogadro 1776-1856 und John Dalton 1776-1844. Amadeo Avagadro kommt im Jahre 1811 zur Erkenntnis, dass bei allen Gasen die gleiche Molekülzahl im gleichen Volumen vorhanden ist. Die weiteren Erfahrungen haben diese Annahme zunehmend bestätigt. Das Avogadro-Gesetz sieht eine gleiche Molekülzahl in gleichen Räumen aller Gase, bei gleichem Druck und gleicherTemperatur, vor. Dieses Gesetz gehört zu den am meisten begründeten Erkenntnissen in der Naturwissenschaft. John Dalton stellt fest, dass die Materie aus Atomen aufgebaut ist. Die experimentellen Untersuchungen beziehen sich meist auf Dämpfe und Gase. Dalton liefert die Grundkenntnisse über die Verdampfung. Die Erkenntnis der Volumenausdehnung von Gasen bei Erwärmung, wie die Erhitzung der Gase beim Zusammendrücken, ist John Dalton zu verdanken.[12]

Der bekannteste Schüler Stefans ist der theoretische Physiker Ludwig Boltzmann. Mit Boltzmann findet zunehmend eine Wende von der klassischen zur modernen Physik statt. Das **Physikalische Institut** wird durch die Neuordnung der physikalischen Institute im Jahre 1902 zum Institut der **Theoretischen Physik**. Die Direktoren werden Vorstände des Instituts. Die

---

[11] Vgl. Lenard, Philipp 1830: Große Naturforscher, S. 299 f.
[12] Vgl. Lenard, Philipp 1830: Große Naturforschung, S. 159 f.

Entropie erhöht sich im Universum bei jedem natürlichen Prozess. Rudolf Clausius und James Clerk Maxwell haben umfangreiche Arbeiten über die Bewegung von Gasmolekülen hinterlassen. Boltzmann bringt die Entropie mit der Wahrscheinlichkeit in Verbindung. Im Jahre 1877 veröffentlicht Ludwig Boltzmann die Abhandlung über die Beziehung zwischen dem zweiten Hauptsatz der Wärmetheorie und die Wahrscheinlichkeitsrechnung.

2 Kärnten und eine zweisprachige Landeskultur

Bis ins 19. Jahrhundert ist das Kärntner **Landesbewusstsein** der Sprache und der Religion nachgeordnet. Es ist daher bestimmt kein Zufall, dass sich das **alte** Herzogtum Kärnten selbstbewusst **Windisches Erzherzogthum** nennt und bei der Zeremonie der Herzogeinsetzung auf dem Zollfeld die **windische** und damit die slowenische Sprache gesprochen werden.

2.1 Fürstenstein ein zweisprachiges Rechtssymbol

Bei der Volksabstimmung im Jahre 1920 ist das **gemeinsame** Kärntner Landesbewusstsein immer noch stark ausgeprägt. Das Landesbewusstsein steht in Konkurrenz zu nationalpolitischen Empfindungen. Haben doch rund 40% jener, die bei der Volkszählung 1910 Slowenisch als Umgangssprache angegeben haben, auch für die Zugehörigkeit eines Teiles von Kärnten zu Slowenien gestimmt, aber es waren fast 70% der Menschen mit der Umgangssprache Slowenisch, welche letztendlich für die Einheit Kärntens gestimmt haben. In der Traditionspflege national orientierter Kreise wird später daraus ein **deutscher** Kampf um Kärnten bzw. ein **slowenischer** Kampf um die Nordgrenze. Diese **national-mythologischen** Sichtweisen sind auf beiden Seiten recht ähnlich und stehen in einem Zusammenhang.[13]

Die Bauern im heutigen Sinne gibt es im Prinzip seit dem frühen Mittelalter. Die soziale Stellung der Bauern wird nach Rückschlägen im Spätmittelalter verbessert. Die **freien** Bauern können über ihr Hab und Gut selbst verfügen. Der freie Bauer wird als „Edlinger" bezeichnet. Eine Pflicht dieser freien Bauernkategorie ist es, Kriegsdienst zu leisten. Ein Recht der Edlingern ist es auch, den Herzog von Kärnten durch eine Zeremonie am Fürstenstein in seiner Funktion wieder zu bestätigen. Die **Herzogeinsetzung** am Zollfeld erfolgt in drei Stufen:

1. Die erste Zeremonie der Herzogeinsetzung hat ihren Ursprung in der **Fürsteneinsetzung** der Karantanen. Das Herzogtum gibt es seit dem Jahre 976. Dem neuen Herzog wird die Regierungsgewalt in **windischer bzw. slowenischer** Sprache durch einen am **Fürstenstein** in Karnburg sitzenden **Freibauern** übertragen. Nach der formalen Unter-

---

[13] Vgl. Pohl, Heinz Dieter 2000: Kärnten deutsche und slowenische Namen, S. 125.

ordnung der Untertanen nimmt der neue Herzog den Platz am Fürstenstein ein. Dieser Brauch geht auf die Karantanenzeit zurück, wobei die **letzte** Herzogeinsetzung in windischer Sprache Anfang des 15. Jahrhunderts stattfindet. Diese Zeremonie findet also auch unter den Habsburgern statt. Der Fürstenstein ist das **älteste** Rechtsdenkmal Kärntens und stammt aus dem Mittelalter.

2. Zwischen den Zeremonien am Fürstenstein und beim Herzogstuhl findet im Maria Saaler Dom ein kirchliches **Hochamt** statt.

3. Das zweite Rechtsdenkmal am Zollfeld, der **Herzogstuhl,** ist jüngeren Datums, wobei dieser auf die zweite Hälfte des 9. Jahrhunderts zurückgeht. Im Jahre 1161 wird die Herzogeinsetzung beim Herzogstuhl am Zollfeld erstmals urkundlich erwähnt. In der Zeit von 1286 bis 1597 wird die Inthronisation von sieben **Landesfürsten** urkundlich nachgewiesen. Später erfolgt die Ernennung der Landesfürsten im Landhaus. Am Herzogstuhl findet die Belehnung und Huldigung des neuen Herzogs statt, wobei auch ein Abgesandter des Heiligen Römischen Reiches Deutscher Nation anwesend ist.

2.2 Ein einerlei Volk von Brüdern

Jede Region hat ihre landschaftlichen und kulturgeschichtlichen Besonderheiten. Damit sind auch verschiedene Sprachen und Mundarten gegeben. In Kärnten werden bereits seit der Entstehung des selbstständigen Herzogtums im Jahre 976 „zwei" Sprachen gesprochen. Im 10. Jahrhundert gibt es das „Althochdeutsche" und das „Karantanische". Das Karantanische ist ein „alpenslawischer" Dialekt des Altslowenischen. Der alpenslawische Dialekt wird bereits in den „Freisinger Denkmälern" genannt, die überhaupt das älteste slawische Sprachdenkmal in lateinischer Schrift sind.

In früher Zeit wird im deutschen Sprachgebrauch die slowenische Sprache als das „Windische" bezeichnet. Diese Sprachbenennung kommt auch bei der Herzogeinsetzung beim Fürstenstein in Karnburg vor. Der slowenische Bezug zur Herzogeinsetzung ist heute noch im Ortsnamen Blasendorf gegeben. Das slowenische Wort Blažnja ves oder vas, der Wohnsitz des „Herzogbauers", der bei der Herzogeinsetzung eine wesentliche Rolle spielt, weist „sprachlich" auf den Ortsnamen Blasendorf hin. Der Name Blasendorf bezeichnet den Ort als „Dorf des blag, des Richters, des Verwalters oder des Edlings", damit ist ein Hinweis auf die Verschränkung beider Sprachen in Kärnten seit Beginn gegeben. Diese Sprachbezeichnung „Windisch" ist heute allerdings „obsolet" geworden. In den Beschreibungen der Herzogeinsetzung beim Fürstenstein in Karnburg kommt auch der Begriff „Windisches Herzogtum" vor.

Die Vorfahren der heutigen Slowenen, die Alpenslawen, sind bereits seit dem 7./8. Jahrhundert im Süden und Südosten Österreichs ansässig. Sie haben die Namen- und Sprachlandschaft nachhaltig geprägt. In Kärnten gibt es bereits in der Habsburgermonarchie von Amtswegen slowenische Ortsbezeichnungen. Ortstafeln wie in der Gegenwart gibt es in der Doppelmonarchie Österreich-Ungarn noch nicht. Allerdings gibt es zweisprachige Aufschriften an Bahnhöfen und Haltestellen – und es sind Ortstafeln an einem Haus in der jeweiligen Ortschaft angebracht, die Auskunft über die politische Gemeinde, den Gerichtsbezirk, die Seehöhe und dergleichen mehr geben. In der Habsburgermonarchie finden sich an diesen verschiedenen Tafeln die jeweiligen Landessprachen wieder. Diese Tafeln findet man noch gelegentlich an alten Häusern.[14]

Im 16. Jahrhundert, während der Reformation, gibt es für die deutsche Sprache zum Glück den christlichen Reformator Martin Luther. Das Slowenische hat mit dem Protestanten Primož Trubar einen entsprechenden sprachlichen Vordenker. Luther und Trubar sind Wegbereiter einer reformierten Sprache. Beide Sprachen werden dadurch zu europäischen Kultursprachen, und in Kärntnen sind diese Landessprachen. Kärnten ist schon immer zweisprachig gewesen, allerdings ist die Anzahl der zweisprachigen Personen kontinuierlich zurückgegangen. Die letzten 150 Jahre sind dadurch gekennzeichnet, dass die Zweisprachigkeit in Kärnten enorm zurückgeht. Der Sprachwechsel vollzieht sich seit hundert Jahren geradezu sprunghaft. Das „einerley Volck" von Brüdern in Kärnten hört in der zweiten Hälfte des 19. Jahrhunderts mit dem aufsteigenden Nationalismus zu bestehen auf. Den neuzeitlichen „Karantanen" wird plötzlich bewusst, dass sie zwei unterschiedliche Sprachen sprechen. Es sind dies eine „germanische" und eine „slawische" Sprache. Der sprachorientierte Nationalismus mit all seinen unangenehmen Begleiterscheinungen findet in Kärnten Einzug. In Kärnten kommt es zum „deutschen" Abwehr-Kampf und zum „slowenischen" Nordgrenze-Kampf. Eine spätere Folge dieser nationalen Entwicklung ist abgeschwächt der „Kärntner Ortstafelkonflikt" in den 1970er-Jahren. Dieser politische, sprachlich-ethnische Konflikt wird mit einem Kompromiss im Jahre 2011 abgeschlossen.[15]

---

[14] Pohl, Heinz-Dieter: Slowenisches Erbe in Kärnten und Österreich: ein Überblick, S. 1. [10.9.2013].
[15] Vgl. Pohl, Heinz-Dieter 2013: Kleines Kärntner Namenbuch, S. 18 f.

In der ersten Hälfte des 19. Jahrhunderts ist der Pfarrer und Historiker Urban Jarnik 1784-1844 eine zentrale Persönlichkeit der Kärntner Slowenen. Jarnik wird zum Mitarbeiter der im Jahre 1811 neu gegründeten Zeitschrift „Carinthia" und veröffentlicht gleich zu Beginn der Zeitschrift slowenische Gedichte. Im Jahre 1826 erscheint in der Carinthia der viel beachtete Artikel von Urban Jarnik über den Germanisierungsprozess und die slawische Vergangenheit Kärntens. Dieses Kärntner Publikationsorgan steht bis Mitte des 19. Jahrhunderts den Kärntner Slowenen zur Verfügung. Die Tatsache der toleranten Haltung, nämlich der, dass deutsche und slowenische Artikel in dieser Zeitschrift publiziert werden, hängt kulturpolitisch mit dem Programm der geistlichen Elite zusammen. In den ersten Jahrzehnten des 19. Jahrhunderts ist diese geistliche Gruppe in Kärnten von dem die „Freiheit und Humanität" liebenden „Pfarrer", Johann Gottfried Herder 1744-1803, beeinflusst. Herder versucht, den Menschen „körperlich-seelisch-körperlich" und damit ganz zu erfassen. Eine „humane" Erziehung und die Bildung zum „Menschlichen" werden den Menschen als Pädagogik der deutschen Geistesgröße Gottfried Herder mitgegeben. Herder wird auch vom aufgeklärten Philosophen Kant entsprechend geprägt. Die Bildung des „Charakters" ist an Erfahrungen und Interessen gebunden.[16]

Es kommt zu einer Hinwendung zur Volkssprache und Volkskultur. Die Kärntner Slowenen besinnen sich ihrer slawischen Vergangenheit. Zunehmend kommt es auch in Kärnten zu einem nationalen, slowenischen Erwachen. Bei Urban Jarnik steht ein slowenisches Nationalbewusstsein nicht in Widerspruch zum „Kärntner Landesbewusstsein". Das deutschsprachige Bürgertum sieht in romantischer Verklärung die Gemeinsamkeiten mit den Slowenen. Spätestens das Revolutionsjahr 1848 befördert die slowenische Emanzipation in Kärnten. Die politische Dimension des Nationalen „spaltet" die Gemeinsamkeiten in Deutsche und Slowenen in Kärnten. Der ethnische und sprachliche Stand in der Mitte des 19. Jahrhunderts entspricht jenem nach der bairischen Kolonisation. Es bildet sich eine deutsch-slowenische Sprachgrenze in Kärnten aus. Im Süden der Sprachgrenze sprechen die Menschen vorwiegend slowenisch. Die Städte Klagenfurt und Villach müssen davon ausgenommen werden. Seit der zweiten Hälfte des 18. Jahrhunderts sprechen der Adel, das wohlhabende Bürgertum, die Beamten und die freiberufliche Intelligenz in den Märkten und Städten deutsch. Die sozialen Aufsteiger unter den Slowenen nehmen vorwiegend die deutsche Sprache an. Bis zur Mitte des 19. Jahrhunderts stellt die Germanisierung nur einen „unbewussten" Prozess der Anpassung dar.

---

[16] Vgl. Cillien, Ursula 1979: Johann Gottfried Herder, S. 189 f.

2.3 Ein verhängnisvolles Bewusstwerden als Deutsche und Slowenen

In der zweiten Hälfte des 19. Jahrhunderts werden die Germanisierungsbestrebungen zunehmend gezielter und bekommen einen politischen Faktor. Im heutigen Kärnten leben südlich der Sprachgrenze 103.000 Slowenen und 16.000 Deutsche. Bei den Spracherhebungen wird die „Umgangssprache" als Basis genommen. Dies ist für das Slowenische nicht von Vorteil, da bei „Zweisprachigkeit" in eher deutschen Gebieten häufig Deutsch als Umgangssprache angegeben wird.[17] Im heutigen Kärnten ergibt die Sprachenerhebung nach der „Umgangssprache" während der Habsburgermonarchie folgendes Ergebnis:

	1880	1890	1900	1910
Deutsche	70,2 %	71,5 %	74,8 %	78,6 %
Slowenen	29,7 %	28,4 %	25,1 %	21,1 %

Die deutsch-nationale Agitation hat auf das Ergebnis der Sprachenerhebung für die Slowenen einen ungünstigen Einfluss. Die privaten Zählungen auf Basis der „Mutter- und Familiensprache" ergeben für das Slowenische ein wesentlich besseres Ergebnis. Der Germanisierungsprozess in den Dörfern nördlich von Klagenfurt ist durch den stärkeren Kontakt zum deutschsprachigen Territorium besonders hoch. Eine wirtschaftliche Verflechtung zu deutschen städtischen Zentren hat eine rasche Zunahme der Zweisprachigkeit zur Folge. Südkärnten hat eine schwache Industrialisierung zu verzeichnen, dadurch kommt es zu einer Abwanderung oder zu beruflichem Pendeln in den Norden, wodurch die Zweisprachigkeit abnimmt und der Germanisierungsprozess zunimmt. Die Ausbreitung nichtagrarischer Berufe verhindert das Entstehen einer bewusst slowenischen, kleinbürgerlichen Bevölkerungsschicht.

Die Revolution 1848 stellt neue politische Fragen, nämlich die, ob sich ein regionales Denken dem nationalen unterzuordnen hat und ob die alten Landesgrenzen den nationalen Grenzen weichen sollten. Der slowenische Geistliche, Matija Majar 1808-1892, tritt für eine Vereinigung aller von Slowenen besiedelten Gebieten ein. Dies bezieht sich auf die Kronländer Krain, Steiermark, Kärnten, Küstenland, die Provinz Venetien und Ungarn. Die politischen Vertreter des deutschen Kärnten sind entschieden dagegen. Der Geistliche Majar denkt dabei an ein „autonomes" Slowenien. Der katholische Kärntner Slowene, Andrej Einspieler, wird

---

[17] Vgl. Inzko, Valentin 1988: Geschichte der Kärntner Slowenen, S. 34 f.

bereits im Revolutionsjahr zu einem führenden Politiker der Kärntner Slowenen. Der Neo-Absolutismus der 1850er-Jahre verweist die nationale slowenische Bewegung wieder auf eine kulturelle Ebene. Es entstehen in dieser Zeit bedeutende Leistungen für alle Slowenen. Klagenfurt wird für zwei Jahrzehnte ein kulturelles Zentrum „aller" Slowenen. In Klagenfurt wirkt neben Andrej Einspieler auch Anton Janežič 1828-1868 als Verfasser eines slowenischen Wörterbuches und einer slowenischen Sprachlehre. In der Zeit von 1850-1858 werden in Klagenfurt vier slowenische Zeitschriften herausgegeben. Dadurch ergibt sich auch für Josef Stefan eine Möglichkeit, in seiner slowenischen Muttersprache zu publizieren. Im Jahre 1851 wird der Hermagoras-Verein gegründet, und im Jahre 1860 führt die Hermagoras-Bruderschaft diese Tätigkeit fort. In den 1860ern gewinnen die Kärntner Slowenen an politischem Boden. In den 1870er-Jahren werden die Kärntner Slowenen durch die Konservativen geprägt. Diese sind die einzige politische Kraft der Kärntner Slowenen unter der Führung von Andrej Einspieler. Er vertritt nicht mehr das radikale Programm eines „Vereinigten Slowenien". Die nationalen Ziele sollen die Gleichberechtigung der slowenischen Sprache in der Öffentlichkeit fördern. Diese Hoffnungen erfüllen sich nicht, da die deutschen Konservativen zunehmend ins deutschnationale Fahrwasser geraten. Die slowenische, politische Führung gibt ihr Naheverhältnis zu dieser politischen Gruppe auf und gründet im Jahre 1890 den „Katholischen politischen und wirtschaftlichen Verein für die Slowenen in Kärnten". Diese Gruppe sucht unter der führenden Persönlichkeit Franc Grafenauers 1860-1935 eine immer engere Verbindung zum Zentrum der Slowenen in Laibach, vor allem mit der Führung der katholischen Partei. Im Jahre 1909 tritt die slowenisch-katholische Kärntner Gruppe als Teilorganisation der „Allslowenischen Volkspartei" bei. Das nationale Programm der Kärntner Slowenen wird wegen der Deutschnationalen zunehmend radikaler. In den letzten Jahren vor dem Ersten Weltkrieg wird die Idee des „Trialismus" zunehmend aktueller. Es ist dies die Forderung einer eigenständigen südslawischen, staatlichen Einheit im Rahmen der Habsburgermonarchie. In Kärnten entstehen entsprechende Parteigruppierungen mit „sozialen", „weltanschaulichen" und „nationalen" Komponenten. Diese Komponenten beginnen sich immer mehr zu decken. Das Liberale entwickelt sich immer mehr zum Deutschnationalen. Das Klerikale in Kärnten wird zunehmend mit dem Slowenisch-Nationalen gleichgesetzt.[18]

---

[18] Vgl. Inzko, Valentin 1988 (Hrsg.): Geschichte der Kärntner Slowenen, S. 34-42.

2.4 Perkonig und das Landesbewusstsein

Die Kärntner Freiheitskämpfer versuchen, die Teilung Kärntens zu verhindern, ein beinahe moderner Gedanke. Die nationale Zeitgeistströmung beginnt vor allem in der zweiten Hälfte des 19. Jahrhunderts. Im Zeitalter des Humanismus, vor 400 Jahren, stellt Michael Gottfried Christalnick bereits fest:

> „es haben sich die windischen Khärndtner mit den deutschen Khärndtner also gewaltiglich vereinigt, das aus ihnen beyden einerley volck ist worden".[19]

Christalnick wird 1530/40 in Kärnten geboren und stirbt im Jahre 1595 in St. Veit an der Glan. Er wird protestantischer Prediger auf mehreren Schlössern Kärntens. Christalnick ist ein Kärntner Landeshistoriker, und als solcher verfasst er im Auftrag der Stände von Kärnten eine Chronik.[20]

Landesverweser Arthur Lemisch, der politische Vertreter im Kärntner Freiheitskampf, ist über die Partei- und Ideologiegrenzen hinweg beliebt. Lemisch findet in der „Dreifaltigkeit", ober St. Veit an der Glan gelegen, eine würdige Ruhestätte. Der aus Wien stammende Landesbefehlshaber, Ludwig Hülgerth, koordiniert im Hintergrund den militärischen Abwehrkampf. Hülgerth findet in Rottenstein in der Nähe des Längssees auf dem Familienbesitz in einer entsprechenden Grabstätte seinen Kärntner Frieden.

Es werden die einerley Kärntner durch den Nationalismus in Deutsche und Slowenen getrennt. Die nationale Katastrophe des Ersten Weltkrieges und – noch einmal verstärkt – jene des Zweiten Weltkrieges sind bereits in die Zeitgeschichte eingegangen. Die Europäische Union muss als europäisches Friedensprojekt gesehen werden. Am Kärntner Freiheitskampf beteiligen sich Deutsche und Slowenen. Es stehen 40% der slowenischen Volksgruppe in Kärnten dem Abwehrkampf positiv gegenüber. Es geht nicht so sehr um die slowenische Nordgrenze oder die Grenze an den Karawanken, sondern um ein historisch ungeteiltes Kärnten. Die Kärntner werden im 21. Jahrhundert zunehmend wieder ein einerley Volk von Brüdern. Diese Entwicklung symbolisiert als gutes Beispiel der Ortstafel-Kompromiss in Kärnten.

Der Beginn des militärischen Widerstandes erfolgt Mitte Dezember 1918 in Grafenstein. In diesem Ort fällt der erste Kanonenschuss im Kärntner Freiheitskampf. Der militärische Abwehrkampf wird dadurch eingeleitet. Die Ortsgemeinde Grafenstein ist somit der Aus-

---

[19] Heinz-Dieter Pohl 2013: Kleines Kärntner Namenbuch, S. 9.
[20] Vgl. Österreich Lexikon. Bd. I: Michael Gottfried Christalnick, S. 191.

gangspunkt der militärischen Freiheitsbewegung in Kärnten. Am 14. und 15. Dezember 1918 beginnt in Grafenstein der militärische Abwehrkampf mit einem Gefecht gegen die südslawische, königliche Monarchie. Nach dem Zerfall der Habsburgermonarchie entsteht aus dem südslawischen Bereich der Habsburgermonarchie das Königreich der Serben, Kroaten und Slowenen. Das ungeteilte Kärnten und ein ausgeprägtes Landesbewusstsein sind für die Entstehung des Staates Republik Österreich von entscheidender Bedeutung. Der militärische Lärm des Abwehrkampfes macht international auf das Problem aufmerksam. Die Friedensverhandlungen in St. Germain in Paris hören den Kampflärm in Kärnten. Die Karawankengrenze rückt zunehmend in den Fokus der Verhandlungen in Paris.

Hans Steinacher 1892-1971wird in Kreuth-Bleiberg geboren. Steinacher ist im Ersten Weltkrieg ein hoch dekorierter Infanterieoffizier[21] des Regimentes Nr. 7. Der Weltkriegsoffizier Steinacher wird im Kärntner Freiheitskampf 1918/19 mit 27 Jahren Kommandant der 2. Kompanie des Volkswehr-Bataillons Nr. 2. Steinacher befiehlt am 14. Dezember 1918 vor Grafenstein den ersten Kanonenschuss im Kärntner Abwehrkampf. Dieser nimmt am 30. April 1919 den Brückenkopf in Dullach ein. Steinacher wird Geschäftsführer der Landesagitationsleitung. Diese wird ab dem 10. März 1920 „Kärntner Heimatdienst" genannt. Hans Steinacher wird zu einem Motor im geistigen Abwehrkampf. In der Volkswehr fehlt zunehmend eine traditionelle, militärische Befehlsstruktur. Die Überzeugungskraft der Offiziere und der starke Abwehrwillen der Bevölkerung werden entscheidend für den Erfolg im Abwehrkampf. Steinacher hat im Kärntner Heimatdienst die Geschäftsleitung inne. Der Sitz des Heimatdienstes wird in das Gebäude der Ackerbauschule verlegt, der heutigen Landwirtschaftskammer.

Josef Friedrich Perkonig ist im Rahmen des Kärntner Heimatdienstes für die Agitation und die Herstellung von Propagandamitteln, wie Zeitungen, Broschüren, Flugschriften, Plakate, Werbekarten und Werbemarken zuständig. Perkonig obliegt unmittelbar vor der Volksabstimmung am 10. Oktober 1920 die Redaktion der „Kärntner Landsmannschaft". Der gebürtige Ferlacher, Friedrich Perkonig, wird zu einer führenden Persönlichkeit bei der Propagandatätigkeit im geistigen Kärntner Freiheitskampf. Die Zeitschrift „Landsmannschaft" wird ein zentrales Organ der Agitation. Auf derselben Linie wie die „Landsmannschaft" wird in slowenischer Sprache „Kärnten den Kärntnern" herausgegeben. Der Kärntner Heimatdienst

---

[21] Infanterie: Eine zu Fuß sich bewegende und kämpfende Truppe, die mit Handwaffen ausgerüstet ist.

druckt bis zur Volksabstimmung 22 Broschüren, 105 verschiedene Flugblätter, über 50 diverse Klebezettel und 30 Sorten von Werbeplakaten.

Die Kärntner Propaganda hat den „Kampf mit dem Papier" gewonnen. Die Tätigkeit des Heimatdienstes sieht Perkonig rückblickend im Jahre 1930 folgend. Der Kärntner Heimatdienst war eine wunderbare Organisation, bis in die kleinste Zelle hinein. Friedrich Perkonig berichtet von den Anfängen der Propagandatätigkeit im Kärntner Freiheitskampf. Die Abstimmungszone A wird vorerst noch durch eine „Demarkationslinie" gesperrt. Das Propagandamaterial muss unter großer Gefahr in die von den Südslawen besetzte Zone A geschmuggelt werden. Eine pro-österreichische Agitation in ihrer Zone bestrafen die Jugoslawen streng. Im Sommer des Jahres 1920 wird die Demarkationslinie geöffnet. Zunehmend beginnt eine enorme Werbeschlacht für eine pro-österreichische Abstimmung. Die Straßen im Abstimmungsgebiet werden förmlich mit Papier verschiedenster Art vollgepflastert. Jedes Flugblatt bekommt möglichst einen anderen Inhalt. Es kommen keine Wiederholungen der Schlagzeilen und der Schlagbilder vor. Die Plakate werden mit deutschen und slowenischen Texten versehen. So mancher Künstler stellt sich in den Dienst der Kärntner Sache. Friedrich Perkonig spricht von einer großen Leidenschaft für die Einheit des Landes Kärnten. Eine „gemeinsame" deutsche und slowenische Heimat Kärnten wird in der Abstimmungszeit in den Mittelpunkt gestellt. Auf die „Zweisprachigkeit" der Werbemittel wird sehr geachtet. Die Integrationsfigur der Habsburgermonarchie, Kaiser Franz-Joseph I., gibt es nicht mehr. Die „gemeinsame" Geschichte und die Bräuche halten das Kärntner Volk jahrhundertelang zusammen. Bei der Propaganda für die Republik Österreich wird alles dem Motto „Kärnten frei und ungeteilt" untergeordnet. Dadurch wird die Bodenständigkeit der bäuerlichen und ländlichen Bevölkerung angesprochen. Die Bevölkerung bleibt dem Land treu, Kärnten treu, und will im Prinzip keine Veränderung. Der Feind ist nicht der Kärntner Slowene, sondern der SHS-Soldat und die SHS-Monarchie. Die pro-österreichische Werbung lässt erkennen, dass zwischen „Deutschösterreich" und der „Balkankultur" des serbisch dominierten SHS-Staates unterschieden wird. Im Laufe der zu Ende gehenden Habsburgermonarchie zeigt es sich, dass die Kärntner Slowenen in drei politische Richtungen gespalten waren:

1. Der deutschfreundliche und liberale Block, der sich dem Bauernbund unter der Führung von Vinzenz Schumy zuneigt.

2. Die Sozialdemokraten, welche die entscheidende politische Kraft im Abstimmungsgebiet sind.

3. Der slowenisch-nationale, klerikale Block spielt in katholischen Kreisen eine große Rolle.

Die Sozialdemokraten haben bei den Nationalratswahlen im Februar 1919 fast zwei Drittel der gültigen Stimmen bekommen. Diese fordern eine bessere Sozialgesetzgebung – eine Arbeitslosenunterstützung, acht Stunden Arbeit pro Tag, eine Urlaubsregelung. Ferner findet die Wahl zwischen der Republik Deutschösterreich und einem „Bettlerstaat" am Balkan statt.[22]

Der militärische Freiheitskampf bewirkt einen geistigen Abwehrkampf, wobei als Folge in Paris eine Volksabstimmung festgelegt wird. Es kommt am 10. Oktober zu einer Volksabstimmung in der Zone A. Das Ergebnis der Abstimmung bewirkt, dass die geografische Einheit in Kärnten erhalten bleibt.[23] Der jugoslawische Überfall auf Grafenstein unter der Dominanz der Großserbischen Bewegung ist zweifellos nichts anderes als ein Überrumpelungsversuch der slowenischen Nationalregierung in Laibach. Die erfolgreiche Abwehr in Grafenstein befreit Klagenfurt von einer schweren Gefahr, die von den Entente-Truppen[24] ausgegangen ist. Es wird befürchtet, dass diese eventuell militärisch aktiv werden könnten. Freiheitsliebende Männer beginnen, in Kärnten militärisch zu handeln.[25]

Der sozialdemokratische Staatskanzler, Karl Renner 1870-1950, vertritt mit staatsmännischem Geschick die Interessen Kärntens in schwierigen Zeiten. Vinzenz Schumy 1878-1962 ist im Jahre 1919 Mitglied der österreichischen Friedendelegation in Paris. Schumy ist maßgeblich im Kärntner Heimatdienst tätig. Martin Wutte ist als Historiker Sekretär des Kärntner Geschichtsvereins. Wutte wird im Jahre 1923 Leiter des Kärntner Landesarchivs. Er stellt sein umfangreiches Wissen in den Dienst des Landes Kärnten. Als historischer Landesexperte wird Martin Wutte ein Mitglied der österreichischen Friedensdelegation in St. Germain in Paris. Das im Jahre 1922 erschienene Buch „Kärntens Freiheitskampf" begründet zunehmend die Zeitgeschichteforschung in Österreich.[26]

Unter den Kärntner Slowenen kommt es am Ende des 19. Jahrhunderts, durch den Nationalismus gefördert, zur Bildung eines nationalen und eines deutschfreundlichen Lagers. Das

---

[22] Vgl. Fräss-Ehrfeld, Claudia 2000: Geschichte Kärntens. Abwehrkampf – Volksabstimmung – Identitätssuche, S. 128, 172 und 176-183.
[23] Vgl. Orasch, Peter: Marktgemeinde Grafenstein, S, S. 82-95.
[24] Im Jahre 1882 schließen sich Deutschland, die Habsburgermonarchie und Italien zum Dreierbund, den späteren Mittelmächten, zusammen, wobei Italien im Jahre 1915 aus dem Vertrag ausscheidet. Dem stehen die Entente-Mächte Großbritannien, Frankreich und Rußland, die im Jahre 1807 entstehen, gegenüber. Die USA legen darauf Wert, als assoziierte politische Macht im Ersten Weltkrieg betrachtet zu werden. Der Panslawismus und das Großserbische Gebietsstreben auf dem Balkan verschärft die Situation zunehmend. Es werden 1,3 Millionen Mann zur k. k. Armee der Habsburgermonarchie einberufen. In: ÖSTERREICH Lexikon. Bd. II. Wien, S. 609-612.
[25] Wutte, Martin 1985: Kärntens Freiheitskampf 1918-1920, S. 123.
[26] Fräss-Ehrfeld, Claudia 2000: Geschichte Kärntens. Abwehrkampf – Volksabstimmung – Identitätssuche, S. 64 u. 79.

national-slowenische Lager stimmt am 10. Oktober 1920 vorwiegend für das Königreich Jugoslawien. Das deutschfreundlich-slowenische Lager stimmt zumeist für die junge Republik Österreich. Viele Kärntner Slowenen sehen im SHS-Königreich ihre nationalen Träume verwirklicht. Die deutschfreundliche und die nationale Gruppe zusammen machen die Slowenisch sprachige Minderheit in Kärnten aus. In der zu Ende gehenden Habsburgermonarchie und in der Ersten Republik gibt es im Prinzip **zwei** deutsche Lager. Die großdeutsch orientierte Sichtweise will sich an das Deutsche Reich anschließen. Das patriotisch-österreichische Lager ist auf eine Eigenstaatlichkeit bedacht.

Die Bevölkerung Kärntens entwickelt sich, seit es eine Statistik dazu gibt, nicht zum Vorteil der Slowenen. In der Mitte des 19. Jahrhunderts ist noch ein Drittel der Kärntner Bevölkerung slowenisch. Die deutsch-slowenische Sprachgrenze verändert sich in Kärnten seit dem auslaufenden Mittelalter bis in die Mitte des 19. Jahrhunderts praktisch kaum. Um 1900 gibt es ungefähr noch 90.500 Slowenen, das entspricht einem Viertel der Kärntner Bevölkerung. Die Volkszählung des Jahres 1910 bringt einen abermaligen Rückgang auf 82.000 Slowenen in Kärnten. Es wird bei der Volkszählung nur nach der Umgangssprache und nicht nach der Mutter- und Familiensprache gefragt. „Die Umgangsprache ist jene Sprache, deren sich die Personen im gewöhnlichen Umgang im Alltag bedienen"[27].

Die wirtschaftliche und kulturelle Stärke der deutschsprachigen Bevölkerung, vor allem in den Ballungszentren, bringt es mit sich, dass die Mutter- und die Umgangssprache prinzipiell bei einer Zählung nicht gleichgesetzt werden können. Mancher Kärntner mit slowenischer Muttersprache kommuniziert im öffentlichen Alltag überwiegend auf Deutsch. Der Klerus ist in Kärnten auf slowenischer Seite politisch bestimmend. Bei der deutschen Seite in Kärnten haben die Nationalliberalen einen großen politischen Einfluss.[28]

Die deutschfreundlichen, als heimattreu und österreichfreundlich genannten Slowenen, werden bereits vor dem Ersten Weltkrieg als Windische bezeichnet. Die Windischen bezeichnen sich oft selbst auf diese Art und Weise. Die Windischen werden in den 1920er-Jahren zunehmend zu einem Politikum, sie werden zu einem ethnischen und sprachlichen Konstrukt. Die sogenannten Windischen sind eindeutig als Sprachslowenen zu bezeichnen. Diese bekennen sich aber nicht ausdrücklich zum slowenischen Volkstum. Die Windischen fühlen

---

[27] Wutte, Martin 1906: Die sprachlichen Verhältnisse in Kärnten auf Grundlage der Volkszählung 1900 und ihre Veränderungen im 19. Jahrhundert. In: Carinthia I 96, S. 156.
[28] Jahne 1914: Völkischer Reiseführer durch die Deutschen Siedlungen, S. 80 f.

sich auch nicht politisch der slowenischen Volksgruppe zugehörig. Die Mundarten der Windischen und der Slowenen unterscheiden sich voneinander. Die Kenntnis der slowenischen Schriftsprache ist allerdings unterschiedlich bis kaum ausgeprägt. Die Kenntnis der slowenischen Schriftsprache fehlt vor allem jenen muttersprachlichen Kärntner Slowenen, die nur einen deutschen Schulunterricht erhalten haben. Die Möglichkeit, slowenischen Schulunterricht zu erhalten, ist zumindest grundsätzlich bis zur Nazizeit gegeben.[29] Es kann zusammenfassend Folgendes festgestellt werden:

1. Kärnten hat seine Landeseinheit, wie sie in der Habsburgermonarchie bestanden hatte, in der Ersten Republik bis zur Zweiten Republik bewahren können.

2. In Kärnten leben aus historisch-ethnographischer Sicht zwei ethnische Gruppen: Deutsche und Slowenen. Die Zahl der Sprachslowenen ist wesentlich größer als jene der Bekenntnislowenen. Der Begriff „Übergangsgruppe" ist für die Zwischengruppe, die Windischen, vermutlich richtiger.

3. Das slowenische Element ist ein beträchtlicher Teil der Kärntner Identität.

4. Kärnten ist trotz des relativ geringen Prozentsatzes an slowenischen Mitbürgern zweisprachig. Das slowenische Element ist konstitutiv für die Sprachlandschaft, die Dialektologie und die Namengebung.[30]

Ludwig Hülgerth wird am 26. Jänner 1875 in Wien geboren und stirbt auf Schloss Rottenstein, St. Georgen am Längsee in Kärnten, im Jahre 1939. Das Land Kärnten wird unmittelbar nach dem Ersten Weltkrieg vom neu formierten, südslawischen SHS-Staat zunehmend bedrängt. Dieser erhebt Gebietsansprüche an Kärnten. Ludwig Hülgerth, ein erfahrener Kriegsoffizier, wird am 2. November vom Kärntner Landesausschuss vorerst zum Oberkommandanten einer Polizeitruppe ernannt. Das Staatsamt für Heereswesen in Wien ernennt ihn am 25. November 1918 zum Landesbefehlshaber in Kärnten. In dieser Funktion leitet Hülgerth die militärischen Aktionen der Volkswehr im Abwehrkampf. Hülgerth findet 1939 seine ewige Ruhe in der Grabstätte im Park des Schlosses Rottenstein. Coolidge verkörpert in den USA den sehr geschätzten Typ eines Gelehrten. Er lebt nicht in einem Elfenbeinturm der Wissenschaft. Neben seinen vielen Lehraufträgen dient er seinem Land als geschätzter Diplomat. Seine Sensibilität für komplexe Zusammenhänge bewirkt im Jänner 1919 für

---

[29] Vgl. Jahne 1914: Völkischer Reiseführer durch die deutschen Siedlungen, S. 75 f.
[30] Vgl. Pohl, Heinz Dieter 2011: Die ethnisch-sprachlichen Voraussetzungen der Volksabstimmung, S. 4 f.

Kärnten, dass genau der richtige Diplomat sich dieses Themas annimmt. Dem ehemaligen Feind lässt Coolidge Gerechtigkeit widerfahren. Die Kämpfe in Kärnten zu beenden, war sein Ziel. Coolidge überschreitet seine diplomatischen Grenzen und zeigt entsprechende Zvilcourage. Die Bewilligung der Miles-Mission ist ein Akt von Ungehorsam gegenüber der amerikanischen Obrigkeit gewesen. Sherman Miles wird Leiter der Miles-Mission im Jänner/Februar 1919. Miles schreibt in einer Presseaussendung Folgendes: Wie immer auch die Entscheidung der Mission ausfalle, dem Land Kärnten solle der Schrecken neuerlicher „Abwehrkämpfe" erspart bleiben. Eine entsprechend tragfähige Lösung für die betroffene Bevölkerung müsse gefunden werden.[31]

---

[31] Vgl. Fräss-Ehrfeld Claudia 2000: Geschichte Kärntens. Abwehrkampf – Volksabstimmung – Identitätssuche, S. 92-94.

3 Josef STEFAN ein entbehrungsreich geborener Kärntner Slowene

Die Finanzzehrenden Franzosenkriege bieten für das Herzogtum Kärnten ein wenig erfreuliches Bild. Klagenfurt ist seit der ständischen Epoche mit Beginn der Neuzeit ein Mittelpunkt Kärntens. In der ersten Hälfte des 19. Jahrhundert treten in Kärnten große Schwierigkeiten auf. Der Frieden von Schönbrunn im Jahre 1809 bringt vorübergehend eine Teilung Kärntens. Klagenfurt wird somit kurz eine Grenzstadt, gegenüber den Illyrischen Provinzen des französischen Kaiserreiches. Der Villacher Kreis mit Oberkärnten gehört bis zum Wiener Kongress im Jahre 1815 zu diesem Illyrischen Staatsgebilde.

3.1 Geburt in ländlich-bäuerlicher Umgebung von Klagenfurt

Die Karlsbader Beschlüsse im Jahre 1819 schränken die nationalen und liberalen Emanzipationsbestrebungen ein. Der geistige Freiraum der Bürger wird durch katholisch-konservative Regulierungen „zensuriert". Eine vorbeugende Zensur ist auch im Bildungsbereich gegeben. Die Mittelpunktfunktion erreicht Klagenfurt erst wieder nach der liberalen Revolution 1848. Die Schulaufsicht im Primarbereich wird durch die „Politische Schulverfassung" in den Jahren 1806 bis1869 wieder durch die kirchlich-katholische Hand vollzogen.[32]

Josef Stefans einfache Geburt liegt in der ersten Hälfte des 19. Jahrhundert in der ländlichen Umgebung von Klagenfurt. Der Geburtsort des Physikers Stefan befindet sich südlich der Ortschaft St. Peter. Diese befindet sich im Bereich der Katastralgemeinden St. Peter-Klagenfurt, St. Peter-Ebenthal und St. Ruprecht. Der Bauernhof Joseph Geiger, die Arbeitsstelle der Mutter befindet sich nach dem Franziszeischen Kataster im östlich Grenzbereich der Katastralgemeinde St. Ruprecht an der Ebenthaler Lindenallee.

Links befindet sich der Lageplan der Katastralgemeinde St. Peter–Ebenthal mit Geburtsort von Josef Stefan. Dieser befindet südlich des Vorortes St. Peter im südöstlichen Umland von Klagenfurt. Die Kirche ist fünf Minuten Fußweg vom Geburtsort entfernt[33] Rechts wird durch einen Bombenangriff auf Klagenfurt im Zweiten Weltkrieg die „Geburtskeusche" von Josef Stefan zerstört. Die wird einstöckig und vergrößerte aufgebaut. Dieser Geburtsort befindet

---

[32] Vgl. Schöffmann, Peter 1994: Klagenfurt als Schulstadt 1848-1918, S. 15-19.
[33] Fotoquelle: Kärntner Landesarchiv- Franziszeischer Kataster.

sich südlich der Ortschaft St. Peter in der Ebentalerstraße Nr. 88. Wie ein Wunder konnte die Gedenktafel von Josef Stefan unter dem Trümmerhaufen unversehrt gefunden werden.[34]

Im Jahre 1830 gibt es nach den Zählungen der Klagenfurter Pfarren insgesamt 12.490 Einwohner mit 455 Häusern. Klagenfurt hat vier Vorstädte und elf Vororte, wobei das Dorf St. Peter 22 und das Dorf St. Ruprecht 43 Häuser haben.

> „Gewiss ist es, daß der Klagenfurter, auch der gemeinere, gar nicht verlegen ist, ein reineres Deutsch zu sprechen, und die so genannte breite Mundart, wie sie in den deutschen Provinzen der Monarchie fast allgemein üblich ist. Krainerisch wird in Klagenfurt nur von den Krainern gesprochen, das landesübliche Wendische nur von der untersten Volksclasse und mit einer Menge Germanismen vermischt, indem der Wende, besonders der männliche, in Kärnten ohnehin der deutschen Sprache größtentheils für den gemeinen Lebensverkehr mächtig ist".[35]

Die zentrale Verwaltungseinheit das Grubernium Laibach besteht aus dem Land Kärnten und Laibach. Kärnten ist im Vormärz 1815-1848 durch die Kreise Klagenfurt und Villach gegeben. Der Klagenfurter Kreis besitzt nach dem Franziszeischen Kataster[36] 75 Steuerbezirke mit insgesamt 532 Katastralgemeinden. Der Steuerbezirk Klagenfurt hat sieben Katastralgemeinden:[37] Klagenfurt, St. Lorenzen, St. Martin, St. Peter, St. Ruprecht, Spitalmühle und Waidmannsdorf. Der Steuerbezirk „Ebenthall" ist durch die Katastralgemeinden Ebenthall,

---

[34] Fotoquelle: Privatarchiv
[35] Hermann, Heinrich 1832: Klagenfurt wie es war und ist, S. 174.
[36] Franziszeischer Kataster ist der erste vollständige Liegenschaftskataster, der in den Jahren 1817-1861 in den österreichischen Ländern der Habsburgermonarchie, im so genannten Cisleithanien erstellt wird. Die Grundstücke / Parzellen jeder Katastralgemeinde werden in der Zeit von 1822 bis 1828 in Kärnten von Ingenieuroffizieren des Militärs erfasst. Die Anfänge des Franziszeischen Kataster gehen auf Kaiser Franz I. zurück. In: Vgl. Österreich Lexikon, Bd. I, S. 340.
[37] Katastralgemeinde geht auf den Reformkaiser Joseph II. zurück. Die Ertragsfähigkeit der bäuerlichen und herrschaftlichen Grundbesitze wird ermittelt. Die Landaufnahme Joseph II. wird im Jahre 1875 angeordnet. Diese bildet die Grundlage eines Steuersystems mit Steuergemeinden als Katastralgemeinden. Die Katastralgemeinden sind über 60 Jahre älter als die politischen Gemeinden. Diese werden nach der bürgerlich-liberalen Revolution ins Leben gerufen. Mit der Aufhebung der Grundherrschaft erfolgt eine Neugestaltung der politischen Verwaltung und der (Bezirks-)Gerichte, wobei jeder Katastralgemeinde ein Grundbuch bekommt.

Gradnitz, Gurnitz, Lassendorf, Lippizach, Reigersdorf, St. Georgen am Sandhof, St. Peter-Ebenthall, Timenitz, Wutschein, Zeiselsberg und Zell gegeben.

Der Geburtsort Josef Stefans liegt südlich der Ortschaft St. Peter. Die „Geburtskeusche" des kleinen Josef ist ein Dienstbotengebäude des Bauernhofes Joseph Geiger vulgo Franzl. Diese befindet sich im Grenzbereich der Katastralgemeinen St. Peter-Ebentall, St. Peter-Klagenfurt und St. Ruprecht.[38] Die Kronländer Kärnten und Krain liegen von 1815 bis1849 im Königreich Illyrien. Dies wird zu einem gescheiterten Versuch einer Föderalisierung[39] der Habsburgermonarchie. Das politische Konstrukt „Königreich Illyrien" besteht aus Kärnten, Krain, Görz, Triest und Istrien. Dieses Königreich vereinigt unterschiedliche Regionen, wobei im frühen Vormärz noch keine Abgrenzungen der ethnischen Identitäten gegeben sind. Das politisch herabgestufte Land Kärnten wird durch das Gubernium Laibach föderal verwaltet.[40]

Das Königreich Illyrien eine politische Illusion des Staatskanzlers Metternich 1773-1859. Graf Metternich heiratet 1795 Eleonore Gräfin Kaunitz, die Enkelin des Staatskanzlers Kaunitz und dieser erhält dadurch einen Zugang zum Hochadel. Der Staatskanzler und Reichsfürst Kaunitz ist ein wichtiger Berater von Maria Theresia, Joseph II. und Leopold II.[41] Die Habsburgermonarchie sollte aus einem Bund von sechs oder sieben unauflöslichen und gleichberechtigten Gliedern bestehen.[42] Durch die bürgerlich-liberale Revolution 1848 verschwindet die Grundherrschaft der Ordensklöster und Adelsschlösser. Die Bauern können nun frei über ihren Grund verfügen, da die Grundentlastung umgesetzt wird. Der Habsburgerstaat wird politisch, verwaltungsmäßig und gerichtlich neu organisiert. Die Technische und Industrielle Revolution wird durch eine lange „Grüne Revolution"[43] vorgezeichnet.

Im Kaisertum Österreich 1804-1866 wird eine neue Landvermessung vorgenommen. Ein Parzellenkataster hat Kaiser Franz I. 1792-1835 angeordnet. Die aufstrebende Ortschaft St. Peter untersteht vor der Franziszeischen Katastervermessung zum Steuerbezirk Ebenthal. Die Bevölkerung von St. Peter orientiert sich mit zunehmender Urbanisierung nach der Stadt Klagenfurt. Die schulische und kirchliche Infrastruktur von Klagenfurt nimmt vor allem nach

---

[38] Vgl. Drobesch, Werner 2003: Grundherrschaft und Bauer auf dem Weg zur Grundentlastung, S. 32f.
[39] Ebenda, S. 15.
[40] Vgl. Kärntner Landesarchiv: 72127 Franziszeischer Kataster, Grund- und Bauparzellenprotokoll, K 322 St. Peter-Ebenthal.
[41] Vgl. Lexikon Österreich 1995, Bd. I, S. 606f.
[42] Vgl. Drobesch, Werner 2003: Grundherrschaft und Bauern auf dem Weg zur Grundentlastung, S. 17.
[43] Vgl. Fräss-Ehrfeld, Claudia 2007: Der lange Weg zur „Grünen Revolution", S. 7f.

der liberalen Revolution 1848 beträchtlich zu. Die Klagenfurter Vorstadtkirche St. Lorenzen wird für religiöse Handlungen für die Bewohner von St. Peter immer beliebter. Die Kirche St. Lorenzen dient zugleich auch dem Kloster der Elisabethinnen. Der Kirchenbau in St. Lorenzen wird im Jahre 1730 vollendet. Die Kirche der Ortschaft St. Peter wird als Filiale der Völkermarkter-Vorstadt-Kirche St. Lorenzen zugeordnet[44]. Bis zur katholischen Reform von Klagenfurt 1603 geht die seelsorgliche Betreuung von Maria Saal aus. In der Regierungszeit Joseph II. erfolgt eine staatliche Regulierung der kirchlichen Verwaltungseinheiten. Im Bereich der Stadt Klagenfurt gibt es bis zum Beginn des 20. Jahrhundert drei Pfarren: die Stadthauptpfarre St. Egid, die Pfarre St. Peter und Paul als spätere Dompfarre, sowie die Vorstadtpfarre St. Lorenzen. Die Expositur der Dompfarre St. Lorenzen wird im Jahre 1928 eine selbstständige Pfarre. St. Peter eine Expositur von St. Lorenzen wird am 12. Oktober 1958 zu einer selbständigen Pfarre eingeweiht.

„Mit der Regulierung der Klagenfurter Stadtpfarren im Jahre 1784 wurde die ehemalige Jesuitenkirche St. Peter und Paul zur Pfarrkirche erhoben. [...] St. Lorenzen wurde als Pfarrexpositur von St. Peter und Paul die Obsorge für insgesamt 1.354 Seelen der Völkermarkter Vorstadt, für die Osthälfte der St. Veiter Vorstadt, sowie für das Dorf St. Peter anvertraut".[45]

Dir Bevölkerung der Ortschaft St. Peter besucht in der ersten Hälfte des 19. Jahrhundert die Pflichtschule zunehmend im nahen Klagenfurt.[46] Die Orientierung nach Ebenthal verliert immer mehr an Bedeutung. In der ländlichen Umgebung von Klagenfurt sind nur, wenn überhaupt, Trivialschulen gegeben. Die nieder organisierte 1-2 klassige Trivialschule gibt es in der ersten Hälfte des 19. Jahrhundert vorwiegend für die damals noch häufig gegebene bäuerliche Bevölkerung am Lande. Jedem Untertan der Habsburgermonarchie sollte „einer seinem Stande angemessener Unterricht verschaffet werden"[47]. Die höher organisierten Pflichtschulen, die Hauptschulen in größeren Städten und vor allem die Normal-und Musterhauptschulen in den Landeshauptstädten haben einen umfangreicheren Lehrplan. Eine Normal-Hauptschule gibt es nur in der politisch und verwaltungsmäßig herabgestuften Kreisstadt Klagenfurt. Ein Bildungsaufstieg bei Eltern, die nicht lesen und schreiben können,

---

[44] Vgl. Tropper, Peter G. 1996: Zur pfarrlichen Entwicklung der Landeshauptstadt Klagenfurt von der Zeit Joseph II. bis in die Gegenwart. Klagenfurt, S. 276f.
[45] Ebenda, S. 268.
[46] Vgl. Kreuzer, Anton / Jaritz, Johann 2009: St. Peter und die Ebenthaler Allee, S. 3f.
[47] Allgemeine Schulordnung für die deutschen Normal-, Haupt- und Trivialschulen in sämmtlichen Kaiserl. Königl. Erbländern 1774. In: Gerneret, Dörte 1993: Österreichische Volksschulgesetzgebung. Gesetze für das niedere Bildungswesen 1774-1905. Köln / Weimar / Wien, S. 1-58.

wie es bei Josef Stefan der Fall ist auch möglich. Die gehobene Pflichtschule, wie die Normalhauptschule macht der Besuch eines Gymnasiums für den Knaben Josef Stefan möglich. Die höhere allgemeine Bildung an einem Gymnasium ermöglicht den Zugang zu einer Universität. Der begabte und vielseitig interessierte Josef Stefan hat das Glück im Umland einer Kreisstadt zu wohnen. Dieser kann die Schule in Klagenfurt mit einem Fußweg von 7 km hin und retour täglich erreichen. Die Lebenssituation der vorerst getrennt lebenden Eltern verbessert sich zunehmend. Die Eltern verehelichen sich nach drei Jahre Normalschule 1844 und beziehen in der Oberen Burggasse im ehemaligen Ursulinenkloster die gemeinsame Wohnung. Josef Stefan hat nunmehr nur mehr einige Minuten zur Schule. In die Kleinen Schulhausgasse befindet sich die Normal-Hauptschule und gegenüber in der Großen Schulhausgasse gibt es das Gymnasium des Schul- und Bildungsordens der Benediktiner.

Den Geburts-Matriken der Vorstadtkirche St. Lorenzen wird entnommen, dass Josef Stefan am 24. März 1935 in der Ortschaft St. Peter bei Klagenfurt an der Ebenthaler Lindenallee im „Bezirke" Ebenthal geboren wird.[48]

> „Joseph wurde am 25. März 1835 halb vier Nachmittags in der Kirche St. Lorenzen getauft".[49]

Der Geburtsort befindet sich am südlichen Rand der Ortschaft St. Peter im östlichen Grenzbereich der Katastralgemeinde St. Ruprecht. Die Ebenthaler-Lindenalle führt von der Völkermarkter Vorstadt vorbei bei der Geburtskeusche von Josef Stefan zum Schloss in Ebenthal. Dieses Adelsschloss wird im 16. Jahrhundert als Bauwerk des Barock errichtet, und mit einer Gartenanlage erweitert.

> „Die älteste Allee liegt [1927] nicht mehr in unserem Stadtbereich, [eigenständige politische Gemeinde St. Peter] ist aber jedem Einwohner bekannt. [...] Noch bis zum Beginn des 19. Jahrhundert hat die Allee ihren Ausgang in der Nähe des Völkermarkter Tores, der heutigen Salmstraße- genommen. Bis zum Schloss Ebenthal hat sich diese erstreckt. Die mächtigen Baumriesen erregen auch heute noch eine allseitige Bewunderung, sowohl bei den Einheimischen als auch bei den Fremden".[50]

Joseph Geiger besitzt die Realität mit Haus Nr. 19 vulgo „Franzl in St. Ruprecht"[51]. Die Ortschaft St. Ruprecht hat innerhalb des Stadt-Burgfrieds von Klagenfurt die größte Häuser-

---

[48] Vgl. Lebmacher, Carl 1935: Zu Josef Stefans 100. Geburtstag 1835-1893, S. 3.
[49] Archiv der Diözese Gurk: Pfarrarchiv Klagenfurt- St. Lorenzen, Hs. 5, fol. 54.
[50] Lebmacher, Carl 1993: Die alten Alleen unserer Stadt, S. 47.
[51] Kärntner Landesarchiv: Grundbucheintragung: „Franzl in St. Ruprecht", Einlagenzahl 60, Katastralgemeinde St. Ruprecht.

zahl. Der Einflussbereich der befestigten Stadt Klagenfurt geht in die Fluren des Hinterlandes mit ihren kleinen Ortschaften hinaus.[52] Das bäuerliche Dorf St. Ruprecht beschreibt der Franziszeische Kataster im Jahre 1834 folgendes:

> „Nach einer Erhebung im Jahre 1830 setzt sich die einheimische Bevölkerung aus 236 männlichen und 333 weiblichen Personen zusammen. […] Größere Höfe halten drei Knechte und drei Mägde. […] Der Viehstand beträgt 1832: 91 Pferde, 14 Ochsen, 184 Kühe, 45 Jungvieh, 42 Schafe und 219 Schweine. […] Außer wenigen ganz gemauerten, über dem Erdgeschosse mit einem Stockwerke versehen Wohngebäuden, stehen leider aber auch noch ganz aus Holz gezimmerte, feuergefährliche Wohngebäude in der Gemeinde. Bei den größeren Wirtschaften befinden sich ganz gemauerte Stallungen. Die kleinen Besitzungen haben nur schlechte, ungesunde, niedrige, halb gemauerte, halb aus Holz gezimmerte Stallungen".[53]

Der Franziszeische Kataster zeigt bei der landwirtschaftlichen Realität Joseph Geigers nach dem „Bauparzellen-Protokoll" auf Parzelle Nr. 136 eine „Scheune". Dies entspricht der ebenerdigen „Franzlkeusche"[54], einem Nebengebäude als Wohnung der Dienstboten. Josef Stefan wird in dieser Scheune als unehelicher Sohn einer Magd in wohnlich und finanziell bescheidenen Verhältnissen geboren. Die Mutter Josef Stefans Maria Startinik eine Tochter des Landtischlers Gregor Startinick stammt aus Glainach im Rosental.[55] Die verehelichte Großmutter Apollonia Startinick war eine geborene Olipp.[56] Die Mutter vom Knaben Josef

> „Maria Startinik, eine Dienstmagd, gebürtig in der Pfarre Gleinach, Bezirk Hollenburg, des Gregor Startinik, Tischlers, und dessen Eheweibes Appolonia, geboren Olipp, eheliche Tochter, katholischer Religion".[57]

Die Pfarre St. Valentin in Glainach wird im Jahre 1364 erstmals urkundlich erwähnt.[58] Im Rosental kommt es zu einer verzögerten Gründung von Trivialschulen, wobei der Mangel an Lehrkräften dafür verantwortlich ist. Im Jahre 1777 besuchen 16 Katechten und 26 Lehramtskandidaten des Dekanats Ferlach einen mehrwöchigen Vorbereitungskurs an der Normalschule in Klagenfurt. Die Gründung von Trivialschulen, außer in Ferlach, wird auf Jahrzehnte hinausgeschoben, obwohl in Kärnten im Jahre 1780 bereits 150 Trivialschulen bestehen. Der

---

[52] Vgl. Kreuzer, Anton / Leute, Gerfried / Franz, Wilfried 2009: St. Ruprecht Stadt vor der Stadt, S. 11f.
[53] Kärntner Landesarchiv: Franziszeischer Kataster, KG 72175 St. Ruprecht.
[54] Vgl. Keusche wird schon sehr früh als „kleines Bauernhaus, Achtelhube" bezeichnet. In: Pohl, Heinz Dieter: Slowenisches Erbe in Kärnten und Österreich, S. 12; PDF-Datei [6. September 2012].
[55] Kärntner Landesarchiv: Vgl. Protocoll sämmtlicher Grund- und Bauparzellen der Katastralgemeinde St. Ruprecht nach dem Franziszeischen Kataster 1827.
[56] Vgl. Lebmacher, Carl 1935: Zu Josef Stefans 100. Geburtstag 1835-1893. Schriftstück verwahrt im Kärntner Landesarchiv.
[57] Archiv der Diözese Gurk: Pfarrarchiv Klagenfurt – St. Lorenzen, Hs. 5, fol. 54.
[58] Vgl. Singer, Stephan 1934: Kultur- und Kirchengeschichte des unteren Rosentales, S. 111.

Unterricht beginnt in Glainach im Jahre 1819 unentgeltlich mit täglich vier Stunden. Ein Kaplan und später ein Pfarrer unterweisen ungefähr 60 Kinder in der Trivialschule.[59]

Die schwierigen finanziellen Lebensumstände der getrennt lebenden Eltern, lassen in der Kindheit von Josef Stefan ein gemeinsames Familienleben nicht zu. Alexius Stefan, Vater Josef Stefans arbeitet beim „Großnigbauer" Franz Puntschart als Müllergehilfe in der Nachbarsiedlung in Limersach. Franz Puntschart betreibt neben einer großen Landwirtschaft zusätzlich als Müllermeister auch eine Mühle an der Glan. Alexius Stefan entstammt der Ortschaft Lanzendorf, welche zur Katastralgemeine Grobelsdorf gehört und im großen Steuerbezirk Sonnegg liegt. Die „Großnigmühle" befindet sich flussabwärts von Limersach in der Katastralgemeinde St. Peter-Ebenthal.

Im Umfeld des Schlosses Harbach und der inzwischen stillgelegten Filialkirche St. Peter wächst Josef Stefan in der ersten Hälfte des 19. Jahrhundert auf. In diesem Bereich der Katastralgemeinde St. Peter-Ebenthal in unmittelbarer Nachbarschaft liegt der Geburtsort Stefans an der Ebenthaler-Allee. Die Mutter arbeitet am Bauernhof Geiger vulgo „Franzl" als Dienstbotin. Der Vater verdient bei der „Großnigmühle" beim Müllermeister Puntschart als Müllergehilfe sein tägliches Brot. Beide Elternteile wohnen und arbeiten in unmittelbarer Nachbarschaft, der anfänglich noch getrennt lebenden Eltern.[60]

Maria Startinik, die Mutter des prominenten Physikers Josef Stefan, ist eine Tochter des Land-Tischlers Gregor Startinick, der aus Glainach im Rosental stammt.[61] Die verehelichte Großmutter, Apollonia Startinick, ist eine geborene Olipp.[62] Die Mutter des Knaben Josef

---

[59] Vgl. Singer, Stephan 1934: Kultur- und Kirchengeschichte des unteren Rosentals. Dekanat Ferlach, S. 337.
[60] Fotoquelle: Schloss Harbach bei Klagenfurt- Ölgemälde von Markus Pernhart 1824-1981 um 1860 entstanden in: Niko Ottowitz 2011: Streiflichter aus seinem Leben und Werk- zum 175. Geburtstag, S. 13.
[61] Kärntner Landesarchiv: Vgl. Protocoll sämmtlicher Grund- und Bauparzellen der Katastralgemeinde St. Ruprecht nach dem Franziszeischen Kataster 1827.

„Maria Startinik, eine Dienstmagd, gebürtig in der Pfarre Gleinach, Bezirk Hollenburg, des Gregor Startinik, Tischlers, und dessen Eheweibes Appolonia, geboren Olipp, eheliche Tochter, katholischer Religion".[63]

Die Ortschaft Glainach wird im Jahre 1220 erstmals urkundlich erwähnt. Die Pfarre St. Valentin in Glainach wird im Jahre 1364 erstmals urkundlich erwähnt. In Glainach gibt es bereits früh eine St. Valentin-Bruderschaft, welcher der Papst einen Ablass gewährte.[64]

Maria Startinick wird im Jahre 1810 in Glainach als Mutter des unehelich geborenen Knaben Josef geboren. In Gleinach gibt es ab dem Jahre 1819 vermutlich etwas Trivialunterricht durch den Ortspfarrer, darüber existieren jedoch keine Quellen. Die **Pferde-Fuhrwerke** über den **Loibl-Pass** in das Kronland Krain werden um 1800 bildnerisch dargestellt.[65] **Maria Startinick** wird im Jahre 1810 in der Ortschaft Gleinach als Tochter eines Land-Tischlers ehelich geboren. Ab dem Jahre 1819 findet täglich ein 4-stündiger Unterricht statt. Maria Startinick könnte zumindest drei Jahre lang an diesem Pfarrunterricht teilgenommen haben. Es kann vermutet werden, dass die Ortsbewohnerin von Glainach, Maria Startinick**,** in der Pfarrschule von Gleinach **mehr** oder **weniger** eine **Grund- und Volksbildung** vom **Pfarrer** erhalten hat.

Im Rosental kommt es zu einer verspäteten Gründung von Trivialschulen. Der Mangel an Lehrkräften ist wesentlich dafür verantwortlich. Im Jahre 1777 besuchen 16 Katecheten und 26 Lehramtskandidaten des Dekanats Ferlach an der Normalschule in Klagenfurt einen mehrwöchigen Präparanden- Vorbereitungskurs. Die Gründung der Trivialschulen wird außer der in Ferlach um Jahrzehnte hinausgeschoben. In Kärnten bestehen im Jahre 1780 bereits 150 Trivial- und

---

[62] Vgl. Lebmacher, Carl 1935: Zu Josef Stefans 100. Geburtstag 1835-1893. Schriftstück, verwahrt im Kärntner Landesarchiv.
[63] Archiv der Diözese Gurk: Pfarrarchiv Klagenfurt – St. Lorenzen, Hs. 5, fol. 54.
[64] Vgl. Singer, Stephan 1934: Kultur- und Kirchengeschichte des unteren Rosentales, S. 111.
[65] Bildquellen: Pfarrkirche Glainach. In: Dekanat Ferlach. Geschichte und Gegenwart.. Klagenfurt/Celovec; Pferde Transportverkehr am Loiblpass 1795. In: Jernej, Renate 2013: Das Büchsenmacherhandwerk in Ferlach. Eine Geschichte seit 500 Jahren.

Pfarrschulen. Der Unterricht beginnt in Glainach nach den Franzosenkriegen unentgeltlich, im Jahre 1819 mit täglich vier Stunden. Ein Kaplan und später ein Pfarrer unterweisen 60 Kinder in der Glainacher Pfarrschule, und ein spärlich besuchter Unterricht beginnt.[66]

Der Gründungsappell der „Wiener Habsburgerregierung", Trivialschulbauten auf ihrem Territorium zu fördern, bleibt bei der Grundherrschaft der Dietrichsteiner auf der Hollenburg wirkungslos. Die Katastralgemeinde Glainach mit ihrer Ortschaft „Gleinach" gehört dem

Die Siedlung Limersach liegt in unmittelbarer Nachbarschaft zum Geburts- und Wohnort seines Sohnes Josef. Die Mutter bestreitet mit einer Dienstbotentätigkeit am Bauernhof Joseph Geiger ihren Lebensunterhalt. Die Eltern Josef Stefans sind Slowenen mit geringer Bildung, da diese weder lesen noch schreiben können. In der Pfarrschule Glainach findet ab dem Jahre 1819 ein spärlicher Schulunterricht statt. Der Gründungs-Appell der „Wiener Regierung" Schulbauten für Trivial- und Pfarrschulen auf ihrem Territorium zu fördern, bleibt bei der Grundherrschaft Hollenburg wirkungslos. Die Katastralgemeinde mit ihrer Ortschaft „Gleinach" gehört zum Steuerbezirk Hollenburg mit 34 Katastralgemeinden.[67]

> „Die Gründung der [Trivial-] Schulen im Rosental war also, mit Ausnahme von Ferlach, für Jahrzehnte hinausgeschoben, obwohl in anderen Teilen Kärntens im Jahre 1780 bereits 150 [Volks-] Schulen bestanden".[68]

Das größte Hindernis für die Errichtung der Schulbauten ist Geldmangel und die Bezahlung der Lehrkräfte. Der Staat kann wegen der finanziell aufwendigen Franzosenkriege nicht viel dazu beisteuern und die Grundherrschaften wollen keine finanziellen Aufwendungen tätigen. Der Bauer muss als Untertan Robot Dienste leisten und seine Produkte müssen an die Grundherrschaft abgeliefert werden. Die Bauern haben somit auch kein Geld zur Unterstützung von Trivialschulvorhaben. Der Alphabetisierungsgrad der Bevölkerung im ländlichen Rosental gering, da ab dem Jahre 1777 nur in Ferlach eine Trivialschule gegeben ist.

> „Der Kaplan [...] unterrichtete seit März 1819 im Winter 30, im Sommer 23 Kinder. [...] Die kreisamtliche Kommission zwecks Errichtung der Schule fand sich erst am 27. Juli 1840 in Glainach ein. Es folgten Weisungen, Lokalkommissionen und die Urgenzen zur Errichtung des Schulgebäude hätte ihr Ziel erreicht, wenn nicht wieder das Revolutionsjahr 1848 das Unternehmen verzögert hätte".[69]

---

[66] Vgl. Singer, Stephan 1934: Kultur- und Kirchengeschichte des unteren Rosentals. Dekanat Ferlach, S. 337.
[67] Vgl. Drobesch, Werner 2003: Grundherrschaft und Bauern auf dem Weg zur Grundentlastung, S. 32f.
[68] Singer, Stephan 1934: Kultur- und Kirchengeschichte des unteren Rosentales. Dekanat Ferlach. S. 324.
[69] Ebenda, S. 327.

Die Büchsenmacher Ortschaft Ferlach erlebt durch die Eisen- und Waffenindustrie in der ersten Hälfte des 19. Jahrhundert eine immense Blüte. Der Ruf nach einer Fachbildung für Büchsenmacher wird immer lauter. Im Jahre 1878 erfolgt die Grundsteinlegung zu einer Lehr- und Versuchsanstalt für Feuerwaffen in Ferlach. Die Fachschule entwickelt sich beständig weiter. Diese wird heute zu einer Höheren Lehranstalt für das Maschineningenieurwesen mit den Ausbildungsschwerpunkten Waffentechnik, Fertigungstechnik und Industriedesign.

Die Hollenburg wird um 1100 von Ministerialen der Markgrafen von der Steiermark gegründet. Die Spanheimer, Herzöge von Kärnten, lassen im 13. Jahrhundert das Loibltal als Verkehrsader in den Süden ausbauen. Die Hollenburg gewinnt zunehmend eine strategische Bedeutung. Die Grundherrschaft Hollenburg steht mit dem benachbarten Zisterzienserkloster Viktring in einer ständigen Konfliktsituation. Kaiser Maximilian I. überlässt die Burg seinem Günstling, Siegmund von Dietrichstein, im Jahre 1514 käuflich. Die Hollenburg wird im 16. und 17. Jahrhundert entsprechend repräsentativ ausgebaut.[70] Hollenburg kann auf Slowenisch als „Humperg" und auf Deutsch über den Höhlen des Konglomerates der Sattnitz bezeichnet werden.[71]

Gregor STARTINICK – Apollonia STARTINICK geb. Olipp
- Die Tochter Maria wird ehelich am 3. August 1814 in Gleinach bei Ferlach geboren.
- Die Taufe der Mutter Maria des Physikers Josef Stefan findet in der Pfarrkirche Gleinach statt.

Maria STARTINICK
- Der Knabe Josef wird am 24. März 1835 unehelich, mit dem mütterlichen Schreibnamen Startinick am Bauernhof vulgo Franzl südlich der Ortschaft St. Peter an der Ebenthaler-Allee geboren.
- Das Kind Josef wird in der nahe gelegenen Völkermarkter-Vorstadt Kirche St. Lorenzen getauft.
- Der Vater, Alexius Stefan, erfährt von der Taufe, ihm wird allerdings eine Eintragung als Vater in das Geburten- und Taufbuch verwehrt.
- Die Eltern des Knaben leben bis zur Heirat im Jahre 1844 getrennt.
- Dies belastet den jungen Knaben in der Zeit der Normal-Hauptschule.

Josef STEFAN – Maria STEFAN
- Die Verehelichung der Eltern erfolgt am 25. August 1844 in der Stadtpfarrkirche St. Egid in Klagenfurt-Stadt.
- Der 9-jährige Knabe erhält den ersehnten Familiennamen **STEFAN**.
- Das Benediktiner-Gymnasium in Klagenfurt steht dadurch dem vielseitig begabten Jugendlichen jetzt auch offen.

---

[70] Vgl. Deuer, Wilhelm 2008: Burgen und Schlösser in Kärnten; S. 36.
[71] Vgl. Pohl, Heinz-Dieter 2013: Kleines Kärntner Namenbuch, S. 74.

Der römisch-deutsche Kaiser Ferdinand I. beruft im Jahre 1558 Waffenschmiede aus den habsburgischen Niederlanden und aus Belgien nach Kärnten und Ferlach. Die Menschen lösen sich in der Neuzeit allmählich aus der mittelalterlichen feudalen Welt. Das System der Grundherrschaften entsteht im Mittelalter. Die Renaissance und der Humanismus sind nunmehr die prägenden Kultur- und Geistesrichtungen. Das mittelalterliche Feudalwesen beginnt sich in der Neuzeit allmählich aufzulösen.

Ein endgültiges Ende des Feudalismus findet in der Habsburgermonarchie durch die Revolution 1848 statt. Es werden aus einer Kirche zunehmend mehrere reformierte Kirchen. Die katholisch-christliche Religion beginnt sich durch Luther zu ändern. Die katholische Kirche erhält zunehmend eine Konkurrenz durch protestantisch-christliche Glaubensrichtungen. Der Handel und die Geldwirtschaft werden ausgeweitet, und die Schifffahrt auf den Weltmeeren entwickelt sich zunehmend. Die Entdeckung des Schießpulvers bringt eine Entwicklung der Feuerwaffen mit sich. Die frühen Feuerwaffen sind wegen ihrer psychologischen Wirkung gefürchtet. Eine entsprechende mechanische Entwicklung des Zündmechanismus macht die Bedienung der Feuerwaffe durch eine Person erst möglich. Die Schmiedewerkstätten werden durch die Wasserkraft der Gebirgsbäche, wie des Waidisch-, Loibl- und Gotschuchen-Bachs angetrieben und damit energiemäßig versorgt. Das Büchsenmacher-Handwerk in Ferlach kann sich durch diese Wasserkraft entsprechend entwickeln. Das Büchsenmacherhandwerk verzeichnet einen enormen Aufstieg. Die wichtigsten Grundherrschaften in der Gegend um Ferlach in Rosental sind das Zisterzienser-Kloster in Viktring nahe Klagenfurt und die Hollenburger Herrschaft Dietrichstein. Die Büchsenmacher besitzen oft auch zumindest Keuschen und werden dadurch auch zu Untertanen einer Grundherrschaft. Diese Büchsenmacher gelten dann durch Grundbesitz auch als ortsansässige Bürger. Die Möglichkeit des Heiratens und des Erwerbes der Meisterwürde ist damit auch verbunden. Das Büchsenhandwerk wird überschaubar in Heimarbeit als Hausindustrie ausgeübt. In Ferlach gibt es um das Jahr 1800 ungefähr 300 Personen mit einer Meisterwürde. Das Waffengewerbe erlebt in der Regierungszeit Maria Theresias von 1740 bis 1780 eine immense Blütezeit. Den Büchsenmachern werden nunmehr vermehrt die Meisterrechte verliehen. Die Handwerksordnung wird liberalisiert, und auch nicht ansässige und ledige Personen können nunmehr das handwerksmäße Meistergewerbe erhalten.[72]

---

[72] Vgl. Jernej, Renate 2013: Das Büchsenmacherhandwerk in Ferlach, S. 20-25.

Eine Büchsenmacherzunft wird in Ferlach gegründet. Ferlach wird Ein Hauptlieferant von Handfeuerwaffen für die Habsburgerarmee. Die ausländische Waffenindustrie steigt zunehmend auf eine mechanisierte und industrialisierte Produktion um. Dies bedeutet eine immense Konkurrenz für die Ferlacher Waffenerzeugung. Viele Menschen verlieren dadurch eine Erwerbs- und Einnahmequelle. Der gegen Preußen in Königsgrätz im Jahre 1866 verlorene Krieg bewirkt, dass die Habsburgerarmee auf die Hinterlader-Technik umsteigt. Die Waffenfabrikanten in Ferlach erhalten wieder eine Produktionsquelle. Die Jagdwaffenerzeugung wird sogar von Kaiser Franz-Josef nachhaltig gewürdigt.

Die Entdeckung des Schießpulvers wird die Grundlage zur Entwicklung der Faust-Feuerwaffen. Die Verwendung von Schusswaffen ist seit dem 14. Jahrhundert in Europa nachweisbar. Die anfänglichen Feuerwaffen haben eine enorme psychologische Wirkung. Diese sind als Feuerspeiende und Rauchende gefürchtet. Die Entwicklung des Gewehrschlosses als Zündmechanismus macht die Bedienung durch eine Person möglich. Die ersten und zahlreichen Schmiedewerkstätten im 16. Jahrhundert und die Gebirgsbäche um Ferlach ermöglichen eine Entwicklung des Büchsenmacher-Handwerks. Im Jahre 1632 gibt es bereits 102 Meister in der Büchsenmacherstadt Ferlach. Die Qualität der Arbeit erfordert eine entsprechende Bildung der Büchsenmacher. Im Jahre 1631 wird eine „Handwerksordnung" erlassen. Der Besitz zumindest einer Keusche ermöglicht das Recht des Heiratens. Im 18. Jahrhundert erfolgt in der Produktion zunehmend ein Übergang vom Handwerk zur Manufaktur. Die „Handwerksordnung" 1751 unter Maria Theresia ermöglicht einen sozialen Aufstieg bis zur Meisterwürde. Die starren Regulierungen durch das Zunftwesen werden durch Maria Theresia etwas zurückgedrängt. Auch der Einfluss der Grundherrschaft wird durch übergeordnete, staatliche Organe, wie Kreisämter, entsprechend geschmälert.[73]

In Ferlach und Umgebung besteht seit 500 Jahren eine ausgedehnte Hausindustrie. Die Fabrikation von Gewehren hat einen ausgezeichneten und weltverbreiteten Ruf. Im Jahre 1558 werden von Kaiser Ferdinand I. Holländer zur Anfertigung von Militärgewehren nach Kärnten berufen. Die Erzeugung von Schusswaffen hat in der Büchsenmacherstadt Ferlach Tradition. Die Entwicklung der Handfeuerwaffen und deren Erzeugung werden von Generation zu Generation weitergeben. Kaiser Franz I. besucht im Jahre 1807 die Waffenproduktion in Ferlach. Es werden von 1800 bis 1815 300.000 Gewehre für die österreichische Armee in Ferlach erzeugt. Die Produktion von

---

[73] Vgl. Jernej, Renate 2013: Das Büchsenmacherhandwerk in Ferlach, S. 22-25.

Militärgewehren kann nicht mehr durch eine Hausindustrie erfolgen. Die Ferlacher Fachschule für Gewehrindustrie macht mit ihrer Probieranstalt eine Weiterentwicklung der Gewehre möglich, und es werden allmählich auch Jagdwaffen erzeugt.[74]

Der Volksschullehrplan 1804 wird überarbeitet und tritt als Politische Schulverfassung 1806 in Kraft. Es gibt auch Überlegungen den Begriff Trivialschule durch Pfarrschule zu ersetzen. Die Volks- und Massenbildung ist eine Idee der Aufklärung und die Franziszeische Schulreform 1806 bewirkt, dass die Trivialschulbildung sich in den Pfarrhöfen ausweitet. Die Schulaufsicht und Kontrolle erfolgt durch die katholische Kirche. Die Tendenz bleibt seit der niederen Schulreform Maria Theresias die gleiche:

> „Minimalisierung des Unterrichts in den Trivialschulen, Reduzierung der Lehrerbildung auf ein Minimum".[75]

Die staatlichen Finanzprobleme durch die Napoleon-Kriege ermöglichen erst nach dem Wiener Kongress 1815 eine Zunahme an Trivialschulen am Lande. Im Vormärz beginnt im Dekanat Ferlach in Kappel 1817, in Köttmannsdorf 1815, in Windisch-Bleiberg 1833, in St. Margarethen 1837, in Maria Rain und Glainach 1819 ein Volksschul-Unterricht. In Glainach gibt es im Jahre 1812 bereits 73 schulfähige Kinder.[76] Bis zum liberalen Reichsvolksschulgesetz 1869 wird der Trivialschulunterricht am Lande durchwegs in Pfarrhöfen durch Mesner, Priester und andere weltliche Lehrer erteilt. Dieser nieder organisierte Unterricht erhält durch das Reichsvolksschulgesetz eine entscheidende Aufwertung. Die nieder organisierten Trivialschulen, die es meist in den Pfarrhöfen gibt werden durch die höher organisierten Volksschulen ersetzt. Die „Schulmeister" werden nach der Revolution 1848 durch die zweijährigen Präparanden-Kurse gebildet. Das Reichsvolksschulgesetz mit den vierjährigen Lehrerbildungsanstalten hat eine entscheidende Professionalisierung der Pflichtschullehrer zur Folge. Die Volksschulen werden entsprechend ausgebaut und die allgemeine Bildung am Lande wird entscheidend verbessert. Die „Pfarrschulen" als Trivialschulen gehören somit endgültig der Vergangenheit an. Die restaurativen Schulinspektionen im Pflichtschulbereich wird ebenfalls den Pfarrern, Dekanaten und Diözesanbischöfen entzogen. Durch das liberale Schule-Kirche-Gesetz 1868 entstehen die „staatlichen" Orts-, Bezirks- und Landesschulräte als Kollegialorgane, die in ihrer Grundstruktur noch heute bestehen. Die nieder organisierten Trivialschulen

---

[74] Vgl. Schulnachrichten der Fachschule für Gewehrindustrie in Centralblatt 1884. Bd. III, S. 193 f.
[75] Pietsch, Walter 1992: Die Franziszeische Schulreform, S. 184.
[76] Vgl. Singer, Stephan 1934: Kultur- und Pfarrgeschichte des unteren Rosentales. Dekanat Ferlach, S. 326-337.

werden nach dem Reichsvolksschulgesetz zu höher organisierten Volksschulen vor allem für die bäuerliche Bevölkerung am Lande ausgebaut. Es dauert noch das ganze 19. Jahrhundert bis die Alphabetisierung sich auch am Lande durchgesetzt. Die Schulbesuchserleichterung 1883 wird durch die erstarkenden Konservativen eingeführt, dadurch wird die Schulpflicht wieder etwas aufgeweicht.

Josef Stefans Vater Alexius Stefan ist ein Sohn des Johann Stefan, der Besitzer der „Stefanhube in Lanzendorf Haus Nr. 5"[77]. Die Ortschaft Lanzendorf liegt in der Katastralgemeinde Grabelsdorf. Die zugehörige Pfarre befindet sich in St. Kanzian und das zuständige Bezirksgericht entsteht in der zweiten Hälfte des 19. Jahrhundert in Eberndorf.

„Alexius Stephan, Mehlhändler, unehelicher Sohn der Elisabeth Stephan, einer Bäurin von der Pfarre St. Kantzian gebürtig, katholisch".[78]

Den Taufmatriken der Vorstadtpfarre St. Lorenzen wird entnommen, das als Taufpate des unehelich geborenen Josef Startinick der Gartenkeuschler Josef Habernigg aus der Ortschaft St. Peter wirkt. Er wird durch sein „Eheweib" Maria Habernigg, einer geborenen Robasser vertreten. Die Taufpatin Anna Startinick ist eine Schwester der Mutter des Säuglings Josef. Anna Statinick arbeitet im nahe gelegenen Ort „Limersach" als Dienstmagd am Großnighof. Der Besitzer des Großnighofes und der Mühle an der Glan ist der Großbauer und Müllermeister Franz Puntschart. Die Taufe des jungen Josef erfolgt am Tage nach der Geburt durch den „Expositus"[79] der Vorstadtpfarre St. Lorenzen, Mathäus Tschuden.[80] St. Lorenzen ist eine Expositur der Stadtpfarre St. Peter und Paul, der späteren Domkirche.[81] St. Lorenzen sorgt für 1.354 Katholiken in der Völkermarkter Vorstadt. Die Expositur St. Lorenzen ist zugleich Klosterkirche der Elisabethinnen, sowie der Filialkirche St. Peter, die im Vormärz außerhalb von Klagenfurt liegt.[82] Alexius Stefan erfährt von der Taufe des Säuglings Josef in der Kirche St. Lorenzen. Alexius Stefan wird die Eintragung seines Namens in das Taufbuch verwehrt. Die kirchliche Zuerkennung der Vaterschaft wird ihm somit nicht ermöglicht. Eine offizielle

---

[77] Kärntner Landesarchiv, Grundbucheintragung: „Stefanhube in Lanzendorf Haus Nr. 5", Katastralgemeinde Grabelsdorf mit Einlagenzahl 30.
[78] Archiv der Diözese Gurk: Pfarrarchiv Klagenfurt- St. Lorenzen, Hs. 5, fol. 54.
[79] Expositus ist der Seelsorger einer Expositur-Gemeinde und dieser bekleidet die Funktion eines Kaplans, wobei der Pfarrer der Muttergemeinde das Oberhaupt einer Expositur ist.
[80] Vgl. Lebmacher, Carl 1935: Zu Josef Stefans 100. Geburtstag 1835-1893, S. 1.
[81] Vgl. Hermann, Heinrich 1832: Klagenfurt wie es war und ist, S. 197.
[82] Vgl. Tropper, Peter G. 1996: Zur pfarrlichen Entwicklung der Landeshauptstadt Klagenfurt von der Zeit Kaiser Josephs II. bis in die Gegenwart, S. 268.

Anerkennung der Vaterschaft von Alexius Stefan durch die Kirche erfolgt erst unmittelbar vor dem Zugang seines Sohnes in das Benediktiner-Gymnasium.

> „Alexius Stephan ist und unterfertigten Zeugen von Person und Namen wohl bekannt, hat sich in unserer Gegenwart zum Vater des mit Maria Startinik erzeugten Kindes bekannt, und ausdrücklich verlangt, als solcher in das Taufbuch eingetragen zu werden. Expositur St. Lorenzen in Klagenfurt den 3. Oktober 1845. Simon Heber, Expositus [Pfarrer] und Simon Tomantschger als Zeuge".[83]

Josef Stefan prüft nach der Reifeprüfung eine kurze Zeit in den Benediktinerorden, lässt aber den Gedanken eines Eintritts in den Bildungsorden wieder fallen. Er wird von einigen Benediktinern am Gymnasium geprägt. Die älteste Klagenfurter Allee führt von der Völkermarkter Vorstadt Höhe „Kumpfgasse"[84] über den Bahnübergang in die Fortschnigg Allee. Ein Fußweg von zehn Minuten bringt die Einmündung in Lindenallee der Ebenthalerstraße, die weitläufig zum Barock-Schloss Ebenthal. führt[85] Diese älteste Lindenallee wird in den Jahren 1706 bis 1710 von Ebenthal nach Klagenfurt errichtet.

Die Lehrer der Normalhauptschule einer gehobenen Pflichtschule erkennen die Fähigkeiten des jungen Knaben und unterstützten dessen Gymnasialbesuch. Die Eltern heiraten doch und damit ist der Weg für eine höhere Bildung am Gymnasium für den jungen Josef frei. Damals war es einem unehelichen Kind nicht möglich das Benediktinergymnasium zu besuchen. Die Benediktinermönche aus St. Paul im Lavanttal haben vertraglich seit 1807 den Unterricht am Klagenfurter Gymnasium zu bewerkstelligen. Die Benediktinerpater haben die Aufgabe die Zöglinge religiös-sittlich zu bilden. Der Präfekt hat dies zu überwachen, wobei im staatlichen Auftrag die jeweiligen Kreishauptmänner dafür verantwortlich sind.[86] Das Klagenfurter Gymnasium wird nach Auflösung des Jesuitengymnasiums 1773 in der Zeit von 1807 bis 1871 von Benediktinerpater unterrichtet. Dienstboten benötigen in der ersten Hälfte des 19. Jahrhundert eine Heiratserlaubnis.

> „Seit der Theresianisch-Josephinischen Epoche ist man sehr großzügig mit der Heiratserlaubnis umgegangen. Diese wird ab 1810 nur erteilt, wenn der Lebensunterhalt der Heiratswerber gesichert ist. Hausrechtlich abhängige Dienstboten konnten

---

[83] Archiv der Diözese Gurk: Pfarrarchiv Klagenfurt – St. Lorenzen, Hs. 5, fol. 54.
[84] Vgl. Johann Gottfried Kumpf 1781-1862 ist erster ständischer Stadtphysikus und Primararzt am k. k. Allgemeinen Krankenhaus Klagenfurt. Er betätigt sich auch als Geschichtsforscher und arbeitet schreibend und führend 1811-1813 in der „Carinthia" mit. In: Die Straßen und Plätze von Klagenfurt 2009. Herausgegeben Landeshauptstadt Klagenfurt, S. 208.
[85] Vgl. Jahne, Ludwig 1921: Wegweiser durch die Umgebung von Klagenfurt, S. 18.
[86] Vgl. Schöffmann, Peter 1994: Klagenfurt als Schulstadt 1848-1918, S. 28

sich nicht mehr so leicht verselbständigen, wie in der vorausgegangenen Periode intensiver Bevölkerungspolitik. Die erste Hälfte des 19.Jahrhunder erscheint im Rückblick als die 'große Zeit' der bäuerlichen Dienstbotenhaltung, denn Dienstboten waren als nicht verheirate meist im fremden Haushalt definiert".[87]

Im heutigen Österreich der Habsburgermonarchie gibt es in der Landwirtschaft um 1900 noch 400.000 Dienstboten. Das ländliche Gesinde bei den Huben, die unterschiedlich groß sind, ist größtenteils selbst bäuerlicher Abstammung. Im Gegensatz zu den industriellen Fabrik- und Lohnarbeitern sind die landwirtschaftlichen Dienstboten auch in der Freizeit vom Bauern abhängig. Nach der bürgerlich-liberalen Revolution entstehen im der zweiten Hälfte des 19. Jahrhundert Dienstbotenverordnungen. Diese fließen schließlich später in Landarbeiterordnungen ein. Die Dienstboten können meist erst später, wenn die Lebensumstände dies zulassen heiraten, wie dies auch bei den Eltern Josef Stefans der Fall ist. Ein Dienstboten-Ehepaar muss sich selbst erhalten können, wenn ein gemeinsamer Haushalt gegründet werden soll. Das Gesinde kann somit nur unter schwierigen Umständen heiraten, wobei diese meist schon über dreißig Jahre alt sind. Die Dienstboten bringen oft mehrere ledige Kinder in den gemeinsamen Haushalt des Ehestandes mit.[88]

Der aufgeweckte Knabe Josef erlebt im Kreise der Großfamilie Josef Geiger, gemeinsam mit den Bauernkindern eine fröhliche Kindheit. Der kleine Josef soll ein Liebling aller am Bauernhof gewesen sein.[89] Der Klagenfurter Chronist und Bibliothekar Carl Lebmacher schreibt in einem Artikel zum 100. Geburtstag von Josef Stefan:

> „Im Kreise der zahlreichen Familie Geiger, wuchs der aufgeweckte Kleine, der damals den Namen der Mutter führte, auf, half fleißig in der Wirtschaft […] mit und verblieb dort bis zu seinem neuntem Lebensjahre, wo er der Liebling aller war".[90]

In der Zeit als die Normal-Hauptschule in Klagenfurt besucht wird, beginnt den Knaben seine uneheliche Geburt zunehmend zu belasten. Der Jüngling trägt noch immer den Namen der Mutter Startinik. Als Josef neun Jahre ist, können die Eltern sich es finanziell leisten einen gemeinsamen Haushalt in der Oberen Burggasse in Klagenfurt zu gründen. Der Knabe blüht durch die Heirat seiner Eltern förmlich auf. Ein Gymnasialbesuch wird dadurch ermöglicht.

---

[87] Bruckmüller, Ernst 2007: Rigaer Leinsamen und eiserner Pflug- Tendenzen der Neuorientierung der Landwirtschaft in den österreichischen Ländern im späten 18. und frühen 19. Jahrhundert, S.50.
[88] Vgl. Klammer, Peter 1992: Auf fremden Höfen, S. 15-23.
[89] Vgl. Lebmacher, Carl 1935: Zu Josef Stefans 100. Geburtstag 1835-1893. Schriftstück verwahrt im Kärntner Landesarchiv.
[90] Ebenda.

Der Schulweg beträgt nur mehr einige Minuten in die Große Schulhausgasse in der heutigen 10. Oktober Straße. Die Eltern unterstützen ihren Sohn nach ihren Möglichkeiten, vor allem auch später als Mathematik- und Physikstudent an der Universität Wien.[91]

Die Allee ist ein Lebenswerk des Grafen Johann Peter Goess der Ortschaft Ebenthal. Der Graf wird im Jahre 1704 Eigentümer des Schlosses und damit auch ein Nachbar im Umland von Klagenfurt. Beidseitig der Lindenallee wird einen Reitweg nach Klagenfurt angelegt.[92] Durch neue Straßenführungen zwischen Ebenthal und Klagenfurt ändert sich der Verlauf der Lindenalle ständig.[93]

> „Nach Ebenthal unter der schattigen Lindenallee wanderte man recht gerne. […] Auch vier Badehütten beim Lampl an der Glanfurt laden zum Baden ein. Das alles war für die Bedürfnisse der Klagenfurter von damals ganz und vollständig ausreichend".[94]

Der äußerst produktive Archivar der Stadt Klagenfurt Carl Lebmacher 1876-1943 hat ein Lebenswerk von rund 540 populär gehaltenen Schriftstücken zurückgelassen. Die in verschiedenen Zeitungen veröffentlichten und gern gelesenen Aufsätze werden der Nachwelt hinterlassen. Die heimische Presse schreibt zum Ableben des Chronisten Lebmacher am 5. Dezember 1943:

> „Mit Carl Lebmacher wurde unter großer Anteilnahme der Bevölkerung ein Stück Alt - Klagenfurt zu Grabe getragen. Der Stadtbiograph hatte den Ruf einer `lebenden Chronik`, war ein Vorbild für die Jugend und eiferte sie an, das Überlieferte zu schätzen und zu wahren, um es kommenden Generationen zu bewahren".[95]

Der kleine Knabe Josef verbringt viel Zeit in der umgebenden Feldern und Wiesen des bäuerlichen „Franzl" - Anwesens. In dieser Zeit wird vermutlich sein erstes Interesse für die Natur geweckt, während die Mutter sich mit der Feldarbeit beschäftigt. Der junge Knabe beginnt selbst in der Landwirtschaft mitzuarbeiten. Die monotone bäuerliche Arbeit wird aus eigener Erfahrung kennengelernt.[96] Das südliche St. Peter liegt an der Ebenthaler – Allee und dieser wird zunehmend zu einem wichtigen Vorort der Stadt Klagenfurt. Eine Orientierung dieser Gegend zur Trivialschule und Wallfahrtskirche Maria Hilf in Ebenthal erfolgt bis in die

---

[91] Vgl. Sitar, Sandi 1993: Jozef Stefan- pesnik in fizik, S. 154
[92] Vgl. Kreuzer, Anton / Jaritz, Johann 2009: St. Peter und die Ebenthaler Allee, S. 47-49.
[93] Lebmacher, Carl 1993: Klagenfurt in alter Zeit. Historische Bilder aus dem Alltag in Kärnten, S. 47.
[94] Ebenda, S. 132.
[95] Ebenda, S. 24.
[96] Vgl. Spitzer, Sebastian 2011: Josef Stefan 1835-1893. Ein Mensch in der Lebensluft zweier Sprachen, S. 96.

zweite Hälfte des 19. Jahrhundert. Die Wallfahrtskirche in Ebenthal wird zu einer Expositur der alten Propsteipfarre Gurnitz. Die Pfarr - Expositur von Gurnitz die Kirche Ebenthal, beinhaltet auch den „Großnighof" in Limmersach mit 14 dort lebenden Personen. Der „Franzlhof" am östlichen Rand der Katastralgemeinde St. Ruprecht beherbergt zufällig auch 14 Personen. Der Bauer Josef Geiger hat eine größere Familie, wobei auch die Dienstboten mit ihren Kindern dazu gezählt werden. Die immense Fabriks - Erweiterung in Limmersach bringt eine enorme Zunahme der Schülerzahl an der Grundschule in Ebenthal. Die nieder organisierte Trivialschule in Ebenthal besuchen 64 Schüler die erste, und 80 Schüler die zweite Klasse.[97] Im restriktiven und zensurierten Vormärz, am Vorabend der bürgerlich-liberalen Revolution 1848 hat die Provinzstadt Klagenfurt verwaltungsmäßig einen „unangemessen niederen Status einer Kreisstadt"[98]. Der Klagenfurter Kreis besteht aus 75 Steuerbezirken mit insgesamt 532 Katastralgemeinden.[99] Die Eltern Josef Stefans sind von bildungsbenachteiligter ländlicher Herkunft. In der ersten Hälfte des 19. Jahrhundert ist der Alphabetisierungsgrad in ländlich-bäuerlichen Gebieten noch gering. Ein dürftiger Lehrplan für den Trivialunterricht findet oft noch in den Pfarrhöfen statt. Die Lehrbildung und Lehrerbezahlung an den Primarschulen lässt noch sehr zu wünschen übrig. Es dauert noch das ganze 19. Jahrhundert bis die „epochale" Schulpflicht sich zunehmend auch im Agrarbereich durchsetzt. Das liberale Reichsvolksschulgesetz bringt eine entscheidende Verbesserung für die Volksbildung. Der „Pfarrschulen" gehören endgültig der Vergangenheit an. Es entstehen Bauten für die höher organisierten Volksschulen am Lande für die vornehmlich bäuerliche Bevölkerung. Der zunehmende Einfluss der katholisch - konservativen Politik nach der liberalen Phase bringt die Reichsvolksschulgesetz – Novelle im Jahre 1883 für Landkinder eine Schulbesuchserleichterung, wodurch die Pflichtschulzeit verringert wird. In der Landeshauptstadt und in größeren Städten entstehen Bürgerschulen, als gehobene Pflichtschulen. Die Schulbesuchserleichterung wirkt noch weit hinein in das 20. Jahrhundert. Die Bürgerschulen sind in Großstädten überwiegend für das Handwerk und den Handel gedacht. Die Bauernsöhne von größeren Bauernwirtschaften frequentieren oft auch die Bürgerschulen in der Stadt. Diese sind meist bei Verwandten und Bekannten während der Schulzeit auf Kost und Unterkunft. Diese bürgerlichen Lehranstalten werden auch zunehmend zu Zubringerschulen für das

---

[97] Vgl. Festschrift: 100 Jahre Ebenthal, S. 12f.
[98] Schöffmann, Peter 1994: Klagenfurt als Schulstadt 1848-1918, S. 16.
[99] Vgl. Drobesch, Werner 2003: Grundherrschaft und der Bauer auf dem Weg zur Grundentlastung, S. 32.

mittlere technische und kaufmännische Schulwesen. Die aufstrebenden Berufsbildenden Mittelschulen werden zunehmend eine Konkurrenz zu den Gymnasien. Der starke Besuch des allgemeinbildenden Gymnasiums wird durch die immer wichtiger werdenden Berufsbildenden Mittelschulen etwas hintangehalten. Die reale und neusprachliche Bildung gewinnt für das Gymnasium immer mehr an Bedeutung. Neben dem „humanistischen" Gymnasium entsteht die 8-jährige Lang Form des Realgymnasiums im Jahre 1908. In der ersten Hälfte des 19. Jahrhundert besuchen weniger als die Hälfte der Schulpflichtigen am Lande, mit steigender Tendenz eine nieder organisierte ein- und zweiklassige Trivialschule. Die Volksschule am Lande ist für die bäuerliche Bevölkerung meist noch eine Pflichtschule im Pfarrhof.

Mit der Einführung der Normalschulen durch Kaiserin Maria Theresia beginnt eine Epoche des gehobenen Pflichtschulwesens in den Landeshauptstädten. Die Normalschulen der Allgemeinen Schulvordung 1774 werden durch die Politische Schulverfassung 1806 zu Normal- und Musterhauptschulen. Der Pflichtschultyp Hauptschule in den Städten wird grundsätzlich weiter aufgewertet. Diese gehobenen deutschen Pflichtschulen werden Vorbereitungsschulen für eine höhere Bildung an den Gymnasien. Auch für Josef Stefan wird die Normal-Hauptschule eine Grundlage für das humanistische Gymnasium der Benediktiner in Klagenfurt. Die Eltern des Knaben unterstützen nach der Verehelichung ihren Sohn bestens, entsprechend ihrer Möglichkeiten. Dem begabten und interessierten Sohn wird dadurch ein bildungs- und berufsmäßiger Aufstieg ermöglicht. Die Beziehungsstruktur der Eltern regelt sich im positiven Sinne für den Knaben Josef. Die unehelichen Lebensumstände in der Grundschulzeit sind für den Schüler Josef nicht rosig. Der unehelich geborene Josef Startinik hat bis zu seinem 9. Lebensjahr ein großes Problem. Die Eltern sind nicht verheiratet und leben voneinander getrennt. Die Entfernung der beiden Eltern-Wohnorte ist selbst zu Fuß minimal. Der aufstrebende und interessierte Knabe sieht den Zugang zum Gymnasium der Benediktiner in Klagenfurt für kaum möglich. Eine offizielle Anerkennung der Vaterschaft fehlt immer noch, trotz einer stattgefundenen Heirat in der Stadthaupt - Pfarrkirche St. Egid in Klagenfurt. Diese Tatsache lässt verschiedene Interpretationen aufkommen. Die Verehelichung der Eltern, die enorme Verbesserung der privaten und beruflichen Lebensumstände und die Übersiedlung nach Klagenfurt bewirken auch einen bildungsmäßigen und sozialen Aufstieg von Josef Stefan. Der jugendliche Josef kann die bessere Lebens - und Berufssituation seiner Eltern in Klagenfurt äußerst gut für seine Bildungsbestrebungen nützen. Das Bildungsinteresse und der Fleiß, des von der Franzlscheune kommenden unehelichen Buben steigen zunehmend. Josef Stefan entwickelt sich zu einem wichtigen Physikforscher und akademischen Lehrer der Habsburgermonarchie in der zweiten Hälfte des 19. Jahrhundert. Eine entsprechende bürgerliche Beziehungsstruktur fehlt dem jungen Mann, aufgrund der bildungsbenachteiligten und niederen sozialen Herkunft. Josef Stefans Vater Alexius ist ein scheidender Sohn der „Stefanhube" in Lanzendorf im damals wichtigen Steuerbezirk Sonnegg im Jauntal. Der große Steuerbezirk Sonnegg hat nach dem Franziszeischen Kataster 1829 insgesamt 29 Katastralgemeinden. Die Besitzer einer Bauernhube, die beträchtliche Größenunterschiede annehmen kann, gehören damals zur ländlichen Mittelschicht. Stefans Mutter eine Tochter des Landtischlers Gregor Startinick stammt aus der Pfarre Glainach im Rosental. Die Handwerker am Lande gehören meist zur besitzlosen Klasse. Die Landhandwerker gehören im 19. Jahrhundert eher zur unteren ländlichen Bevölkerungsschicht. Die Handwerker am Lande haben meist eine geringere allgemeine und berufliche Vorbildung als jene in der Stadt. Die Bildungsstufen in den Zünften sind seit dem Mittelalter: Lehrling, Geselle und Meister. Die ländlichen Strukturen der Handwerker haben diese drei Bildungsebenen meist nicht. Die Landhandwerker gehören nicht wie in den Städten Zünften an. Im Allgemeinen haben diese am Lande eher ein geringes Ansehen. Der Besitz von Grund und Realitäten hat am Lande einen größeren gesellschaftlichen Stellenwert. Die Mutter am Bauernhof und später auch der Vater in Stadt, schaffen für den Knaben nach ihren bescheidenen und begrenzten Möglichkeiten einen entsprechenden Rahmen, der dem jungen Josef eine höhere Bildung ermöglicht. Dem strebsamen und bildungshungrigen Jugendlichen wird eine höhere Schulbildung am Gymnasium bei den Benediktinern in Klagenfurt zugedacht. Die vierjährige Pflichtschule wird in der gehobenen Normal-Hauptschule verbracht, die eine gute Basis für eine Gymnasialbildung bildet. Der musisch und realistisch begabte Jugendliche tritt mit zehn Jahren in das Gymnasium in Klagenfurt ein. Der erste Bildungsschub unmittelbar nach der liberal-bürgerliche Revolution erfolgt durch das Organisationsstatut 1849. Die höheren Schulen wie die Gymnasien und Realschulen werden reorganisiert und damit auch modernisiert. Das Gymnasium erhält acht Jahrgänge mit einer vierjährigen Unter- und Oberstufe, welche in der Grundstruktur noch heute gegeben ist. Die Lang Form ist nach wie vor eine wichtige Gymnasialform. Die reinen Oberstufenformen nehmen immer mehr an Bedeutung zu. Die Normal-Hauptschulen entwickeln sich zu wichtigen Zubringerschulen der „höheren" Gymnasien. Die Gymnasien sieht man vor der Revolution 1848 noch als „Gelehrtenschulen", als Vorstufe zu den Universitäten.

3.2 Muster-Hauptschule in Klagenfurt

Die Franziszeische Landvermessung hat eine Umorientierung der Bevölkerung der Ortschaft St. Peter zur Folge. Der für das Dorf St. Peter zuständige Steuerbezirk wandert von Ebenthal nach Klagenfurt. Die zunehmende Orientierung der Bevölkerung nach Klagenfurt, entspricht auch den Gewohnheiten der relativ geschlossenen Ortssiedlung St. Peter. Die Völkermarkter Vorstadt gehört im Vormärz zu St. Peter-Stadt, die zur Steuergemeinde St. Peter–Ebenthal gehört.[100] Die bürgerlich-liberale Revolution hat in der Habsburgermonarchie zur Folge, vermehrt eine staatliche Verwaltung aufzubauen. Die kleinsten Verwaltungseinheiten entstehen mit den politischen Gemeinden im Jahre 1850. Die an die Stadt Klagenfurt angrenzenden St. Veiter-, Völkermarkter-, Viktringer- und Villacher Vorstädte werden in die Stadt eingemeindet. Der Reform- und Toleranzkaiser Joseph II. fördert die Entstehung einer weltlichen Intelligenz aus der slowenischen ländlich-bäuerlichen Bevölkerung. Die Bauern werden nach der Revolution von der Grundherrschaft losgelöst und eine Grundentlastung findet statt. Die sozialen Aufsteiger müssen im 19. Jahrhundert oft auch ihre Sprache ändern. Durch den sozialen Aufstieg beginnen viele ländliche Personen auch ihre Nationalität zu ändern.[101] Bei Josef Stefan wird die slowenische Muttersprache in der Kindheit zunehmend zu einer deutschen Umgangs- und Wissenschaftssprache. Die Reformation in der beginnenden Neuzeit liefert die Grundlage für die Bildung einer slowenischen Nation.

> „Die Liquidierung der slowenischen protestantischen Schulen im Zuge der Gegenreformation war ein schwerer Schlag für die Entwicklung der slowenischen Sprache und Kultur. Denn durch ihr literarisches Werk hatte die Reformationsbewegung einen entscheidenden Anteil an der nationalen Einigung der Slowenen. Eine wirtschaftliche Folge der Gegenreformation war, dass die Deutschen in den folgenden Jahrhunderten in Industrie und Bergbau beherrschend wurden".[102]

Durch den Besuch der „deutschen" Normalhauptschule kommt der Knabe Josef zunehmend mit der deutschen Sprache umgangssprachlich in Berührung. Die Übersiedlung der verehelichten Familie aus einer bäuerlich-slowenischen Umgebung nach Klagenfurt, hat den Berührungseffekt mit der deutschen Sprache wesentlich verstärkt. Josef Stefan verwendet nach seinem Universitätsstudium in Wien 1858, kaum noch die slowenische Sprache in Umgang und Schrift.

---

[100] Vgl. Kärntner Landesarchiv: Faszikel 72127 / K 322 Franziszeischer Kataster, Grund- und Bauparzellenkataster, St. Peter bei Ebenthal.
[101] Vgl. Fischer, Gero 1980: Das Slowenische in Kärnten. Bedingungen der sprachlichen Sozialisation, S. 34.
[102] Ebenda, S. 34.

„Zeitgenössischen Reiseberichten aus dem ausgehenden 18. Jahrhundert kann entnommen werden, dass man sogar in den Vorstädten von Klagenfurt slowenisch sprach [slowenische Volkssprache], dass aber die städtischen Oberschichten [Klagenfurt] sich der deutschen Sprache bedienten.[103]

Die Volkszählung im Jahre 1869 in Klagenfurt vermerkt bereits 15.000 Einwohner. Die vier slowenischen Dialekte, wie der Jauntaler, der Obir – Remschenig, der Rosentaler und der Gailtaler, werden vor allem von den ländlich-bäuerlichen Volksschichten in Südkärnten gesprochen. In der ersten Hälfte des 19. Jahrhundert sprechen noch ein Drittel der Kärntner einen slowenischen Dialekt. Die „Sprache der Krainer" entspricht einem slowenischen Dialekt, der zur slowenischen Schriftsprache vereinheitlicht wird. Vor der nationalen Ära ist noch ein „friedliches Einvernehmen" der Deutschen und Slowenen gegeben. Die Slowenen werden von den Deutschen als „Windische" bezeichnet. Mit dem aufkommenden Nationalismus in der zweiten Hälfte des 19. Jahrhundert beginnt die althergebrachte Gemeinsamkeit der Kärntner zu schwinden. Durch den Nationalismus werden die Sprachen zunehmend politisch-ideologisch besetzt. Ein Sprachenorientierter Nationalismus wird nach der liberalen Revolution 1848 zunehmend bedeutungsvoll[104] Die Mutter von Josef Stefan kommt aus dem Rosental und es wird dort ein entsprechender slowenischer Dialekt gesprochen. Der Vater von Josef Stefan kommt aus dem Jauntal und spricht dadurch den dort üblichen slowenischen Dialekt. Im Raum Klagenfurt wird der Rosentaler slowenische Dialekt gesprochen.

Die aufgeklärt-absolutistische Kaiserin Maria Theresia drängt auf eine allgemeine und grundlegende Erziehung der „gesamten" Jugend. Es soll nicht nur die höhere Bildung an den Gymnasien, sondern auch die elementare Volksbildung bedeutungsvoll werden. Das preußische Vorbild einer Schul- und Unterrichtspflicht wird für die niederen Volksmassen in der Habsburgermonarchie eingeführt. Eine mehr oder weniger lückenlose Umsetzung der sechsjährigen Schulpflicht Maria Theresias bzw. der achtjährigen Schulplicht nach dem Reichsvolksschulgesetz 1869 erfolgt erst zu Beginn des 20. Jahrhundert. Durch die Schulbesuchserleichterungen 1883 wird die achtjährige Schulpflicht am Lande zunehmend etwas aufgeweicht. Die „Allgemeine Schulordnung" des Jahres 1774 unter der Erzherzogin von Österreich Maria Theresia, geht auf den katholischen Aufklärungspädagogen Ignaz Felbiger, aus dem preußischen Schlesien zurück. Bei dieser „Volksschule" handelt es sich um eine

---

[103] Haas, Hanns / Stuhlpfarrer, Karl 1977: Österreich und seine Slowenen, S. 10f.
[104] Vgl. ebenda, S. 10f.

Standesschule. Je nach dem Organisationsgrad erfolgt eine Gliederung in „deutsche" Normal-, Haupt- und Trivialschulen. Diese Schulordnung soll in „sämmtlichen" Königlichen und Kaiserlichen Erbländern umgesetzt werden.[105]

> „In den 'Normalschulen' sind vielerley Hauptgegenstände zu lehren. [...] Lehrgegenstände, welche theils als Vorbereitungen zum Studieren [Gymnasium] dienen, theils aber solchen Personen nützlich sind, die dem Wehr- und Nährstande, besonders aber der Landwirthschaft, den Künsten, und Handwerken sich widmen wollen. [...] eine Anleitung zur lateinischen Sprache, so wie solche denen kann nöthig seyn, welche in die lateinischen Schulen übergehen. [...] Eine historische Kenntniß von Künsten, und Handwerken, und was deshalben aus der Naturlehre, und Naturwissenschaften zu wissen nöthig, [...] , die Anfangsgründe der Feldmeß- und Baukunst, auch Mechanik, ingleichen das Zeichnen mit dem Zirkel, und Lineal sowohl, als aus freyer Hand beygebracht werden. [...] Zur Vorbereitung für künftige Lehrer sind daselbst vorzutragen, und zu erklären die Eigenschaften, und Pflichten rechtschaffener Lehrer. Die Sachen, darinnen sie unterweisen sollen, die Kenntnis der Methode, die Uebung im wirklichen Unterweisen, das nöthigste von der Schulzucht, das Führen von Katalogen, [...]".[106]

Die niederen deutschen Schulen sind nach der „Allgemeinen Schulordnung" 1774 dem Stande entsprechend für Akademiker, für Bürger in der Stadt und für Bauern auf dem Lande von „dreyerley Art". In jeder Provinzhauptstadt muss es eine Normalschule geben, welche als Musterschule für die anderen deutschen Schulen gelten. Die Normalschulen verkörpern die höchste Bildungsebene der 6- jährigen Pflichtschule. Die Normalschulen bieten die weitaus umfangreichste Primarbildung an. Diese Schule erleichtert den Zugang zum Gymnasium für breitere Bevölkerungsschichten, vor allem auch für jene die nicht oder wenig lesen und schreiben können. Die Normalschulen ermöglichen damit auch den höheren Bildungsweg über das Gymnasium zu einer Universität. Vor allem im Bereich und in der Umgebung einer Landhauptstadt wird der Zugang zu einer höheren Gymnasialbildung leichter möglich, da die Mobilität zu dieser Zeit noch sehr gering ist. Die Hauptschule dient vor allem der Bürgerbildung in den größeren Städten. Die Bildung des Handwerksgewerbes und des Handels- und Kaufmannsstandes erfolgt durch diesen gehobenen Pflichtschultyp. Die Trivialschulen am Lande dienen im Allgemeinen der bäuerlichen Bevölkerung. Diese Landschulen haben das geringste Bildungsprinzip und es ist somit ein bescheidener Unterricht in Lesen, Schreiben und Rechnen vorwiegend in den Pfarrhöfen gegeben. Die Schulreform Franz I. wertet mit der

---

[105] Vgl. Allgemeine Schulordnung für die deutschen Normal- Haupt- und Trivialschulen, S. 5.
[106] „Allgemeine Schulordnung 1774" für die deutschen Normal- Haupt- und Trivialschulen in sämmtlichen Kaiserlich Königlichen Erbländern. 1774, S. 9f.

„Politischen Schulverfassung" 1806 die Hauptschulen mit möglichst 4 Klassen in den größeren Städten beträchtlich auf. Die Normalschulen werden zu Normal-Hauptschulen als Musterschulen vornehmlich in den Landeshauptstädten.

Josef Stefan besucht die Normalhauptschule eine gehobene Grundschule in der Kleinen Schulhausgasse dem heutigen Landesschulrat in der Kaufmanngasse. Die Grundschule als Pflichtschule wird von Maria Theresia durch die Allgemeine Schulordnung mit „Normal-, Haupt- und Trivialschulen" im Jahre 1774 in der Habsburgermonarchie unter der Beratung des preußisch-schlesischen katholischen Aufklärungspädagogen Ignaz Felbiger, eingeführt.[107]

Die Normalschule ist eine gehobene Pflichtschule und in Klagefurt entsteht diese im Jahre 1775. Diese Schule wird in der Kleinen Schulhausgasse der heutigen Kaufmanngasse im Gebäudekomplex des Landesschulrates untergebracht. Das Gymnasium und das Lyzeum sind gegenüber in der Großen Schulhausgasse mit Zugang in der 10. Oktoberstraße einquartiert.[108] Durch die „Politische Schulverfassung" 1806 wird die Normalschule in Normal-Hauptschule umbenannt, womit eine Aufwertung der Hauptschule erfolgt. Den Schultyp gibt es in geänderter Form bis in die Gegenwart. Dieser inzwischen abgenützte Begriff Hauptschule wird durch den klingenden Namen Neue „Mittelschule" bis 2018 flächendeckend in Österreich abgelöst.

Die zunehmende Frequenz nach einigen Jahren des Entstehens dieses Muster – Hauptschultyps zu diesem gehobenen Pflichtschultyp macht die Raumsituation in der Schulhausgasse immer angespannter. Die Normal-Hauptschule in Klagenfurt wird im Jahre 1815 bereits von 571 Knaben besucht. Die Mädchen sind zu diesem gehobenen Pflichtschultyp nicht zugelassen.[109]

> „Die Knabenschule hob sich seit dem letzten Dezenium zur Doppelzahl der Schüler, und enthielt mit Ausgang des Schuljahres 1830 in 4 Klassen […] die letzten

---

[107] Fotoquelle: Karl Josef Westritschnig.
[108] Vgl. Braumüller, Hermann 1925: Geschichte der Klagenfurter Lehrerbildungsanstalt, S. 13.
[109] Vgl. Carinthia 1815, 5. Jg., Nr. 38.

zwei Jahrgänge einschliessig der Zeichenschule bildet, unter einem Director, 2 Katecheten, 9 Lehrern und 2 Gehilfen, 834 Schüler. Die Sonntags- und Wiederholungsschule, besorgt von zwei eigenen Katecheten und den gewöhnlichen Lehrern, zählte 230 Lehrlinge, und der Präparanden-Kurs- insofern man ihn- eigentlich eine höhere Lehranstalt- der Normal [-Haupt] schule beizählen kann, hatte 27 Geistliche und 37 weltliche Zuhörer".[110]

Dem vielseitig begabten und emsigen Schüler Josef Stefan wird der Besuch der Normal-Hauptschule einer gehobenen Volksschule ermöglicht. Die Normal-Hauptschule entwickelt sich als Grundlage für den Bildungsaufstieg durch das Benediktiner Gymnasium in Klagenfurt. Der Fußweg des Knaben zur Normal-Hauptschule in der Kleinen Schulhausgasse der heutigen Kaufmanngasse beträgt zirka 3,5 Kilometer. Der Schulweg führt vom Wohnort im Süden der Ortschaft St. Peter der heutigen Ebentalerstraße über die damalige Lindenallee durch die Völkermarkter Vorstadt zum entsprechenden Tor, der Burggasse zur Normal-Hauptschule in der Kleinen Schulhausgasse. Die Eltern haben einen geringen Bildungsstatus, den viele im ländlichen Bereich haben. Der Vater und die Mutter des Knaben Josef können weder lesen noch schreiben. Die Eltern fördern die Begabung und die Interessen des jungen Knaben nach ihren Möglichkeiten bestens. Die gute Beziehung des Sohnes zu seinen Eltern wird auch dann noch gepflegt, als Josef Stefan bereits ein erfolgreicher Forschender und hervorragend Lehrender Professor der Physik an der Universität Wien war. Stefan ist ein bescheidener und zurückgezogener Universitätslehrer. Dieser besucht seine Eltern meist zwei Monate in den Sommerferien in Klagenfurt. Dies kann als Dankesabstattung des Sohnes an seine liebenswürdigen Eltern gesehen werden. Diese unterstützen ihren Sohn nach ihren bescheidenen Möglichkeiten nicht nur als Gymnasiast, sondern auch als Student in Wien entsprechend finanziell. Die allgemeinen staatlichen Stipendien werden in Österreich erst in den 1960er Jahren eingeführt.

Ein Jahr vor dem Eintritt in das Klagenfurter Gymnasium vollzieht sich für Josef Stefan eine glücksbringende Wende in seinen persönlichen Lebensumständen. Die Eltern heiraten im Jahre 1844 und sein Vater anerkennt die Vaterschaft knapp vor dem Eintritt ins Gymnasium in der Stadtpfarre St. Egid. Die Mutter zieht von der Franzlkeusche im Süden des Dorfes St. Peter gelegen, in die Stadt Klagenfurt um. Der Vater arbeitet bereits im gepachteten Mehl- und Brotgeschäft in der Oberen Burggasse. Die lange Dienstzeit in „Limersach" bringt dem Müllergehilfen beim Großbauer und Mühlenbesitzer Franz Puntschart dem Vater Josef

---

[110] Braumüller, Hermann 1932: Klagenfurt wie es war und ist, S. 215.

Stefans ein immenses Glück. Alexius Stefan kann vom Trauzeugen Puntschart das gepachtete Mehl- und Brotgeschäft übernehmen.[111]

Alexius Stefan ist ein scheidender Bauernsohn der „Stefanhube in Lanzendorf" in der Katastralgemeinde Grabelsdorf, des großen Steuerbezirkes Sonnegg im Jauntal. Die Pacht des kleinen Mehl- und Brotgeschäft in der Oberen Burggasse in Klagenfurt bedeutet eine soziale und finanzielle Besserstellung für die nunmehr gemeinsam wohnende Familie Alexius Stefan. In den anfänglichen Räumlichkeiten des Ursulinen-Kloster, wohnt nun die dreiköpfige Familie unter einem Dach. Der Sohn Josef erspart sich nun den langen Fußweg vom Wohnort im südlichen St. Peter an der Ebenthaler Allee zur Normal-Hauptschule in Klagenfurt. Die Geburtskeusche ist ein Dienstbotengebäude am Bauernhof Joseph Geiger. Der Geburtsort Josef Stefans liegt am östlichen Rande der flächenmäßig großen Katastralgemeinde St. Ruprecht. Durch den neuen Wohnort in der Oberen Burggasse ist das zu besuchende Gymnasium der Benediktiner in der Großen Schulhausgasse nur mehr wenige Minuten vom neuen Wohnort entfernt. Die Heirat der Eltern erleichtert für Josef Stefan auch der Eintritt ins Gymnasium. Dieses steht unter der Leitung der Benediktiner, wenn überhaupt dadurch erst ein Zugang ermöglich wird. Die finanzielle Situation der Eltern und die örtliche Situation durch den Zuzug nach Klagenfurt wirken sich für Josef Stefan in jeder Hinsicht vorteilhaft aus. Dies kann ein Grund sein, dass Josef Stefan eine ausgesprochen liebenswürdige und gute persönliche Beziehung zu seinen Eltern pflegt. Josef Stefan ist äußerst dankbar dafür, dass sich die familiären Lebensumstände so positiv für den Knaben entwickelt haben. Die Eltern besucht er immer in den Sommerferien, solange diese leben. Er macht das auch dann noch, als er bereits ein anerkannter Gelehrter und Forscher an der Universität der Kaiserstadt Wien war. Josef Stefans Mutter Maria Stefan stirbt am 23. Oktober 1863 mit 48 Jahren. Im Jahre 1863 wird Stefan zum ordentlichen Professor für die mathematische Physik an der Universität Wien berufen. Josef Stefans Vater Alexius Stefan lebt noch bis zum 8. Dezember 1872 und dieser stirbt im Alter von 67. Lebensjahren.[112]

---

[111] Vgl. Lebmacher, Carl 1935: Zu Josef Stefans 100. Geburtstag 1835-1893, S. 1f.
[112] Vgl. Cermelj, Leo 1950: Leben und Werk des großen Physikers, S. 2.

3.3 Alexius Stefan und ein Mehlgeschäft in Klagenfurt

Im Jahre 1841 beginnt der unehelich geborene Josef, der immer noch den Nachnamen seiner Mutter Startinik führt, die „deutsche" Normal-Hauptschule in Klagenfurt zu besuchen. Josefs Vater Alexius Stefan kann sich zunehmend beruflich verbessern. Der Müllergehilfe Alexius Stefan kann von seinem Dienstgeber den Mehl- und Brotladen in der Burggasse in Klagenfurt pachten.

Das kleine Mehlgeschäft und die Wohnung der Familie Stefan befinden sich ab dem Jahre 1844 in der heutigen Burggasse 15 in Klagenfurt.[113]

Alexius Stefans Sohn Josef muss in der schulfreien Zeit im Mehl- und Brotgeschäft fleißig mitarbeiten, denn er hat schwere Mehlsäcke zu tragen. Zu Beginn des 19. Jahrhundert befinden sich an der Glan acht Mühlen im Bereich des heutigen Klagenfurt. Die Getreidemühlen sind damals an den Flüssen ein wichtiges Gewerbe. Der Glan Fluss hat in Limmersach im Bereich der Großnigmühle eine geringe Fließgeschwindigkeit. Dies hat zur Folge, dass die Glan in dieser Gegend vielarmig und versumpft ist. Die Glan wird in diesem Bereich im Jahre 1868 von Franz Puntschart Junior entsprechend reguliert.[114]

Den „Großnighof in Limersach" in der Katastralgemeinde St. Peter - Ebenthal besitzt der Großbauer und Müllermeister Franz Puntschart. Dieser besitzt hauptsächlich Grundparzellen in den Katastralgemeinden St. Peter - Ebenthal, auch in St. Ruprecht, in St. Martin und am Radsberg. In der Katastralgemeinde St. Peter - Ebenthal befinden sich die Ortschaften Harbach, Ladinach, Limersach und Rosenegg. Alexius Stefan ist als Müllergehilfe am vulgo

---

[113] Fotoquelle: Privatarchiv.
[114] Vgl. Kreuzer, Anton / Jaritz, Johann 2009: St. Peter und die Ebenthaler Alle, S. 13f.

„Großnighof", bei der schon eine lange bestehenden großen Getreidemühle, südöstlich des Ortes Limmersach beschäftigt. Josef Stefans Vater wohnt am Großhighof in Limersach. Der Großnighof ist vom Geburtsort Josef Stefans, der sich an der Ebenthaler Lindenallee befindet, nur zirka einen Kilometer entfernt.

> „In Limmersach hieß der [Liegenschafts-]Besitzer und Müllermeister Franz Georg Puntschart. Auch sein 1816 geborener Sohn hat den gleichen Vornamen; er übernahm die dortige Mühle schon 1837. Nach Reisen durch Böhmen und Deutschland begann er 1840 mit der Preßhefeerzeugung und 1853 wurde aus dem Mahlbetrieb eine `Kunstmühle`. 1868 baute er eine neue Anlage und regulierte die Glan. Die Gegend war einst im Besitz des Stiftes Viktring. Schon in den alten Urbaren [Verzeichnis der Grundherrschaft] ist von einer Mühle an der Glan die Rede".[115]

Die Technologie der „Preßhefeerzeugung" in „Limersach" veraltet im Laufe der Zeit zunehmend. Die Besitzer der Fabriksanlagen Franz Puntschart & Söhne verkaufen diese Objekte am 26. Jänner 1894 dem jüdischen Großindustriellen Sigmund Fischl aus dem Industrieland Böhmen. Die Grundparzellen werden mit der Zeit von Puntschart vornehmlich an den Industriellen Sigmund Fischl verkauft. Die Modernisierung und Erweiterung der Fabrikanlagen wird 9. Jänner 1907 beendet. Es werden Wohnanlagen für Arbeiter, „Beamte" und eine Villa für Führungskräfte wird errichtet. Diese Wohnanlagen können als soziale Errungenschaft der Produktionsfirma Fischl gesehen werden. Der jüdische Großindustrielle kommt mit den Nationalsozialisten in Konflikt, wobei das Produktionsgelände arisiert wird. Das ursprünglich drei Hektar große Grundstück mit den Fabriks- und Wohnanlagen existiert als „Industriefriedhof" noch heute.[116] Das Firmenareal gehört nach dem Industriellen Fischl und der Arisierung, der Senf und Essig Industriellen-Familie Mautner–Markhof. Die jüdische Industriellenfamilie Mautner–Markhof wandert ursprünglich aus Böhmen ein. Eine Nachnutzung der Fabrik- und Wohnanlagen wird in der Gegenwart vom Feuerwehrverband und der Stadt Klagenfurt angedacht.

In den 1880er Jahren erhalten die Steuergemeinden im Raume Klagenfurt das Grundbuch und somit auch die Katastralgemeinde St. Peter - Ebenthal. Die bürgerlich-liberale Revolution des Jahres 1848 bringt einen grundlegenden Strukturwandel in der landwirtschaftlichen Bewirtschaftung von Grund und Boden. Es erfolgt eine Grundentlastung der Bauern und auch die „Leibeigenschaft" durch die Grundherrschaft hört auf zu bestehen. In der zweiten des 19.

---

[115] Ebenda, S. 14.
[116] Vgl. St. Peter bei Ebenthal, Bezirksgericht Klagenfurt 1403.

Jahrhundert werden die Steuergemeinden durch die Grundbücher an den Bezirksgerichten ersetzt. Die Grundherrschaften sind die Obereigentümer der Grund belasteten Bauern.[117]

Im Grundbuch erhält jeder Liegenschaftsbesitzer eine Einlagenzahl. Das Grundbuch enthält die Eigentümer, etwaige Hausnamen, die Belastungen und Besitzveränderungen. Der Einlagenzahl 21 des Grundbuches der Katastralgemeinde St. Peter-Ebenthal wird entnommen, dass der „Großnighof" in Limersach liegt. Dessen Besitzer sind Franz Puntschart & Söhne"[118], wobei auch die Presshefefabrik und Spirituserzeugung in Limersach flußabwärts gelegen, dieser Besitzerfamilie gehört. Die Fabrikanlagen werden bereits in den 1890er Jahren stillgelegt. Die technologisch veralteten Produktionsanlagen werden von der Besitzerfamilie verkauft. Der jüdisch-böhmische Großindustrielle Siegmund Fischl erwirbt die Produktionsanlagen von der Besitzerfamilie Puntschart.[119]

Der Mehlplatz in der Innenstadt von Klagenfurt wird im Jahre 1829 in Obstplatz umbenannt. Der Mehl- und Brotverkaufsladen von Alexius Stefan befindet sich in der „Oberen - Burggasse in Klagenfurt"[120]. Dieses Arkaden-Innenhof-Gebäude befindet sich heute in der Burggasse 15 und steht unter Denkmalschutz. Beim Eingang des historischen Gebäudes befinden sich heute rechts und links des Einganges zweier unterschiedlicher Bekleidungs- und Modegeschäfte. Das einstige Palais Ursenbeck besitzt einen sehenswerten zweistöckigen Arkaden-Innenhof. Der Arkadenhof besteht aufgrund der massiven Bauweise noch heute unverändert.[121] Der Nonnenorden der Ursulinen wird nach Klagenfurt berufen. Die Ursulinen sind am Anfang von 1670-1678 in Klagenfurt in diesem geräumigen Palais untergebracht. Dies kann einer Tafel am Gebäude entnommen werden. Im Jahre 1678 beziehen die Ursulinen das neu erbaute Kloster am Heiligengeistplatz. Die gesetzlichen Eigenschaften des Palais weisen darauf hin, dass sich dieses Bauwerk im Eigentum einer Grundherrschaft befindet. Die Rechtsgeschäfte dieses adeligen Grund- und Baubesitzes werden in einem Register der

---

[117] Vgl. Drobesch, Werner 2003: Innerösterreich und Illyrien- der gescheiterte Versuch einer Föderalisierung, S. 15-23.
[118] Kreuzer, Anton / Jaritz, Johann 2009: St. Peter und die Ebenthaler Allee, S. 9.
[119] Vgl. ebenda, S. 17.
[120] Kärntner Landesarchiv: Die Hausnummer 372 entspricht gegenwärtig der Burggasse 15 mit dem ehemaligen Palais Ursenbeck. Heute befindet sich rechts und links des Eingangstores jeweils ein kleines Verkaufsgeschäft. Die ehemalige Hausnummer 372 wird einem 4-seitigen Artikel von Carl Lebmacher aus Anlass des 100. Geburtstag von Josef Stefan entnommen.
[121] Vgl. Kärntner Landtafel: Rathausgrundstücke, Einlagenzahl 216, Katastralgemeinde II. Bezirk Klagenfurt und Bezirksgericht Klagenfurt.

"Kärntner Landtafel" verzeichnet.[122] In Österreich werden neben den Grundbüchern die Landtafeln weitergeführt. Die adeligen Landtafeln kommen aus Böhmen und Mähren, wobei in Österreich diese bis 1980 geführt. Die Daten der Landtafel werden allmählich in das allgemeine Grundbuch übergeführt.

Am 25. August 1844 heiraten die Eltern von Josef Stefan in der Stadt-Hauptpfarrkirche St. Egid in Klagenfurt-Stadt. Im 13. Jahrhundert wird hier bereits eine Seelsorgestation des Maria Saaler Domes genannt.[123] Der neun Jahre alte Knabe trägt noch immer den Mädchennamen Startinik seiner Mutter. Der Klagenfurter Chronist Carl Lebmacher schreibt in einem Artikel zum 100. Geburtstag von Josef Stefan im Jahre 1935,

> „dass Alexius Stefan, der scheinbar Müllergehilfe war, seit dem Jahre 1844 in der Oberen Burggasse in Klagenfurt ein Geschäft betreibt. Der Verkaufsladen befindet sich im ehemaligen Palais Ursenbeck heute Burggasse 15. Diese Mehlhandlung hat ihm Franz Puntschart [Großnigbauer] insgemein Grossingmüller [-Meister] verpachtete. Dadurch war Alexius Stefan in die angenehme Lage versetzt, seinem Sohn, der früher die [gehobene] Volksschule [Normal-Hauptschule] besuchte, einer höheren Schulbildung [Gymnasium] zuzuführen".[124],

Bei der Hochzeit der Eltern Josef Stefans fungiert für den Vater als Trauzeuge der Mehlhändler Johann Urbantschitsch. Als Beistand der Mutter wirkt der Ferlacher Büchsenmacher Johann Haberl. Alexius Stefan erklärt sich am 3. Oktober 1845 beim Stadt-Hauptpfarramt St. Egid in Klagenfurt offiziell zum Vater des Knaben Josef. In die Taufmatrikel wird beim Knaben Josef nunmehr der Nachnahme des Vaters Stefan eingetragen. Dies bedeutet für den begabten und aufgeweckten Josef Stefan eine positive familiäre Wende. Stefan kann dadurch als „eheliches" Kind in das von Benediktinern in der Großen Schulhausgasse geleitete Akademische Gymnasium, eintreten.[125] Die vorerst getrennt lebenden Eltern des Knaben „Joseph", nämlich Alexius Stephan und Maria Statinik werden am 25. August 1844 in der Kirche St. Egid getraut, Stadt 372.

> „Bräutigam: Alex Stephan, von St. Kanzian im Bezirke Sonegg gebürtig, derzeit Mehlhändler in diesem Stadtpfarrsbezirke, ehelich erzeugter Sohn des Johann Stephan, gewesten Bauers zu Lanzendorf im Bezirke Sonegg, schon seligen, und seiner noch lebenden Ehegattin Elisabeth, beyde katholisch, geboren am 16. July

---

[122] Vgl. Kärntner Landesarchiv: K 183, Protokoll der Catastral Vermehrung sämtlicher Grund- und Bauparzellen der Steuergemeinde Stadt Klagenfurt. Berichtigt nach den Resultaten der Gemeindewesen und individuellen Reklamazionen 1828.
[123] http://st-egid-klagenfurt.at
[124] Lebmacher, Carl 1935: Zu Josef Stefans 100. Geburtstag 1835-1893. In: Kärntner Landesarchiv
[125] Vgl. Ogris, Alfred 1982: Josef Stefan- ein berühmter Physiker aus Kärnten, S. 60.

1805. *Braut:* Maria Startinik, zu Glainach gebürtig, ehelich erzeugte Tochter der schon verstorbenen Gregor Startinik, gewesenen Zimmermeisters in der Pfarre Glainach, und seiner noch lebenden Ehegattin Apollonia, geborene Olippin, beyde katholisch, geboren am 3. August 1814".[126]

Die Eltern wohnen von nun an gemeinsam in der Stadt Klagenfurt. Diese sind jetzt im geräumigen Arkadenhof - Palais in der Oberen Burggasse ansässig. Der Mehl- und Brotladen befindet sich in der Oberen Burgrasse. Dies entspricht heute der Burggasse Nr. 15 in der Innenstadt.[127] Es ist vorerst einem Weitblick der Bildungsbenachteiligten Mutter zu verdanken, diesen begabten und fleißigen Knaben in die gehobene Pflichtschule, die Normal- und Musterhauptschule eintreten zu lassen. Die übliche Pflichtschule für die Geburtsgegend des Knaben Josef ist damals die Trivialschule in Ebenthal. Die Normalhauptschule entwickelt sich zunehmend zu einer Zubringerschule für das Gymnasium. Durch den Besuch dieser gehobenen Pflichtschule werden die ersten Weichen für eine höhere Bildung am Gymnasium und an einer Universität gestellt. In der Normal-Hauptschule in Klagenfurt kommt der junge Josef Startinik erstmals „ernsthaft" mit der deutschen Sprache in Berührung, denn seine Muttersprache ist slowenisch. Die Mutter ist bis zum 9. Lebensjahr Alleinerzieherin des jungen Knaben Josef. Die Mutter Josefs Stefans, die Tochter eines Landtischlers wird mit slowenischer Muttersprache in der Katastralgemeinde Gleinach des großen Steuerbezirkes Hollenburg in Rosenntal geboren. Der Vater Josef Stefans Sohn einer Bauernhube wird in Lanzendorf der Katastralgemeinde St. Kanzian geboren.

3.4 Stefan und das Gymnasium der Benediktiner in Klagenfurt

Josef Stefan besucht das Gymnasium der Benediktiner 1845-1853 in der Schulhausgasse in Klagenfurt. Stefan kann bereits das moderne 8-jährige Gymnasium besuchen. Die „allgemeinbildende" Philosophische Fakultät wird der Theologischen, Juristischen und Medizinischen „Fachfakultät" gleichwertig. Die Philosophiefakultät wird zunehmend auch eine „Fachfakultät".

Nach dem Gymnasium kann das 4-semestrige Lyzeum 1773-1848 im selben Gebäudekomplex besucht werden. Das Lyzeum besteht aus einer Philosophischen, einer Theologischen und einer Medizinisch-chirurgischen Fakultät. Das Lyzeum in Klagenfurt ist eine semiuniver-

---

[126] Archiv der Diözese Gurk: Pfarrarchiv Klagenfurt – St. Egid, Hs. 31, fol. 244.
[127] Vgl. Schneider, Hermann 2009: Die Straßen und Plätze von Klagenfurt am Wörthersee,   S. 53 und S. 368f.

sitäre höhere Lehranstalt, die kein Promotionsrecht hat. Die Lyzeums-Absolventen müssen, wenn das voll-akademische Doktorat angestrebt wird, an ein höherrangiges Lyzeum wie in Graz oder später wieder an die Universität zum Weiterstudium ausweichen. Das Klagenfurter Lyzeum ist eine Bildungsstätte mit einer Sonderstellung zwischen dem Gymnasium und einer Voll-Universität. Die Aufklärung bringt es mit sich, dass das niedere Bildungswesen, aber allmählich auch das höhere Bildungswesen in den öffentlichen Einfluss des Staates übergeführt wird. Nach der Auflösung des Jesuitenordens durch den Staat wird versucht, das höhere Bildungswesen, das Lyzeum und das Gymnasium kontinuierlich weiterzuentwickeln.[128] Die Benediktiner werden mit der Leitung und dem Unterricht am Gymnasium in der Landeshauptstadt Klagenfurt betraut. Die Benediktiner wirken bis zum Jahre 1871mit abnehmendem Einfluss am Gymnasium.

> „Das Gymnasium, unter dem Präfecten, einem Katecheten und sechs Lehrern des Benediktiner Stiftes St. Paul steht. […] wenn jene dem heranreifenden Jüngling den Sprachreichthum der Alten entfalten, so bilden diese durch ihre Muster in der Rede- und Dichtkunst seinen Geschmack. […] Der Titel Gymnasium `accademicum` ist das Abziehen des Vorzugs, den es aus jener alten Zeit durch dritthalbjahrhundert Jahre besonders durch gediegenen Unterricht in der lateinischen Sprache und nicht ohne Einwirkung auf die Rednertalente und den Style, so vieler hier gebildeter wackerer Geschäftsmänner behauptet".[129]

Die Gymnasialreform im Jahre 1819 hat wieder das Klassenlehrerprinzip zur Folge. Der Religionsunterricht findet in allen Klassen statt. Die tote Sprache Latein wird wieder im Unterricht verstärkt gepflegt. Das Griechische erfährt am humanistischen Gymnasium auch eine entsprechende Würdigung. Die Mathematik als Formalwissenschaft und der Realunterricht in Physik und Naturgeschichte werden aus diesem restriktiven Gymnasiallehrplan eliminiert. Die Lehrfächer Geographie und Geschichte gibt es allerdings nach wie vor.[130] Der Unterricht wird folgend aufgeteilt: Zwei Stunden finden vormittags und zwei nachmittags statt, wobei am Dienstag und Donnerstag nachmittags schulfrei ist. In der Woche gibt es 18 Stunden Unterricht, wobei quasi so etwas wie eine Ganztagsschule stattfindet. Im Vormärz ist das Real- und Sachwissen gegenüber dem klassischen Sprach- und Wortwissen sehr eingeschränkt. Deutsch hat im Unterricht nur eine Hilfsfunktion, soweit diese Sprache für Latein erforderlich ist. Die höhere Bildungsreform nach der Revolution der Jahre 1848/49 hat zur Folge, dass bei den Gymnasien nicht mehr von Studien-

---

[128] Vgl. Reichmann, Linde 1991: Das Akademische Gymnasium und die Philosophische Fakultät am Lyzeum zu Klagenfurt 1773-1848; S. 163-165.
[129] Hermann, Heinrich 1832: Klagenfurt wie es war und ist, S. 216.
[130] Vgl. Engelbrecht, Helmut 1984: Geschichte des österreichischen Bildungswesens. Bd. 3, S. 437.

sondern nur mehr von Schuljahren gesprochen wird. Die Mädchen haben damals keine Möglichkeit, ein Gymnasium zu besuchen. Auch die gehobenen Volksschulen, die Normalhauptschulen in den Landeshauptstädten, sind reine Knabenschulen ohne Zugangsmöglichkeiten für bildungswillige Mädchen.[131] Die katholischen Kärntner Slowenen Andrej Einspieler und Anton Janežič haben den Gymnasiasten Josef Stefan wesentlich in der slowenischen Lyrik und in den südslawischen Sprachen beeinflusst.[132]

Von links nach rechts: der erste Unterrichtsminister nach der Revolution 1848, der liberale **Franz Freiherr von Sommaruga** plant eine **Lehr- und Lernfreiheit**. Der liberale Unterstaatssekretär und Bildungspolitiker, **Ernst Freiherr von Feuchtersleben,** sieht in größeren Städten ein **Progymnasium** vor. Eine gemeinsame, **höhere** Schule der **Zehn- bis Vierzehnjährigen** ist durch die Zusammenlegung von Bürgerschule, Untergymnasium und Unterrealschule vorgesehen. Der katholisch-konservative Unterrichtsminister, **Leo Graf von Thun-Hohenstein,** legt den Grundstein für das moderne **8-jährige** Gymnasium. Die Philosophische Fakultät wird mit den entstehenden Disziplinen den anderen drei Fakultäten mit ihren höheren Berufsstudien gleichwertig. Die **niedere** Philosophische Fakultät dient nicht mehr nur der **allgemeinen** Vorbildung für die **drei höheren,** nämlich die Theologische, die Juridische und die Medizinische Fakultät. Der Philosophieprofessor und Ministerialrat im Unterrichtsministerium, **Franz Serafin Exner** der Ältere, und der Gymnasiallehrer **Hermann Bonitz** sind für den **Organisationsentwurf** 1849 der Gymnasien und Realschulen verantwortlich. Die **Lehramtsbildung** für Mittelschulen erfolgt nunmehr an der Philosophischen Fakultät.[133]

---

[131] Vgl. Schöffmann, Peter 1994: Klagenfurt als Schulstadt 1848-1918, S. S. 28-31.
[132] Fotoquellen: Andrej Einspieler- in: Karel Gržan: Sto duhovnikov, redovnic in redovnikov na Slovenskem 2006, S. 70; Anton Janežič- in: Josef Stefan. Streiflichter aus seinem Leben und Werk – zum 175. Geburtstag, 2011, S. 10.
[133] Bildquelle: Ernst von Feuchtersleben, Stöber Porträtstich nach einer Zeichnung von Josef Danhauser; Franz Serafin Exner der Ältere, Lithographie von Josef Kriehuber; Hermann Bonitz, Lithographie von Josef Kriehuber 1857.

Josef Stefan besucht im Schuljahre 1850/51 die VI. „Classe" des Klagenfurter Gymnasiums, wobei hier als Slowenisch - Lehrer Anton Janežič 1828-1869 wirkt, der auch Lehrbücher verfasst. Janežič gründet im Jahre 1851 die Hermagoras – Vereinigung mit. Der Fürstbischof von Lavant, Anton Martin Slomšek, gründet dem St. Hermagoras Presseverein in Klagenfurt.[134] Er ist ein Förderer des Volksschulwesens und verfasst viele slowenische Schulbücher. Der Unterrichtsminister, Graf Leo Thun–Hohenstein, hat Slomšek in Schulangelegenheiten häufig zu Rate gezogen. Im Schuljahre 1852/53 besucht Stefan die VIII. Klasse des Klagenfurter Gymnasiums. Der Benediktinerpater Karel Robida lehrt Physik, wobei dieser gleichzeitig in der Abschlussklasse „Classenvorstand"ist. Der slowenische Literat Anton Janežič und der slowenische Physiker Karl Robida haben als Gymnasiallehrer auf den jungen Stefan einen prägenden Einfluss. Der Habilitand Josef Stefan hat sich als junger Wissenschafter forschend und lehrend für die Physik entschieden. Im Bereich der slowenischen Literatur hat sich Stefan vor allem mit der Lyrik beschäftigt. Stefan veröffentlicht nach dem Studium plötzlich nichts mehr Literarisches und Populärwissenschaftliches. Auch in slowenischer Sprache erfolgen keine Publikationen mehr.

Das Jesuitengymnasium entsteht mit der beginnenden Gegenreformation im Jahre 1604 in Klagenfurt. Die Aufhebung dieses mächtig und finanzstark gewordenen Ordens erfolgt in Österreich durch den Papst im Jahre 1773. Dieser Ordensauflösung stimmt auch die aufgeklärt-absolutistische Kaiserin Maria Theresia zu. Eine Zulassung dieser Ordensgemeinschaft erfolgt wieder im Jahre 1814. Es stellt sich in der Habsburgermonarchie die Frage, wie die höheren „Gymnasialstudien" ohne Mitwirkung der Jesuiten organisiert werden sollen. Die Schulaufsicht der Gymnasien wird in die öffentliche Verwaltung einbezogen. Die Geistlichen sind allerdings weiterhin die Träger der Gymnasien. In Klagenfurt wird das „Akademische" Gymnasium zusätzlich mit dem semiuniversitären Lyzeum eingerichtet. An diesem Lyzeum werden philosophische, theologische und medizinisch-chirurgischen Studien gelehrt, wobei das Doktorat an einer Universität absolviert werden muss.[135]

Josef Stefan besucht das Klagenfurter Benediktiner Gymnasium von 1845-1853 in der Großen Schulhausgasse linkes Bild. Dies ist heute der Sitz des Landesschulrates für Kärnten

---

[134] Vgl. Kristof, Johann F. 1982: Die kulturpolitische Bedeutung der „St. Hermagoras – Bruderschaft für die Kärntner Slowenen, S. 15-18.
[135] Vgl. Reichmann, Linde 1991: Das Akademische Gymnasium und die philosophische Fakultät um Lyzeum zu Klagenfurt 1773-1848, S. 149f.

in der 10. Oktober Straße 24. In dieser Zeit erfolgt durch die bürgerlich-liberale Revolution ein Übergang vom 6-jährigen zum modernen 8-jährigen Gymnasium. Die zweite Hälfte des 19. Jahrhundert ist durch einen Fortschritt auf verschieden Bildungsebenen und Bildungsinhalten gegeben. Eine Bildungs-Revolution findet im Bereich der humanistischen, der realistischen, der gewerblichen-technischen [...] und allmählich auch in der Mädchenbildung statt.[136]

In der gehobenen Volksschule, der Normal-Hauptschule für Knaben in Klagenfurt, fällt Josef Stefan bei den Lehrern durch einen großen Lerneifer auf. Das Drängen der Normalschullehrer ermöglicht Josef Stefan, das Gymnasium der Benediktiner in Klagenfurt zu besuchen. Stefan bewältigt den umfangreichen Lehrstoff auffallend schnell und leicht. Der eifrige und interessierte Knabe hat dadurch zusätzlich Zeit, sich auch mit außerschulischen Dingen zu beschäftigen. Die literarische Begabung Stefans äußert sich dadurch, dass er die erste Lyrik in der fünften Klasse des Gymnasiums auf Slowenisch veröffentlicht.[137] Dies ist die Zeit nach der bürgerlich-liberalen Revolution 1848. Die Völker beginnen national zu erwachen. Das deutschsprachige Bürgertum sieht ihre dominante Stellung im „Kaiserthum" Österreich gefährdet. Die deutschsprachigen Österreicher sehen sich durch die Freiheitsbestrebungen der anderen Nationen gefährdet.[138]

3.4.1 Gymnasien und Modernisierung nach liberaler Revolution

Die Jesuiten werden am Klagenfurter Gymnasium durch den Schulorden der Benediktiner abgelöst. Das Benediktiner Stift St. Paul im Lavanttal wird im Jahre 1091 gegründet. Im Jahre 1807 erfolgt eine Übergabe der Kirche und des Klosters, im angrenzenden Bereich des heutigen

---

[136] Vgl. Schöffmann, Peter 1994: Klagenfurt als Schulstadt 1848-1918, S. 229.
[137] Vgl. Wagner, Kurt 1991: Josef Stefan ein österreichischer Physiker, S. 306.
[138] Vgl. Österreich Lexikon 1995: Revolution 1848, Bd. II, S. 275f.

Benediktinerplatz in Klagenfurt, an die aus St. Blasien im Schwarzwald kommenden Benediktiner. Das Gymnasium befindet sich in unmittelbarer Nachbarschaft in der Großen Schulhausgasse in der heutigen 10. Oktober Straße. Eine gelehrte und damit höhere Bildung findet am nunmehr sechsjährigen Gymnasium, mit vier Grammatik- und zwei Humanitätsklassen statt.

Nach dem Gymnasium kann das 4-semestrige Lyzeum 1773-1848 im selben Gebäudekomplex besucht werden. Das Lyzeum besteht aus einer Philosophischen, einer Theologischen und einer Medizinisch-chirurgischen Fakultät. Das Lyzeum in Klagenfurt ist eine semiuniversitäre höhere Lehranstalt, die kein Promotionsrecht hat. Die Lyzeums-Absolventen müssen, wenn das vollakademische Doktorat angestrebt wird, an ein höherrangiges Lyzeum wie in Graz oder später an eine Universität wie z. B in Wien zum Weiterstudium ausweichen. Das Klagenfurter Lyzeum ist eine Bildungsstätte mit einer Sonderstellung zwischen dem Gymnasium und einer Universität. Die Aufklärung bringt es mit sich, das niedere Bildungswesen, aber allmählich auch das höhere Bildungswesen in den öffentlichen Einfluss des Staates überzuführen. Nach der Auflösung des Jesuitenordens durch den Staat wird versucht das höhere Schulwesen, das Lyzeum und das Gymnasium kontinuierlich weiter zu entwickeln.[139] Die Benediktiner werden mit der Leitung und dem Unterricht am Gymnasium in Klagenfurt betraut. Die Benediktiner wirken mit abnehmendem Einfluss als Lehrer am Gymnasium in Klagenfurt bis 1871.

> „Das Gymnasium, unter dem Präfecten, einem Katecheten und sechs Lehrern des Benediktiner Stiftes St. Paul steht. […] wenn jene dem heranreifenden Jüngling den Sprachreichthum der Alten entfalten, so bilden diese durch ihre Muster in der Rede- und Dichtkunst seinen Geschmack. […] Der Titel Gymnasium `accademicum` ist das Abziehen des Vorzugs, den es aus jener alten Zeit durch dritthalbjahrhundert Jahre besonders durch gediegenen Unterricht in der lateinischen Sprache und nicht ohne Einwirkung auf die Rednertalente und den Style, so vieler hier gebildeter wackerer Geschäftsmänner behauptet".[140]

Die Gymnasialreform im Jahre 1819 hat wieder das Klassenlehrerprinzip zur Folge. Der Religionsunterricht findet in allen Klassen statt. Die tote Sprache Latein wird wieder im Unterricht verstärkt gepflegt. Das Griechische erfährt am humanistischen Gymnasium auch eine entsprechende Würdigung. Die Mathematik als Formalwissenschaft und der Realunterricht in Physik und Naturgeschichte wird aus diesem restriktiven Gymnasiallehrplan elimi-

---

[139] Vgl. Reichmann, Linde 1991: Das Akademische Gymnasium und die Philosophische Fakultät am Lyzeum zu Klagenfurt 1773-1848; S. 163-165.
[140] Hermann, Heinrich 1832: Klagenfurt wie es war und ist, S. 216.

niert. Die Lehrfächer Geographie und Geschichte gibt es allerdings nach wie vor.[141] Der Unterricht wird folgend aufgeteilt: zwei Stunden finden vormittags und zwei nachmittags statt, wobei am Dienstag und Donnerstag nachmittags schulfrei ist. In der Woche gibt es 18 Stunden Unterricht, wobei quasi so etwas wie eine Ganztagesschule stattfindet. Das Real- und Sachwissen ist gegenüber dem klassischen Sprach- und Wortwissen im Vormärz sehr eingeschränkt. Deutsch hat im Unterricht nur eine Hilfsfunktion, soweit diese Sprache für Latein erforderlich ist. Die höhere Bildungsreform nach der Revolution in den Jahren 1848/49 hat zur Folge, dass bei den Gymnasien nicht mehr von Studien- sondern nur mehr von Schuljahren gesprochen wird. Die Mädchen haben damals keine Möglichkeit ein Gymnasium zu besuchen. Auch die gehobenen Volksschulen, die Normalhauptschulen in den Landeshauptstädten sind reine Knabenschule, ohne Zugangsmöglichkeiten für Bildungswillige Mädchen.[142]

Die katholischen Kärntner Slowenen Andrej Einspieler links und Anton Janežič rechts haben den Gymnasiasten Josef Stefan wesentlich in der slowenischen Lyrik und in den südslawischen Sprachen beeinflusst.[143]

Josef Stefan besucht im Schuljahre 1850/51 die VI. „Classe" des Klagenfurter Gymnasiums, wobei als Slowenisch - Lehrer Anton Janežič 1828-1869 wirkt, der auch Lehrbücher verfasst. Janežič gründet im Jahre 1851 die Hermagoras – Vereinigung mit. Der Fürstbischof von Lavant Anton Martin Slomšek gründet dem St. Hermagoras Presseverein in Klagenfurt.[144] Er ist ein

---

[141] Vgl. Engelbrecht, Helmut 1984: Geschichte des österreichischen Bildungswesens. Bd. 3, S. 437.
[142] Vgl. Schöffmann, Peter 1994: Klagenfurt als Schulstadt 1848-1918, S. S. 28-31.
[143] Fotoquellen: Andrej Einspieler- in: Karel Gržan: Sto duhovnikov, redovnic in redovnikov na Slovenskem 2006, S. 70; Anton Janežič- in: Josef Stefan. Streiflichter aus seinem Leben und Werk – zum 175. Geburtstag, 2011, S. 10.
[144] Vgl. Kristof, Johann F. 1982: Die kulturpolitische Bedeutung der „St. Hermagoras – Bruderschaft für die Kärntner Slowenen, S. 15-18.

Förderer des Volksschulwesens und verfasst viele slowenische Schulbücher. Der Unterrichtsminister Graf Leo Thun – Hohenstein hat Slomšek in Schulangelegenheiten häufig zu Rate gezogen. Im Schuljahre 1852/53 besucht Stefan die VIII. Klasse des Klagenfurter Gymnasiums. Der Benediktinerpater Karel Robida unterrichtet lehrt Physik, wobei dieser gleichzeitig „Classenvorstand" in der Abschlussklasse ist. Der slowenische Literat Anton Janežič und der slowenische Physiker Karl Robida haben auf den jungen Stefan als Gymnasiallehrer einen prägenden Einfluss. Der Habilitand Josef Stefan hat sich als junger Wissenschaftler forschend und lehrend für die Physik entschieden. In der slowenischen Literatur hat sich Stefan vor allem mit der Lyrik beschäftigt. Stefan veröffentlicht plötzlich nach dem Studium literarisch und populärwissenschaftlich nichts mehr. Auch in slowenischer Sprache erfolgen keine Publikationen mehr.

Die obligate wöchentliche Lehrfächerverteilung am humanistischen Gymnasium wird nachstehend angeführt. Die geistlichen Lehrer kommen vorwiegend vom Benediktinerorden des Stiftes St. Paul im Lavanttal. Die Professoren und die Schüleranzahlen der VI. Klasse 1850/51 und der VIII. Klasse 1852/53, die Stefan besucht hat, werden angeführt:

> Der Lehrgegenstand Religion mit 2/2, Latein mit 6/5, Griechisch mit 4/5, Deutsch mit 3/3, Slowenisch mit 2/0, Geschichte und Geografie mit 2/3, Mathematik mit 3/0, Naturgeschichte mit 4/1, Physik mit 0/3 und Philosophisches Propädeutikum mit 0/2, wobei dies insgesamt 26/24 Wochenstunden sind. [...]. Es gibt 9/11 ordentliche geistliche Lehrer, 4/3 geistliche und 1/1 weltlicher Supplent, 4/3 weltliche Nebenlehrer mit insgesamt 19/14 Lehrern. [...] Die aufgenommene Schülerzahl beträgt 30/19, im Laufe des Schuljahres sind 2/0 ausgetreten, wobei insgesamt 28/19 Schüler in den Klassen verblieben. Es gibt in der achten Classe des Gymnasiums insgesamt 286/215 Schüler.[145]

Die Ministerialverordnung vom 22. Jänner 1851 Zahl 288 sieht für das Klagenfurter Gymnasium das obligate Erlernen der slowenischen Sprache vor, wenn der Schüler diese als Muttersprache hat. Bei den deutschsprachigen Schülern bestimmen die Erziehungsberechtigten, ob die slowenische Sprache erlernt werden soll. In der Maturaklasse des Schuljahres 1852/53 sieht der Klassenkatalog für Josef Stefan die „slowenische" Nationalität vor. In der Abschlussklasse haben 147 Schüler Deutsch als Nationalität, wobei dies 68% sind. Als „slowenische" Nationalität geben 66 und damit 30% der Schüler an. Im Gymnasial-Jahrgang von Josef

---

[145] I. Programm des k. k. Staatsgymnasiums zu Klagenfurt 1851, S. 79f und 83.

Stefan gibt es auch zwei Italiener. Das Gymnasium besuchen in den acht Schulstufen insgesamt 215 Knaben, ein Zugang von Mädchen ist damals nicht möglich.[146]

"Der Lehrköper gehört zum Benedictiner-Orden des Stiftes St. Paul. Mit Ausnahme des Directors, des Supplenten der slovenischen Sprache, der Nebenlehrer für Zeichnen- und Gesang-Unterricht, der Lehrer für die italienische und französische Sprache, welche weltlich sind".[147]

Die Reform des Gymnasiums erfolgt mit dem Organisationsentwurf 1849. Der liberal-katholische Unterrichtsministers Graf Leo Thun - Hohenstein setzt mittels der Bildungsexperten Franz Exner und Hermann Bonitz die Reform um. Der 2-jährige Philosophie-Kurs wird in das nunmehr verlängerte Gymnasium integriert. Die Klassenzahl wird auf acht erhöht, wobei es diese wichtige und moderne Lang Form des Gymnasiums noch heute gibt. Eine Reifeprüfung nach dem Vorbild des liberalen Neuhumanisten Wilhelm von Humboldt wird auch in der Habsburgermonarchie eingeführt. Das Organisationsstatut bringt eine 6-jährige gewerbliche Realschule mit einer dreijährigen Unter- und Oberstufe hervor. Das Realschulgesetz 1868 bringt eine „unvollständige" siebenjährige lateinlose allgemeinbildende Mittelschule mit einem mathematisch-naturwissenschaftlichem Schwerpunkt hervor. Die Mittelschule Reformbewegung bringt eine Reform des Gymnasiums. Im Jahre 1908 bringt die „Mittelschul-Enquete" zusätzlich das achtjährige Realgymnasium, das in der Zukunft immer wichtiger wird. Die Gymnasien entwickeln sich zu Zubringerschulen für die Universitäten. Die Realschulen werden Vorbereitungsschulen für die Technischen Hochschulen.

Die Mathematik und die Naturwissenschaften werden im Vormärz zunehmend aus dem Lehrplan der Gymnasien gestrichen. Die aufstrebenden Polytechnischen Institute vermitteln zunehmend auch einen mathematischen und naturwissenschaftlichen Unterricht. Die bürgerlich-liberale Revolution hat einen Aufschwung von mathematischer und physikalischer Bildung aus niedrigem Niveau auch an den Gymnasien zur Folge. Im Klagenfurter Gymnasium sind Physik, Naturgeschichte und Slowenisch neu im Lehrplan, da im Vormärz die realistische Bildung auf ein Minimum gekürzt wird. Das Slowenische ist sowohl für slowenisch- und deutschsprachige Schüler vorgesehen. Die Eltern entscheiden bei deutschsprachigen Kindern, ob diese auch in Slowenisch unterrichtet werden sollen. Ein Erlass des katholisch-konservativen Unterrichtsministers Paul Freiherr Gautsch von

---

[146] Vgl. III. Programm des k. k. Staatsgymnasiums zu Klagenfurt 1953, S. 86.
[147] VI. Programm des k.k. Gymnasiums zu Klagenfurt 1856, S. 99.

Frankenturm[148] 1887 besagt, dass ein slowenischer Unterricht für deutschsprachige Schüler als relativ obligat sein sollte. Der Unterricht im Slowenischen wird Ende des 19. Jahrhundert für Schüler mit nicht slowenischer Muttersprache zu einem Freigegenstand.[149]

3.4.2 Robida ein kritisch gewürdigter Physiklehrer

Der bekannte Physiklehrer am Gymnasium Karl Robida hat auf Josef Stefan einen großen Einfluss. Robida veröffentlicht einige populär-wissenschaftliche Monographien, so auch das erste slowenische Lehrbuch der Physik. Stefan maturiert im Jahre 1853, wobei dessen Klassenvorstand Karl Robida eine längere Abhandlung über die Physik verfasst. Dieser umfangreiche Physikartikel erscheint im Jahresbericht des Gymnasiums unter der Bezeichnung: „Entwicklungsgang der Physik von den ältesten Zeiten bis auf die Gegenwart"[150]. Der Gymnasialschüler Josef Stefan hat einige Jahre später am legendären „Physikalischen Institut" der Universität Wien forschend die klassische Physik des 19. Jahrhunderts in der Habsburgermonarchie und darüber hinaus geprägt. Der Einfluss Josef Stefans auf die moderne Physik des 20. Jahrhundert, der Relativitäts- und Quantentheorie, hat Stefan nicht mehr erlebt. Dieser äußerst umfangreiche Physikartikel von Karl Robida im Jahresbericht 1952/53 des Gymnasiums dürfte für Stefan eine wichtige Anregung seiner späteren Forschungen im Bereich der Physik gewesen sein. Die bereits gut erforschten Physik- und Mechanik-Themen, wie die Statik und die Dynamik, die Hydrostatik und die Hydrodynamik, die Aerostatik und die Aerodynamik, der Schall und das Licht werden in diesem Bericht gedrängter Form vorgestellt. Der physikalisch vielfach noch unerforschte Bereich der Wärme, des Magnetismus und der Elektrizität wird umfassender dargestellt. Diese Bereiche der Physik werden von Josef Stefan, einem der letzten physikalischen Enzyklopädisten des 19. Jahrhundert, symbiotisch experimentell erforscht und auch mathematisch formuliert. Die Ergebnisse seiner vielen physikalischen Untersuchungen publiziert Stefan durch entsprechende Abhandlungen in physikalisch-wissenschaftlichen Fachzeitschriften. Den Bereich der Wärmelehre erweitert Josef Stefan mit seinem wichtigen experimentell gefundenem „Strahlungsgesetz", das auch entsprechend mathematisch erweitert wird. Der Bereich der Elektrizität gewinnt durch seine technischen Anwendungen immer mehr an Bedeutung. Auf dem Gebiet des Gleichstroms,

---

[148] Vgl. Engelbrecht, Helmut 1986: Geschichte des österreichischen Bildungswesens. Bd. 4, S. 482.
[149] Vgl. Wunder, Roman 1991: Das Gymnasium Klagenfurt seit 1848, S. 293f.
[150] III. Programm des k. k. Staatsgymnasiums zu Klagenfurt. Am Schlusse des Studien-Jahres 1953, S. 1.

aber auch auf dem Gebiet des Wechselstroms, hat Stefan durch seine physikalische Grundlagenforschung bleibende Spuren hinterlassen.[151] Der umfangsreiche Physikartikel Karel Robidas im Jahresbericht des Gymnasiums des Schuljahres 1853 enthält ungeklärte physikalische Fragen für die Zukunft. Die noch nicht entdeckten Fragen auf dem Gebiet der Physik sind bei Stefan lehrend und forschend anregend auf fruchtbaren Boden gefallen.

3.4.3 Physikalisch-mathematisch begabter Gymnasiast

Reformvorschläge für das Gymnasium gibt es bereits im letzten Jahrzehnt des Vormärz. Einen allgemeinen Auftrieb für Bildungsinnovationen erfolgt erst durch die aufgeklärte bürgerlich-liberale Revolution. Die fortschrittlichen Bildungsgedanken der Revolution werden zuerst bei der höheren Bildung an den Gymnasien und den Realschulen umgesetzt. Eine Modernisierung des niederen Schulwesens erfolgt nach einer katholisch-konservativen Zwischenphase des Neoabsolutismus in den 1850er Jahren, durch den aufstrebend fortschrittlichen und zentralistischen Liberalismus. Das liberale Reichsvolksschulgesetz 1869 behält im Wesentlichen bis zum Schulorganisationsgesetz 1962, seine Gültigkeit. Das Reichsvolksschulgesetz wird später von katholisch-konservativen Kreisen als gottlose Neuschule verteufelt. Den „Organisationsentwurf" 1849 für Gymnasien und Realschulen legt der liberal geprägte katholisch-konservative Unterrichtsminister Leo Graf Thun-Hohenstein am 15. September 1849 dem Kaiser Franz Joseph I. vor. Dieser Entwurf wird vorerst vom Kaiser provisorisch für fünf Jahre genehmigt.[152] Dieses modern geprägte 8-klassige Gymnasium gibt es im Wesentlichen bis heute noch. Das Klagenfurter Gymnasium der Benediktiner erfüllt drei besondere staatliche Aufgaben:

> „Die in k. k. Staatsgymnasium umbenannte humanistische Lehranstalt verblieb auch weiterhin in dem 1846 zwar renovierten, aber den Anforderungen nicht voll entsprechenden alten Gebäude samt Kapelle und Lyzeal-Bibliothek in der „Großen Schulhausgasse". [...] auch wollte sich der Staat die Besoldung der Gymnasialprofessoren in Klagenfurt teilweise ersparen. Darum sollte der Lehrkörper des k. k. Staatsgymnasiums weiterhin zum überwiegenden Teil aus Benediktiner Pater des Stiftes St. Paul im Lavanttal bestehen, die der jeweilige Abt vertragsmäßig seit 1807 für das Lyzeum und das Gymnasium zu stellen hatte".[153]

An der Oberstufe des reorganisierten Gymnasiums beginnt der interessierte und eifrige Schüler Josef Stefan sich selbstständig mit mathematischen Büchern und Studien auseinanderzusetzen.

---

[151] Vgl. III. Programm des k. k. Staatsgymnasiums zu Klagenfurt. Am Schlusse des Studien- Jahres 1953, S. 5-82.
[152] Vgl. Schöffmann, Peter 1994: Klagenfurt als Schulstadt 1848-1918, 44f.
[153] Ebenda, 45.

Der Erkenntnisgewinn aus diesen Abhandlungen ist für den jungen Stefan allerdings gering. Am Gymnasium fehlt es zu dieser Zeit an Rat gebenden Mathematiklehrern. Die am Gymnasium angebotene Mathematik ist durchschnittlich, da qualifizierte Lehrkräfte der höheren Mathematik fehlen. Die „geometrischen Construktionen" und deren mathematischen Formulierungen liegen dem strebsamen Schüler Stefan besonders am Herzen. Die Kenntnisse der Mathematik- und Geometrielehrer am Gymnasium lässt zu wünschen übrig. Das dafür notwendige höhere Wissen liegt über dem Gymnasial-Lehrplan. Die Mathematik- und Physikbildung ist im „katholischen" Vormärz am Gymnasium und auch am Lyzeum, auf niederem Niveau angesiedelt. Die zweijährige Philosophische Fakultät am Lyzeum dient auch der Lehrerbildung am Gymnasium. An der Unterstufe des Gymnasiums beschäftigt sich Stefan bereits viel mit Mathematik, die zunehmend eine wichtige Hilfswissenschaft der Physik wird. Das Lernen in seiner slowenischen Muttersprache bereitet ihm allerdings die meiste Freude.[154]

Josef Stefan studiert als Gymnasiast sich aneignend das anspruchsvolle Lehrbuch der Experimental-Physik für Gymnasien und Realschulen des Wiener Universitätslehrers August von Kunzek. Der Gelehrte Kunzek wird für Stefan ein wichtiger und anregender Physikprofessor an der Universität Wien.[155] Stefan interessiert sich schon damals für die Experimentalphysik besonders. In einigen Fachbüchern wird diese bereits gut vermittelt und dargestellt. Josef Stefan wird ein leidenschaftlicher und erfolgreicher Experimentalphysiker am Physikalischen Institut der Universität Wien. Bereits an der Oberstufe des Gymnasiums hat Stefan das anspruchsvolle Experimentalphysikbuch von August Kunzek studierend und reflektierend in sich aufgenommen. Kunzek wird Lehrkanzel-Vorstand für Physik in den Jahren 1850 bis 1865. Kunzek betreut auch das Physikalische Kabinett an der Universität Wien. Er wird für den eifrigen Mathematik- und Physikstudenten Stefan, ein prägender Lehrer an der Universität Wien. Der Schüler Albert Obermayr schreibt in einer Broschüre knapp nach dem Ableben seines Lehrers Josef Stefan:

> „Josef Stefan schreibt den größten Einfluss auf seine Fortbildung als Student dem Herrn Professor […] August Kunzek zu, und anerkannte auf das dankbarste die Anleitung zur strengen Auffassung der mathematischen Gesetze, der physikalischen Thatsachen und der gründlichen Forschung".[156]

Die Experimentalphysik wird für den Lehrer und Forscher Stefan am ersten Physikalischen Institut von großer Bedeutung. Josef Stefan erhält zum Abschluss der 7. „Gymnasialclasse"

---

[154] Vgl. Šubic, Ivan 1902: Josef Stefan. Aufzeichnungen und Ausschnitte aus dem Tagebuch, S. 63f.
[155] Fotoquelle: Österreichische Zentralbibliothek für Physik.
[156] Obermayr, Albert 1893: Zur Erinnerung an Josef Stefan, 6.

als ersten Preis das Physik-Lehrbuch von Wilhelm Eisenlohr, der von 1799-1872 lebt. Eisenlohr ist ein bedeutender Physik- und Mathematikprofessor am Polytechnischen Institut in Karlsruhe. Dies ist eine aufstrebende höhere technische Bildungskategorie im 19. Jahrhundert. In diesem Lehrbuch der Physik veröffentlicht Eisenlohr auch seine bedeutenden Forschungsergebnisse im Bereich der Optik.[157]

Die Polytechnischen Institute der Habsburgermonarchie befinden sich im Vormärz allerdings in einer organisatorischen Krise, da ein notwendiger Übergang zur wissenschaftlichen Fachbildung noch länger dauert. Die Fachschul-Bildung an der „Großherzoglichen Badischen Polytechnischen Schule zu Carlsruhe" dient für das Kaisertum Österreich als Vorbild. In Karlsruhe gibt es bereits seit dem Jahre 1925 eine „Allgemeine mathematische" Klasse zur fachlichen Vorbildung. Die Fachbildung erfolgt in einer „Bauschule" für den Hochbau, einer „Ingenieurschule" für den Tiefbau, einer „Maschinenbauschule" und einer „Chemisch-technischen" Schule. Eine enzyklopädische Bildung gibt es am Joanneum in Graz bis zum Jahre 1864 und am Polytechnischen Institut in Wien bis zum Jahre 1865.[158] Das Erkenntnisinteresse in der Mathematik und in der Physik gehen bei Josef Stefan weit über jenen seiner Mitschüler am k. k Staatsgymnasium in Klagenfurt hinaus. Stefan gilt bald als ein talentierter und interessierter Mathematikschüler an dieser allgemeinbildenden höheren Lehranstalt. An der Oberstufe versucht Josef Stefan zunehmend mathematisch-physikalische Probleme zunehmend selbstständig zu lösen.[159] Sein Schüler Albert Obermayr schreibt bereits im Jahre 1893 kurz nach dem Tod Stefans:

> „Der Lehrkörper dieser Anstalt widmete Stefan nach der Maturitätsprüfung das vollständige Wörterbuch der Mythologie aller Völker von Vollmer mit der Clausel: Dem Abiturienten Josef Stefan als Andenken an seine Studien am k. k. Gymnasium zu Klagenfurt vom Lehrkörper. Johann Burger Director, Klagenfurt den 21. September 1853".[160]

Die Bildungsreform der Gymnasien erfolgt durch das „Organisationsstatut" 1849. Mit dieser Reorganisation der Gymnasien ist eine vollkommene Lehrplanänderung verbunden. Josef Stefan wird von seinen Eltern zum Slowenisch Unterricht am Gymnasium der Benediktiner eingeschrieben. Die Benediktiner wirken noch bis zum Jahre 1871 als Lehrkräfte an dieser

---

[157] Vgl. Lommel, Eugen 1877: Wilhelm Eisenlohr, 769.
[158] Vgl. Sequenz H. 1965 (Hrsg.): 150 Jahre Technische Hochschule in Wien, S. 32f.
[159] Vgl. Obermayer, Albert von 1893: Zur Erinnerung an Josef Stefan, S. 5f.
[160] Ebenda, S. 6.

höheren Bildungsanstalt. In den Klassenbüchern der VII. und VIII. Klasse wird bei Stefan als Nationalität „Slowene" vermerkt. Die Eltern sind slowenischer Herkunft aus dem Rosen- und Jauntal. In der ersten Hälfte des 19. Jahrhundert sind die Kärntner im Allgemeinen sprachlich und ethnisch noch ein „einerlei" Volk. Der aufkommende Nationalismus verändert einiges, die beiden Volksteile Kärntens trennen sich zunehmend. In den Klassen des Klagenfurter Gymnasiums sind ein Drittel der Schüler mit slowenischer Nationalität registriert. Die slowenisch sprachigen Schüler müssen den slowenischen Unterricht verpflichtend besuchen. Auch für die schriftliche und mündliche Reifeprüfung gilt das muttersprachliche Prinzip. Den Schulkatalogen wird entnommen, dass Josef Stefan in jeder Hinsicht ein vorbildlicher Schüler am Gymnasium gewesen ist:[161]

> „In allen Lehrgegenständen erhielt Stefan gute Noten, insbesondere in der slowenischen Sprache. In der VI. Klasse erhielt Stefan folgende Klassifikation: vorzügliche Gewandtheit in Rede und schriftlicher Ausdrucksweise. Noch schöner ist die Klassifikation zu Ende der VII. Klasse: geborener Slowene, besucht den Kurs der slowenischen Sprache im dritten Jahr, sehr genaue Kenntnisse in der Literatur, geschmackvolle schriftliche Formgebung, verbunden mit lobenswerten Verständnis des Illyrischen und des Altslowenischen".[162]

Der bereits genannte Gelehrte Wilhelm Eisenlohr ist ein bedeutender Physiker an der fortschrittlichen „Großherzoglichen Badischen Polytechnischen Schule zu Carlsruhe". Die Karlsruher Polytechnische Lehranstalt, gegründet im Jahre 1825, erhält bereits im Jahre 1836 eine technisch-wissenschaftliche Gliederung in Fachschulen. Im Jahre 1854 wird die „Eidgenössische Polytechnische Schule in Zürich" gegründet, wobei Stefan einen Ruf an diese berühmte höhere technische Lehranstalt ausgeschlagen hat. Stefan hat bereits in jüngeren Jahren eine entsprechende Stellung an der Universität Wien erreicht. Aus Dankbarkeit will Stefan sein Vaterland nicht verlassen. Stefan spricht offenbar das „übernationale" Staatengebilde Österreich der Habsburgermonarchie an. Der zunehmende Sprachnationalismus mit einer Trennung in Slowenisch und Deutsch hat bei Stefan vermutlich keinen Gefallen gefunden. Er hat als junger Wissenschaftler in Wien, zunehmend nicht mehr in Slowenisch veröffentlicht. Stefan will offenbar in den zunehmenden Sprachenstreit zwischen slawisch und deutsch nicht verwickelt werden. Bei der Eröffnung der Polytechnischen Schule in Zürich im Jahre 1855 erfolgt bereits eine Einführung eines wissenschaftlichen Fachschulsystems. Die

---
[161] Vgl. Cemelj, Leo 1950: Josip Stefan. Leben und Werk des grossen Physikers, S. 3.
[162] Ebenda, S. 3f.

enzyklopädisch naturwissenschaftlich-technische Bildung wird in der zweiten Hälfte des 19. Jahrhundert zunehmend in eine Bautechnische, Maschinenbautechnische, Chemischtechnische und Elektrotechnische Fachbildung differenziert. Im heutigen Österreich der Habsburgermonarchie erfolgt eine Weiterentwicklung der technisch-wissenschaftlichen Fachschulen in Graz im Jahre 1864 und in Wien im Jahre 1865. Die Technischen Hochschulen gehen in der Habsburgermonarchie vorwiegend aus den „Polytechnischen Instituten" hervor, dies erfolgt in Graz im Jahre 1864 und in Wien im Jahre 1872.[163]

Josef Stefan bekundet seit seiner frühen Jugend ein Interesse für den Lehrberuf an einer höheren Schule. Ein lang gehegter Gedanke nach der Reifeprüfung in den Benediktinerorden einzutreten verwirft Stefan schließlich bald. Nach einer reiflichen Überlegung beginnt Josef Stefan seine Philosophischen Studien an der Universität Wien. Er entscheidet sich natürlich für seine Begabungs- und Interessensgebiete Mathematik und Physik.[164] Im Vormärz wird Mathematik und Physik aus den Lehrplänen der Gymnasien entfernt. Daher erwirbt Stefan viele höhere mathematische Kenntnisse, die das Gymnasium nicht bieten kann, außerschulisch aus anspruchsvollen Büchern. Die liberale Revolution 1848 hat zur Folge, dass die Mathematik und die Physik an den Gymnasien positiver gesehen werden und allmählich aufgewertet werden. Es stellt sich die Frage wie viel an mathematischen und naturwissenschaftlichen Kenntnissen soll das Gymnasium ermöglichen. Das Verhältnis von humanistischen und realistischen Lehrfächern entwickelt sich zu einer ideologischen Frage im auslaufenden 19. Jahrhundert. Aus dieser Frage heraus entwickelt sich 1908 das Realgymnasium, das zu einem erfolgreichen achtklassigen Gymnasialtyp wird. Mit dem Schulorganisationsgesetz 1962 nimmt das Realgymnasium die Realschule in sich auf. Die Realschule verschwindet in Österreich von der Bildfläche. An der Universität Wien blühen die Naturwissenschaften mit der Physik nach der Revolution 1848 auf. Durch die realistische Bildungsoffensive kommt es zur Gründung des ersten „Physikalischen Instituts" im Jahre 1850. Das erste Physikalische Institut hat das Entstehen einer eigenen Wiener Physiker Schule zur Folge, die weit über Österreich hinausreicht.

---

[163] Vgl. 150 Jahre Technische Hochschule in Wien 1815-1965, S. 31-36.
[164] Vgl. Cermelj, Leo 1955: Josip Stefan. Leben und Werk des großen Physikers, S. 6.

3.4.4 Sprachlich-musisch-literarisches Talent

Josef Stefan schreibt und dichtet als Gymnasiast anfänglich wenig in deutscher Sprache. Ein paar lyrische Verse von Stefan zeigen seine unbefangene Fröhlichkeit. Eine weitere Verszeile veranschaulicht die Ablehnung von kriegerischer Gewalt. Dieser Text als Student wird in seinen Tagebuchaufzeichnungen am 31. Oktober 1855 festgehalten:

> „Und im Feistritzer Bachlan is das Wasser gar frisch, wann die Dirndlan dort baden, fang i drinn meine Fisch. [...] Jeder Bua, jeder Bua wird nit Soldat und der schon gar nie der a schönes Diarndle hat"[165]

Die Beobachtung der Natur und die Freude zum Wandern kommen in diesem Gedicht zum Ausdruck. Stefan wandert in den Sommerferien auch mit den Eltern begeistert im Feistritzgraben und in den felsigen Karawanken.

Stefan ist ein fleißiger und guter Schüler am Gymnasium in Klagenfurt. Es bleibt noch einige Zeit für seine musischen und literarischen Begabungen. Im Schuljahr 1849/50 besucht Stefan die V. Klasse. Er veröffentlicht in dieser Zeit seine ersten Gedichte in seiner slowenischen Muttersprache. Der lyrisch talentierte junge Stefan publiziert seine Gedichte „Der Morgen" und „Der Abend" in der Klagenfurter Zeitschrift „Vedež". Der angesehene slowenische Schriftsteller Anton Janežič übernimmt Gedichte von Stefan aus dem handschriftlichen Schülerblatt „Klagenfurter Slavija"[166] in die Zeitschrift „Slovenska Bčela". Diese Zeitschrift wird am Gymnasium auch als slowenisches Lesebuch verwendet. In dieser Zeit unterzeichnet Stefan den Nachnahmen folgerichtig in Slowenisch mit Štefan. Zwischendurch verwendet er auch das Pseudonym „Josip Alesev Spleteni". Im Schülerkatalog des letzten Schuljahres 1852/53 in der achten Klasse ist der deutsche Namen Stefan eingetragen. Mit Josef Stefan werden auch seine meisten späteren Publikationen und wissenschaftlichen Abhandlungen unterzeichnet.[167]

Anton Janežič setzt am k. k. Staatsgymnasium Klagenfurt den Slowenisch Lehrplan um. Stefan lernt neben seiner slowenischen Muttersprache mit Begeisterung bereits an der Unterstufe auch slawische Sprachen, wie Kroatisch, Russisch und Tschechisch. Der sprachbegabte Stefan beginnt in gebundener und ungebundener Sprache zu schreiben. Er übersetzt Gedichte aus diesen slawischen Sprachen für die Zeitschrift „Slovenska Bčela".[168] Die

---

[165] Ivan Šubic 1902: Josef Stefan. Aufzeichnungen und Ausschnitte aus dem Tagebuch, S. 74 und 78.
[166] Ebenda, S. 74.
[167] Vgl. Sitar, Sandi 1993: Jozef Stefan- pesnik in fizik, S. 157.
[168] Vgl. Cermelj, Leo 1950: Josip Stefan- Leben und Werk des grossen Physikers, S. 1f u. 4f.

meisten slowenischen Zeitschriften bringen Stefans Gedichte und er übersetzt deutsche Volkslieder ins slowenische. Stefan liest Mittschülern seine literarischen Werke vor. Er gründet mit anderen Schülern einen literarischen Zirkel am Gymnasium. Stefan dichtet auch in südbairischer, der deutschen Kärntner Mundart. Stefan gibt später das gesamte unveröffentlichte literarische Material dem Volksliederfürsten Thomas Koschat 1845-1914. Koschat stammt aus Viktring bei Klagenfurt und arbeitet und lebt in Wien.[169] Der vielseitige Stefan widmet sich auch der Musik und dem Chorgesang. Stefan ist in der VIII. Klasse des Gymnasiums erster Sänger des Klagenfurter Sängerchors. Er wird als Student Mitglied und Chorleiter des „Slowenischen Gesangvereines" in Wien[170]

Stefan lernt am Klagenfurter Gymnasium als Schüler Anton Janežič 1828-1869 als Lehrer und Mitbegründer des Hermagoras-Vereines kennen. Janežič stammt aus einer wohlhabenden Bauernfamilie im Rosental. Dieser besucht das Gymnasium und das Lyzeum von 1840 bis 1848 in Klagenfurt. Janežič erwirbt autodidaktisch durch Lesen guter Bücher seine hervorragenden Slowenisch Kenntnisse. Janežič erhält am Lyzeum keinen Slowenisch Unterricht. Das „Organisationsstatut" 1849 bringt ein modernes 8-jähriges Gymnasium mit Unter- und Oberstufe hervor. Die semiuniversitäre Gymnasial-Lehrerbildung erfolgt vor der Revolution 1848 an den zweijährigen Philosophischen Kursen am Lyzeum. Das Organisationsstatut ermöglicht die Gymnasiallehrerbildung an den nunmehr gleichwertigen Philosophischen Fakultäten der Universitäten. Anton Janežič frequentiert das slowenische Lehramtsstudium an der Universität Wien. Er wird eine Lehrkraft für Slowenisch am Klagenfurter Gymnasium. Mit dem Erlass vom 22. Jänner 1851 wird am Gymnasium in Klagenfurt der Slowenisch Unterricht für Angehörige der Volksgruppe verpflichtend. Stefan ist ein eifriger Schüler des Slowenisch Lehrers Janežič. Dieser ist für den Lehrplan des Slowenisch Unterrichts am Klagenfurter Gymnasium verantwortlich.

> „In den Klassenkatalogen der 7. und 8. Klasse ist `Slowene` für Josef Stefan eingetragen. Ihm wird ein ausgezeichnetes Geschick in der Rede und im schriftlichen Ausdruck bescheinigt. Mit Freude veröffentlichte Stefan als anerkannter Lyriker seine Gedichte, die naturwissenschaftlichen Abhandlungen, sowie Beträge über die slowenische Literatur in den Zeitschriften seines geschätzten Lehrers [Anton Janežič], besonders in den Zeitschriften `Slovenska Bčela` und `Slovenski glasnik`. Die literarischen Beiträge von Stefan zählen nach dem Urteil des slowenischen Literaturhistorikers Anton Slodnjak zu den reifsten jener Zeit".[171]

---

[169] Vgl. Wagner, Kurt 1991: Josef Stefan ein österreichischer Physiker, S. 306.
[170] Vgl. Cermelj, Leo 1955: Josip Stefan. Leben und Werk des großen Physikers, S. 6.
[171] Zablatnik Pavle 1991: Die Bedeutung des Klagenfurter Gymnasiums für die Kärntner Slowenen, S. 394f.

Andreas Einspieler 1812-1888 wird in Suetschach im Rosental geboren. Er besucht das Gymnasium und das Lyzeum in Klagenfurt. Einspieler wird zum Priester geweiht und er unterrichtet als Katechet Religion am Klagenfurter Gymnasium der Benediktiner. Er absolviert das Lehramtsstudium an der Universität Wien. Andrej Einspieler kann damit Slowenisch an den Mittelschulen unterrichten. Einspieler tritt für einen brüderlichen Umgang der Kärntner deutscher und slowenischer „Zunge" ein. Für Einspieler ist der herannahende Nationalitäten Streit in Kärnten zutiefst widerlich und er wird ein prominenter slowenischer Journalist. Einspieler wird in der Revolutionszeit 1848 ein Verfechter der Gleichberechtigung der slowenischen Sprache in der Schule, bei Gericht und in der Verwaltung.[172]

> „Es ist wohl das größte Verdienst Andreas Einspielers, daß er als geborener Organisator, die vom Bischof Anton Martin Slomšek 1800-1862 [Slowenische Nationalbewegung und Volksbildung] geplante Gründung dieses Vereines [Hermagoras] in Zusammenarbeit mit Professor Anton Janežič zur Verwirklichung gebracht hat. Im Jahre 1852 konnte der Hermagorasverlag als einer der ältesten Verlage Österreichs mit der Herausgabe seiner ersten Bücher beginnen. [...] Andreas Einspielers Lebenswerk ist für die kulturpolitische Entwicklung der Slowenen von ausschlaggebender Bedeutung; Andreas Einspieler war es, der mit Anton Janežič und Anton Martin Slomšek dem slowenischen Buch den Weg in alle Volksschichten geebnet hat".[173]

Josef Stefan wird ein eifriger Mitarbeiter von Andreas Einspieler, welcher die Zeitschrift „Šolski prijatelj" gründet. In dieser Zeitschrift bringt Stefan auch seine leicht verständlich dargestellten Beiträge über die Physik unter. Stefan verabschiedet sich im Jahre 1858 mit 23 Jahren selbstkritisch von der literarischen Tätigkeit in der Zeitschrift „Šolski prijatelj" mit dem Gedicht „Avtokritika". Am 10. Juni 1858 legt Stefan sein drittes und damit abschließendes Rigorosum ab. Stefan habilitiert sich im selben Jahr zum Privatdozenten in der mathematischen Physik an der Philosophischen Fakultät der Universität Wien. Stefan fragt sich nach Beendung seines Studiums mit der Habilitation, was ein Mathematiker und Physiker wohl in der Literatur zu suchen hat. Seit dem Jahre 1858 widmet sich Stefan nur mehr der physikalisch-wissenschaftlichen Forschung und der akademischen Lehre. Für Josef Stefan geht es in der Zukunft forschend und wissenschaftlich erfolgreich aufwärts.[174]

Ein eifriger Mitarbeiter der Zeitschrift „Slovenska Bčela" des slowenischen Literaten Anton Janežič ist der Physiker Karl Robida 1804-1877. Robida ist ein slowenischer Priester und

---

[172] Vgl. ebenda, S. 392.
[173] Ebenda, S. 393.
[174] Vgl. Zablatnik, Pavle 1991: Die Bedeutung des Klagenfurter Gymnasiums für die Kärntner Slowenen, S. 396.

Professor am Klagenfurter Gymnasium, welcher aus Krain gebürtig ist. Aufgrund des „Organisationsstatut" 1849 unterrichtet er an der Gymnasial-Oberstufe Mathematik und Physik. Karel Robida wird vom eifrigen Schüler Stefan „kritisch" würdigend verehrt. Die Reform der höheren Bildung nach der bürgerlich-liberalen Revolution bringt die moderne Lang Form eines 8-klassigen Gymnasiums mit einer Unter- und Oberstufe. Seit dem Jahr 1807 muss das Benediktinerstift St. Paul vertraglich Lehrkräfte für das Klagenfurter Gymnasium zur Verfügung stellen. Robida ist ebenfalls an der Gründung des Hermagoras-Vereines beteiligt. Die liberale Revolution hat auch bei den Slowenen eine nationale Bewusstwerdung zur Folge. Die Gründung des Hermagoras-Verlages im Jahre 1851 in Klagenfurt bringt ein national-liberales Erwachen der Slowenen. Professor Robida liefert einige umfangreiche Beiträge zur Physik in den Jahresprogrammen des k. k. Staatsgymnasiums.[175]

Das Interesse Stefans beschränkt sich nicht nur auf die obligaten Unterrichtsgegenstände am Gymnasium. Die aufgeklärte liberale Revolution hat ein nationales Erwachen der Völker in der Habsburgermonarchie zur Folge. Stefan ist vom nationalen Aufstieg der Slowenen tief beeindruckt. Die nationale Aufklärung wird von den Kärntner Slowenen Mathias Meyer und Anton Janežič getragen. Die Begeisterung für die slowenische Muttersprache geht auch auf den jungen Josef Stefan über. Die nationale Begeisterung für das Slowenische hat zur Folge, dass Stefan mit einigen Mitstreitern am Gymnasium die studentische Druckschrift „Klagenfurter Slavija" herausgibt.[176] Die Klassenkataloge gibt es nach der aufgeklärten liberalen Revolution und diesen wird entnommen:

> „Die VI. Klasse absolvierte Josef Stefan mit Vorzug. In der VI. und VII: Klasse war er Primus, desgleichen bei der Maturitätsprüfung. Zum Schluss der VII. Klasse erhielt Stefan als Geschenk die Physik des bedeutenden Gelehrten Wilhelm Eisenlohr, der an der Polytechnischen Schule in Karlsruhe lehrt".[177]

Der aus Slowenien stammende Student Ivan Šubic schreibt in seinen Aufzeichnungen über unbekannte Seiten des Forschers und Lehrers Josef Stefan. Die unbekannten Ereignisse im Privatleben sind auch der Anlass, dass der fröhliche und für jeden Spaß zugängliche junge Knabe zum ernsten und unzugänglichen Wissenschaftler und Forscher wird. Stefan interessiert sich kaum für öffentliche Angelegenheiten und unterlässt vor allen auch die slowenische Schriftstellerei. Die aktuelle Politik hat ihn nicht besonders interessiert und er beteiligt sich

---

[175] Ebenda, S. 396f.
[176] Vgl. Cermelj, Leo 1955: Josip Stefan. Leben und Werk des großen Physikers, S. 4.
[177] Ebenda, S. 4.

daran auch nicht. Die slowenischen Studenten befragt Stefan gern über die politische Situation zu Hause in Kärnten und Slowenien. Er lebt in Wien sehr einfach und von der gesellschaftlichen Welt zurückgezogen.[178] Josef Stefan will sich nicht in die zunehmenden nationalen Sprachstreitigkeiten einmischen. Dem Gelehrten Stefan wird die „übernationale" Habsburgermonarchie zu seinem Vaterland, wo er bereits in jüngeren Jahren aus einfachen Verhältnissen stammend, als Forscher und akademischer Lehrer wirken kann.

---

[178] Vgl. Šubic, Ivan 1902: Josef Stefan. Aufzeichnungen und Ausschnitte aus dem Tagebuch, S. 63.

4 Josef STEFAN und eine Bildungsbeteiligung aus ländlicher Südkärntner Gesellschaft

Der Kärntner Student Josef Stefan der Fakultät für Philosophie, der Universität Wien wird durch die Professoren Franz Moth in der Mathematik und vor allem von August Kunzek in der Physik nachhaltig geprägt. Stefan lernt in den physikalischen und mathematischen Vorlesungen bei den Lehrenden Josef Petzval, Andreas Ettingshausen und Josef Grailich viel zu seinem Nutzen. Die große Bedeutung von Josef Petzval liegt in seinem umfangreichen Werk über die Mathematik. In dieser Monographie wird die „Integration der linearen Differentialgleichungen mit konstanten und veränderlichen Koeffizienten"[179] eingehend beschrieben. Eine gründliche experimentelle Forschung der physikalischen Tatsachen wird für die mathematische Formulierung wird für Stefan zu einer Grundvoraussetzung. Er führt am „Physikalischen Institut" der Universität Wien bereits als Student erfolgreich seine ersten Experimente durch. Josef Stefan beklagt die geringe Vermittlung mathematischer Kenntnisse und Fertigkeiten bei den Vorlesungen. In seinen Tagebuchaufzeichnungen des Jahresrückblicks 1857 klagt Stefan darüber. Der Kärntner Student erkennt, dass er seine mathematischen Erwartungen aus den Lehrveranstalten viel zu hoch angesetzt hat. Die wichtigen Lehrbücher der Professoren August Kunzek und Andreas Ettinshausen arbeitet er aneignend durch. Die enzyklopädischen Kenntnisse im Bereich der Mathematik und Physik haben in der ersten Hälfte des 19. Jahrhundert noch einen entsprechenden Stellenwert. Die wissenschaftlichen Disziplinen der Universität entwickeln sich im 19. Jahrhundert vornehmlich aus der Philosophie.

Josef Stefan links mit Josef Loschmidt und Ludwig Boltzmann rechts dargestellt, werden zu **Seelenfreunden** am Physikalischen Institut in Erdberg der Philosophischen Fakultät der Universität Wien.[180]

---

[179] Meister, Richard 1947: Geschichte der Akademie der Wissenschaften in Wien 1847-1947, S. 94.
[180] Fotoquelle: Österreichische Akademie der Wissenschaften 1950 (Hrsg.): Österreichische Naturforscher und Techniker, S. 47 u. 44.

Die fachliche Fragmentierung der wissenschaftlichen Disziplinen nimmt ständig bis in die Gegenwart zu.[181] Der eifrige Universitäts-Hörer Josef Stefan besucht auch verwandte Fächer der Physik, nämlich in der Chemie, der Anatomie und der Physiologie. Stefan formuliert die allgemeinen Gleichungen der schwingenden Bewegungen bereits als Student selbstständig. Den Zusammenhang der elektromagnetischen, der elektrostatischen und der elektrodynamischen Erscheinungen interessieren den Lehramtsstudenten der Mathematik und Physik besonders. Die Elektrizität und ihre Anwendung wird Stefan sein ganzes Berufsleben wissenschaftlich forschend begleiten. Während der Studienzeit schließt sich Stefan im Wien Kärntner Landsleuten an. Die Landsleute gründen einen Verein, wobei durch Vorträge eine gegenseitige Weiterbildung erfolgen soll. Stefan schildert kritisch die mangelnde Vermittlung von Mathematikkenntnissen in seinen Tagebuchaufzeichnungen über das Jahr 1857:

> „In der Mathematik bildeten Josef Petzvals Vorträge über Integration der linearen Differentialgleichungen das diese Rubrik ausfüllende. Bei dem Problem der Schwingungen kam ich auf eine neue Methode. Die initialen Bedingungen in das Integral der betreffenden Differentialgleichungen einzuführen, die schon im Sommer für die Publikation bestimmt, noch immer in den Händen Petzvals liegt, hätte ich schon damals den Muth gehabt vor die Akademie zu treten, so hätte ich es schon gedruckt in den Händen, so hab ich nicht einmal das Manuscript. [...] Die Vorträge Petzvals über analytische Mechanik seit Oktober bringen mir wenig Neues, mehr versprechen die Vorträge über Dioptrik".[182]

Josef Stefan bieten die zum Teil anspruchsvollen Mathematik- und Physiklehrbücher eine wichtige Anregung. Er wird dadurch auf verschiedene Physikprobleme selbstständig aufmerksam. Stefan beklagt in seinen Tagebuchaufzeichnungen, dass er das Physikalische

---

[181] Vgl. Cemelj, Leo 1956: Josip Stefan. Leben und Werk des großen Physikers, S. 7.
[182] Šubic, Ivan 1902: Josef Stefan. Aufzeichnungen und Fragmente des Tagebuches, S. 84.

Institut nur bedingt für eigene physikalische Experimente benützen darf. Die späteren Professoren Jesenko und Šubic der Universität Laibach sind an der Philosophischen Fakultät der Universität Wien Studenten des Physikers Stefan. Den beiden ehemaligen Hörern von Stefan kann verdankt werden, dass Fragmente des Tagebuches von Josef Stefan in slowenischer und deutscher Sprache an der Universitätsbibliothek Laibach aufliegen. In diesen Eintragungen bemängelt der strebsame Physikstudent Stefan, dass am Physikalischen Institut zu wenige Physikversuche selbstständig durchgeführt werden können.[183]

> „Im Jahre 1857 trat Stefan zum ersten Mal in der kaiserlichen Akademie der Wissenschaften mit einem Vortrag über die Absorption von Gasen auf. Dieses Referat war entscheidend für das spätere Schicksal von Stefan. Unter den Hörern befand sich nämlich der berühmte Physiologe Karl Ludwig, damals Professor der Joseph Akademie. [Kaiser Joseph II. gründet im Jahre 1785 die medicinisch-chirurgische Lehr- und Forschungsanstalt] Er trat zu Stefan und machte sich mit ihm bekannt. Als sich dieser beklagte, dass er keine Gelegenheit habe, selbstständig Versuche durchführen zu können.[184]

Der bekannte Physiologe Cal Ludwig lädt den jungen Stefan ein, im physiologischen Labor der Joseph Akademie mitzuarbeiten. Ludwig schätzt den jungen Mann bald sehr. Beide schreiben bald eine gemeinsame Abhandlung „Über den Druck, den das fließende Wasser senkrecht zu seiner Stromrichtung ausübt". Im Wintersemester 1857/58 kann Stefan bereits seine erste Vorlesung für „Pharmaceuten" an der Universität Wien abhalten.[185] Das Pharmaziestudium ist bis zum Ersten Weltkrieg an der Universität nur ein Kurzstudium mit einer Dauer von vier Semestern [186]

4.1 Student der Mathematik und Physik in Wien

Stefan immatrikuliert im Herbst 1853 an der Philosophischen Fakultät der Universität Wien das Lehramtsstudium für Mathematik und Physik. Durch die Universitätsreform wird die Philosophische Fakultät aufgewertet und den theologischen, medizinischen und juristischen Fakultäten gleichgestellt. Die Philosophische Fakultät hat vor allem das Lehramtsstudium für Mittelschulen durchzuführen. Stefan besucht Vorlesungen und Kollegien als Gruppenarbeiten

---

[183] Vgl. Stefan, Josef: Fragmente von Tagebuchaufzeichnungen in slowenischer und deutscher Sprache liegen an der Universitätsbibliothek Laibach auf.
[184] Šubic, Ivan 1902: Josef Stefan. Aufzeichnungen der Fragmente des Tagesbuch, S. 72f.
[185] Vgl. Obermayer, Albert von 1893: Zur Erinnerung an Josef Stefan; S. 6f.
[186] Vgl. Engelbrecht, Helmut 1896: Geschichte des österreichischen Bildungswesens. Band 4, S. 512.

bis zum Sommersemester 1858 an der Universität Wien. Der Lehramtsstudent der Mathematik und Physik besucht vier Semester das „Physikalische Institut" der Philosophischen Fakultät in Erdberg im III. Stadtbezirk Landstraße in Wien. Der Familienmensch und bekannte Physiker Christian Doppler 1803-1853 wird im Jahre 1850 von Kaiser Franz Joseph I. zum Gründungsdirektor des neuen Physikalischen Instituts ernannt. Das im Jahre 1849 entstehende Physikalische Institut ist eine Folge der immer wichtiger werdenden Realbildung an den Mittelschulen nach der aufgeklärten Revolution. In der zweiten Hälfte des 19. Jahrhundert wächst die Hauptstadt der Habsburgermonarchie Wien beträchtlich. Die Universität Wien nimmt in der Wissenschaft zunehmend einen Spitzenplatz ein und positioniert sich als Zentraluniversität der Habsburgermonarchie. Der Physiker Christian Doppler wird der erste Professor für die praktische Experimentalphysik. Die angewandte Grundlagenforschung wird in der zweiten Hälfte des 19. Jahrhundert immer wichtiger. Stefan erweist sich bei der selbstständigen Ausführung der Versuche am Physikalischen Institut, als ein sehr geschickter Forscher. Durch einen krankheitsbedingten frühen Tod des schwächlichen Christian Dopplers im Jahre 1853 wird der Experimentalphysiker Andreas von Ettingshausen Direktor des „Physikalischen Instituts" in Erdberg. Josef Stefan folgt mit 31 Jahren im Jahre 1866 Andreas Ettingshausen als Direktor. Stefan wird bereits drei Jahre vorher 1863 Direktor-Stellvertreter des kränkelnden Andreas Ettingshausen, wobei dieser aus Altergründen im Jahre 1866 in den Ruhestand tritt.

Andreas Ettingshausen wird bald auf den jungen Studenten aus Kärnten aufmerksam. Er verliert diesen emsigen und interessierten Josef Stefan nicht mehr aus den Augen.[187] Die mathematischen Anwendungen in der analytischen Mechanik und in der Geometrie bereiten den jungen Stefan aufgrund der eher geringen Vorkenntnisse aus dem „humanistischen" Gymnasium besondere Schwierigkeiten. Die Schwingungsgleichungen werden von Stefan allerdings mühelos gelöst. Die magnetischen Kräfte in der Elektrizität und die Beziehungsstruktur zwischen den elektrischen, elektromagnetischen und elektrodynamischen Erscheinungen werden in der Zukunft für den Physik-Gelehrten Stefan besonders bedeutungsvoll.[188]

---

[187] Bittner, Lotte 1949: Geschichte des Studienfaches Physik an der Universität Wien, unveröffentlichte Dissertation Universität Wien, S. 111.
[188] Vgl. Cermelj, Leo 1956: Josip Stefan. Leben und Werk des großen Physikers, S. 8f.

4.1.1 Erste physikalische Abhandlungen

Josef Stefan hält im Oktober 1857 den Vortrag über die „Absorption der Gase" in einer Sitzung der mathematisch-naturwissenschaftlichen „Classe" der Akademie der Wissenschaften in Wien. Bei diesem Referat ist der bereits bedeutende Physiologe Carl Ludwig anwesend. Ludwig wird auf den eifrigen 22-jährigen Kärntner Studenten aufmerksam. Der bekannte Physiologe Carl Ludwig arbeitet an der k. k. Josephs-Akademie, einer medizinisch-chirurgischen Lehranstalt. Carl Ludwig ist zugleich auch ein wirkliches Mitglied der Akademie der Wissenschaften. Die Akademie wird zunehmend zu einer universalen Forschungsstätte ausgebaut.

> „Carl Ludwig suchte Josef Stefan nach der Sitzung auf, erkundigte sich um die näheren Verhältnisse des jungen Mannes und machte ihm den Antrag, im physiologischen Laboratorium der Josephs-Akademie zu arbeiten, da Stefan über einen Mangel an Gelegenheit zu experimentellen Untersuchungen klagte".[189]

Josef Stefan legt im Jahre 1857 die Lehramtsprüfung für Mathematik und Physik an Mittelschulen ab. Er kann dadurch im Wintersemester 1857/58 bereits zwei Vorlesungen an der Universität abhalten. An der Philosophischen Fakultät hält Stefan eine Lehrveranstaltung in mathematischer Physik und eine weitere in Hydromechanik ab. Josef Stefan schreibt sich im Wintersemester 1857/58 in das Astronomie-Studium ein. Er erwartet sich von der Astronomie leichter eine Anstellung an der Universität, als mit der reinen Physik. Die Lehrinhalte der astronomischen Disziplin kommen allerdings bei Stefan nicht besonders gut an. Er kehrt gänzlich überzeugt zur „reinen" Physik zurück, die er am meisten schätzt.[190]

> „Ein anderer neu in den Kreis meiner Studien eintretender Theil ist die Astronomie. Zu ihr wegen Broterwerb gewiesen, machte ich schon im Sommer den Anlauf, konnte aber erst im Oktober beginnen. Zug verspürte ich keinen, aber Noth bricht Eisen, und vielleicht zu alle dem doch noch umsonst".[191]

Die schon erwähnte Studentenvereinigung „Mormonia" ermöglicht Stefan von ähnlich interessierten Kollegen viele persönliche Anregungen für seine weiteren wissenschaftlichen Vorstellungen zu bekommen. Stefan schreibt Aufsätze über die junge aufstrebende Disziplin des elektrischen Stromes. Er beschäftigt sich mit der Elektrizität, der Lichtgeschwindigkeit und so mancher damit verbunden mathematischen Problemstellung. Der Zusammenhang zwischen Licht und Wärme erfolgt durch Reibung der sich bewegenden Elektronen. Die

---

[189] Obermayer, Alber von 1893: Zur Erinnerung an Josef Stefan, S. 6.
[190] Vgl. Stefan, Josef 1902: Aufzeichnungen, S. 84.
[191] Šubic, Ivan 1902: Josef Stefan. Aufzeichnungen und Fragmente des Tagebuches, S. 84.

Beschäftigung Stefans mit der Integral- und Differentialrechnung führt bei Schwingungen elastischer Stäbe zu einer neuen Berechnungsmethode. Der Mathematiker Professor Josef Petzval ist bei der Durchsicht seiner ersten Arbeit säumig. Diese wissenschaftliche Abhandlung über das Integral und den betreffenden Differentialgleichungen kann daher erst 1858 veröffentlicht werden.[192]

Die wissenschaftliche Arbeit über die „Allgemeinen Gleichungen für oszillatorische Bewegungen" erscheint dafür bereits im Jahre 1857. In den Poggendorfer Annalen für Physik und Chemie wird diese Abhandlung als Stefans erste publizierte wissenschaftliche Arbeit eingehen.[193] Die Annalen sind eine physikalische Fachzeitschrift, die seit 1799 bis heute unter verschiedenen Namen herausgegeben wird. Der deutsche Physiker Johann Christian Poggendorf gibt die Bände 77 bis 236 in der Zeit von 1824 bis 1876 heraus. In dieser wichtigen wissenschaftlichen Fachzeitschrift werden auch bahnbrechende Erkenntnisse veröffentlicht. Der deutsche Physiktheoretiker Max Planck 1858-1947 veröffentlicht in dieser Zeitschrift viele Erkenntnisse zur Quantentheorie. Der Physiktheoretiker Albert Einstein 1879-1955 veröffentlicht in diesen Annalen die Spezielle Relativitätstheorie 1905 und später auch die Allgemeine Relativitätstheorie. Die Allgemeine Relativitätstheorie trägt Einstein im Jahre 1915 der Preußischen Akademie der Wissenschaften vor. Durch die Erkenntnisse der Gelehrten Planck und Einstein wird das physikalische Weltbild immens verändert. Die moderne Physik im 20. Jahrhundert wird durch diese beiden Wissenschaftler entscheidend mitgeprägt.

4.1.2 Musisch-literarische slowenische Tätigkeiten als Student

Die slowenischen Publikationen des jungen Josef Stefan beinhalten auch populärwissenschaftliche philosophische und geschichtliche Themen. Stefan besucht Vorlesungen auch beim bekannten Slowenen Franz Miklosic. Dieser Wissenschaftler wirkt als ordentlicher Professor für Slawistik an der Philosophischen Fakultät der Universität Wien. Die literarische Tätigkeit Stefans dauert von 1849 bis 1858, da die Literatur letzten Endes nicht sein Berufsziel wird. Im Jahre 1855 äußert sich Stefan in seinen fragmentarischen Tagebuchaufzeichnungen, dass für ihn die Wissenschaft das eigentliche Berufs- und Lebensziel ist. Stefan ist allerdings als Student in Wien noch einige Jahre in der Literatur und auch in slowenischer Sprache tätig.

---

[192] Vgl. Stefan, Josef 1902: Aufzeichnungen, S. 83.
[193] Vgl. Stefan, Josef 1857: Allgemeine Gleichungen für die oszillierenden Bewegungen, S. 365-367.

> „Er war bereits Ende 1858 als Privatdozent für mathematische Physik an der Universität tätig. Es gab sicher noch andere Gründe privater Natur, welche ihm dazu bewog. In dieser Zeit ändert sich der ganze Charakter, denn aus dem fröhlichen jungen Mann wurde ein ernster, wortkarger Gelehrter, welchem man ansah, dass er in sich einen tiefen Schmerz barg. Er lebte von da an nur mehr für die Physik und hatte keinen Umgang mit anderen Menschen, als mit seinen Mitarbeitern und Studenten. Die Natural-Wohnung welche er im Institut inne hatte verließ er zeitweise erst nach einigen Monaten. Dies verändert sich plötzlich, als er Ende 1891 eine Lebensgefährtin fand. Von da an war er wieder stets bei guter Laune, scherzte und unterhielt sich wieder mit der Umgebung".[194]

Stefan habilitiert sich 1858 zum Privatdozenten für mathematische Physik an der Universität Wien. Dieser stellt schlagartig seine literarischen, populärwissenschaftlichen und slowenisch sprachigen Veröffentlichungen ein. Stefan strebt nun zielgerichtet die Tätigkeit eines forschenden Wissenschaftlers und akademischen Lehrers an der Universität an. Es soll noch einige Jahre dauern bis Stefan zum ordentlichen Universitätsprofessor 1863 berufen und zum Direktor des Physikalischen Instituts 1866 ernannt wird. Der plötzliche Tod mit 57 Jahren reißt diesen großartigen Menschen und Physiker aus seinem kurzen Eheglück. Das Lebensglück hat Stefan lange gesucht, wobei dieses nur ein gutes Jahr dauert.

Stefan veröffentlicht schöngeistige Literatur in slowenischen Zeitschriften, in gebundener Lyrik und freier Prosa. Stefans slowenische Gedichte zeigen seine innige Liebe zu seiner Kärntner Heimat auf. Die Liebe zu Kärnten kann aus den langen Ferienaufenthalten Stefans herausgelesen werden. Er schreibt in seinem Tagebuchfragment über dieses Thema:

> „Zu Hause war es sehr schön, denn Kärnten ist mein Augapfel. Zwei Monate sind so rasch wie noch nie in Gesang und Liebe vergangen. Ich war zu Hause sehr fröhlich. Die Eltern hatten mit mir eine große Freude, da ich, wie sie sagten, so bescheiden, einfacher und guter Laune war. Ich kehrte mit schweren Herzen nach Wien zurück, wo ich in meiner Einsamkeit Gesang und Freude werde vergessen müssen".[195]

Der Student Josef Stefan wird Chorleiter beim slowenischen Chor in Wien. Dadurch versucht Stefan der Einsamkeit als Student in der Großstadt entfliehen. Er trifft gleichgesinnte Kollegen bei der Studentenvereinigung „Mormonia". Der Kärntner besucht slowenische Vorlesungen beim Professor Franz Miklosic, der ein Slawist an der Universität Wien ist. Stefan setzt als Hörer an der Universität Wien die literarischen Tätigkeiten der Kärntner Gymnasialzeit fort. Er veröffentlicht in Prosa und in Lyrik bei slowenischen Literaturzeitschriften. Diese

---

[194] Cermelj, Leo 1956: Josip Stefan. Leben und Werk des grossen Physikers, S. 12f.
[195] Cermelj, Leo 1956: Josip Stefan. Leben und Werk des grossen Physikers, S. 11.

werden in der Literaturzeitschrift Vedež, Slovenska Bčela, Novice, Šloski prijatelj und in der Slovenski Glasnik publiziert.[196]

„War überhaupt allen lustigen Leuten hold gegenüber der früheren Kopfhängerei und fast selbst Überschätzung. [...] Bin auch allen recht dankbar für jede frohe Stunde und für die Zuvorkommenheit, mit der sie gegen mir verfuhren".[197]

Die lyrische Literatur Stefans hat national-patriotische, gesellschaftskritische, reflexive und satirische Themen zum Inhalt. Er setzt sich in seiner Lyrik kritisch mit der Gegenwart auseinander. In den Stimmungs- und Liebesgedichten entsteht ein tiefes Gefühl für die Natur, nach Berg und Tal. Die Sehnsucht nach einem persönlichen stillen Familienglück wird in seiner Literatur deutlich. Im Jahre 1854 mit 19 Jahren gibt es für Stefan einen dichterischen Höhepunkt. Josef Stefan bringt den lyrischen Zyklus „Gedichte aus Wien" heraus. Dieser Gedichte-Zyklus beginnt mit verspielter Liebeslyrik, dann folgen Reflexionen über die nationale Entfremdung und die slawische Uneinigkeit. Diese Gedichte enden mit der Sehnsucht nach heimischer und bäuerlicher Idylle. Auch ein Wunsch nach einer menschlichen Nähe kann herausgelesen werden.[198] Stefan wächst in der frühen Kindheit in der ersten Hälfte des 19. Jahrhundert in ländlich-bäuerlicher Umgebung des Dorfes St. Peter östlich von Klagenfurt auf. Diese ländliche Idylle hat bei Stefan einen tiefen und bleibenden Eindruck hinterlassen. Die menschliche Nähe der Eltern in Klagenfurt, vermisst Stefan als Student der Naturwissenschaften und Mathematik zunehmend an der Universität Wien.

Die meisten Veröffentlichungen Stefans durch Artikeln sind zur dieser Zeit populärwissenschaftlich. Er beschäftigt sich mit Geschichte, Philosophie, Literatur und natürlich auch mit der Natur. Der Aufsatz über die Wälder aus dem Jahre 1854 zeigt bei Stefan bereits moderne ökologische Aspekte. In der Publikation „über die heimische Literatur" im Jahre 1855, beschäftigt sich er in Erzählungen mit heimatlichen Themen. Dieses literarische Konzept wird später auch von anderen Autoren verfolgt. Stefan schlägt eine Neuauflage der Poesien, das Hauptwerk von France Prešeren 1800-1849 vor. Im Vorwort dieser Veröffentlichung soll Leben und Werk dieses slowenischen Nationaldichters vorgestellt und gewürdigt werden.[199]

---

[196] Vgl. Stefan, Josef 1902: Aufzeichnungen, S. 82f.
[197] Ebenda, S. 83.
[198] Vgl. Sitar, Sandi 1993: Jozef Stefan- pesnik in fizik, S. 156.
[199] Ebenda, S. 157.

Im Jahre 1857 verfasst Stefan einen Artikel über die „Land- und Forstwirtschaftliche" Ausstellung in Wien. Dieser Beitrag wird als erste deutsche Arbeit von Stefan in der Klagenfurter Zeitung veröffentlicht. Die Erinnerungen an eine karge Kindheit werden bei dieser Ausstellung wachgerufen. Das besondere Interesse gilt dem Nahrungsmittel Bohnen und er beschreibt diese besonders genau, da diese Erinnerungen an seine Kindheit wachrufen.[200] Stefan schreibt seinen letzten slowenischen Beitrag über naturwissenschaftlich-physikalische Untersuchungen „Naturoznanske poskušnje" am Ende seines Studiums nach der Habilitation im Jahre 1859. Dieser Artikel lässt tief in die Naturphilosophie Josef Stefans blicken. Diese naturphilosophische Beschreibung bleibt ein Fragment, da Stefan in der Zukunft sich von populärwissenschaftlichen Abhandlungen verabschiedet. Stefan wird nur mehr als physikalisch-wissenschaftlicher Gelehrter mit ernst zu nehmenden Publikationen mit der Öffentlichkeit in Kommunikation treten.[201] Die literarische Tätigkeit endet unmittelbar nach seinem Studienabschluss schlagartig. Er widmet sich nur mehr seiner naturwissenschaftlichen Arbeit als forschender Physiker und lehrender Professor. Warum geschieht dies so plötzlich, wobei dies folgende Vermutungen zulässt:

> „zum einen hatte er sich bereits für die wissenschaftliche Arbeit entschieden, zum anderen muss noch ein anderer, besonderer Grund ausschlaggebend gewesen sein. Möglicherweise war er durch den scharfen Ton seiner Kritiker verletzt worden und wollte sich nicht neuerlich Angriffen aussetzen".[202]

Stefan vollendet bereits mit 23 Jahren sein mathematisch-naturwissenschaftliches Studium. Er habilitiert sich zum Privatdozenten mit Lehrbefugnis für die mathematische Physik an der Philosophischen Fakultät der Universität Wien. Die damaligen slowenischen Zeitschriften bringen seine Gedichte und populärwissenschaftlichen Abhandlungen. Die Slowenen ehren diesen berühmten Kärntner und Wiener Physiker. Zur Ehre Josef Stefans wird das neue physikalische Institut der Akademie der Wissenschaften in Laibach „Josef Stefan Institut" benannt. Nach dem Abschluss seines Studiums zieht Stefan immer mehr die Physik an. Der Blick von Stefan für die Wirklichkeit wird bei ihm immer schärfer. Er kommt zur Überzeugung, dass auf dem Gebiet der Literatur nicht diese Erfolge erreichen wird können, wie dies in der aufstrebenden Physik möglich ist. Im Jahre 1859 entscheidet sich Stefan endgültig für die Physik als Berufs- und Lebensweg.[203]

---

[200] Vgl. Stefan, Josef 1902: Aufzeichnungen, S. 83.
[201] Vgl. Sitar, Sandi 1993: Jozef Stefan – pesnik in fizik; S. 157.
[202] Ebenda, S. 158.
[203] Vgl.Boncelj, Josef 1958: Josef Stefan und seine Tätigkeit auf dem Gebiete der Elektrotechnik, S. 674.

4.1.3 Habilitation in mathematischer Physik

Die Mittelschul-Lehrer werden nach der aufgeklärten bürgerlich-liberalen Revolution an der Philosophischen Fakultät ausgebildet. Die Lehrbefähigung für die wissenschaftlichen Pflichtgegenstände und wichtigeren Freifächer werden durch Staatsprüfungen nachgewiesen. Die Lehramtsprüfungs-Kommission wird „top down" vom Ministerium für „Cultus und Unterricht" eingesetzt. Diese Kommission wird an der Universität Wien bereits im Jahre 1850 installiert. Mit einer Leichtigkeit absolviert Stefan auch die Rigorosen und die Habilitation. Er erhält ein Leistungsstipendium von 120 Gulden.[204] und kann dadurch die Kärntner Eltern finanziell etwas entlasten:

> „[…] ich konnte dadurch die enormen Anstrengungen meiner guten, überguten Eltern in etwas verringern, ein Umstand für die innere Harmonie meines Seins von größter Bedeutung".[205]

Für die nach der liberalen Revolution aufgewertete „Philosophische Fakultät" ist die Einführung eines „wissenschaftlichen" Doktoratsstudiums besonders bedeutungsvoll. Alle vier Fakultäten bewegen sich nunmehr auf gleicher Bildungshöhe. Die Reformvorschläge zu einer neuen Rigorosums Ordnung gibt es bereits im Revolutionsjahr 1848. Die alten Vorschriften aus der Zeit Joseph II. treten trotzdem vorerst wieder in Kraft.[206]

> „So kam es, daß die nunmehr in einem wissenschaftlichen Fachgebiet ausgebildeten Studierenden dieser Fakultät weiterhin nach der Verordnung Joseph II. vom 3. November 1786 'drey ordentliche Rigorosa' ablegen mußten, die in der Art der 'Maturitätsprüfung' verblieben und bloß ein kompendienhaft eingelerntes allgemeines Wissen verlangten. Erst 1872 wurde ein entscheidender Schritt vorwärts getan, um diese Prüfungen 'von den Forderungen einer allgemeinen, vielseitigen und encyclopädischen Bildung zu befreien, welche in den meisten Fällen von der Oberflächlichkeit untrennbar bleibt".[207]

Die neue Rigorosum Ordnung verlangt eine „wissenschaftliche Abhandlung" in Form einer „Dissertation" und zwei strengen mündlichen Prüfungen. Eine Prüfung entspricht dem Thema der schriftlichen Arbeit und das zweite kann vom Kandidaten selbst gewählt werden. Stefan legt seine Rigorosen in den Jahren 1857 und 1858 ab. In dieser Zeit gilt noch die Verordnung mit drei Teilrigorosen. Eine schriftliche Abhandlung braucht vom Doktoranden noch nicht verfasst werden. Bei Stefan erfolgt das Fachrigorosum aus Mathematik und Physik. Dieses

---

[204] Vgl. Bittner, Lotte 1949: Geschichte des Studienfaches Physik an der Universität Wien, S. 111.
[205] Stefan, Josef 1902: Aufzeichnungen, S. 82.
[206] Vgl. Meister, Richard 1958: Geschichte des Doktorat der Philosophie an der Universität Wien, S. 45-48.
[207] Ebenda, S. 47f.

Rigorosum wird beim Mathematiker Franz Moth, beim Physiker August Kunzek und dem Astronomen Karl Littrow mit Auszeichnung abgelegt.[208] Josef Stefan legt am 4. Februar 1858 das zweite vorgeschriebene Rigorosum aus Philosophie und am 10. Juni das dritte aus Allgemeiner und Österreichischer Geschichte ab. Die Promotion zum Doktor der Philosophie findet am 18. Juni 1858 an der Universität Wien statt.[209]

Die provisorische Habilitationsordnung aus dem Revolutionsjahr 1848 wird im Jahre 1888 mit einer endgültigen und neuen Struktur versehen. Das Habilitationsverfahren beinhaltet nunmehr definitiv „ eine Habilitationsschrift, ein Kolloquium und eine Probevorlesung.

> „Die Probevorlesung bezieht sich auf die Theorie der Elasticität und die ersten Vorlesungen waren gewidmet: Der Einleitung in die mathematische Physik und der analytischen Hydromechanik. Eine Frucht seiner Beschäftigung mit der Elasticitätstheorie war eine Abhandlung: Über die Transversalschwingungen eines elastisches Stabes".[210]

Josef Stefan kann seine wissenschaftliche Arbeit unter dem Titel „Über die Transversalschwingungen eines elastischen Stabes" wegen Säumigkeit bei der Begutachtung seines Lehrers Petzval erst am 24. Juni 1858 veröffentlichen. Stefan wird durch die am 3. August 1858 beschlossene Habilitation zum „Privatdocenten" für die mathematische Physik der Universität Wien.[211] Diese wird am 18. September vom Ministerium des Cultus und Unterrichtes bestätigt.[212]

4.2 Realschule eine protestantische Bildungsidee

Der Pietismus wird zu einer Reformbewegung innerhalb der Protestanten. Die Reformbewegung des Pietismus gewinnt in der ersten Hälfte des 18. Jahrhunderts auch in der Pädagogik zunehmend einen wegweisenden Einfluss. Der Pietismus prägt in der Arbeits- und Berufswelt einen ethischen Leistungsbegriff. Das Lernen von „nützlichen Dingen", wie den Realien, gewinnt immer mehr an Bedeutung. Der zunehmend entstehende **Realschul-Gedanke** muss unbedingt mit der christlich-protestantischen Reformbewegung des Pietismus in Verbindung gebracht werden.[213]

---

[208] Vgl. Prüfungsprotokoll Josef Stefans aus dem Archiv der Universität Wien.
[209] Vgl. Bittner, Lotte 1949: Geschichte des Studienfaches Physik an der Universität Wien, unveröffentlichte Dissertation an der Universität Wien, S. 112.
[210] Obermayer, Albert 1893: Zur Erinnerung an Josef Stefan, S. 9.
[211] Stefan, Josef 1858: Über die Transversalschwingungen eines elastischen Stabes, WB 32/33, S. 207-241.
[212] Österreichisches Staatsarchiv - Abteilung: Allgemeines Verwaltungsarchiv, Finanz- und Hofkammerarchiv
[213] Vgl. Böhm, Winfried 2005: Wörterbuch der Pädagogik, S. 499.

4.2.1 Comenius und ein pädagogischer Realismus

Bei Johann Amos Comenius 1592-1670 kommt eine Erkenntnis über die **Dinge** durch die **Beobachtung** des Auges und des Lichtes zustande. Der theologische Hintergrund der realistischen Pädagogik, vermittelt durch Comenius, ist entsprechend der Zeit, im 17. Jahrhundert, wichtig. Der Christ Comenius versucht, das Gotteswerk der Schöpfung zu verstehen und ist bestrebt, an einer Verbesserung des Gotteswerks mitzuwirken. Der Lehrer soll alles vor die Sinne stellen, nämlich das Sichtbare vor das Gesicht, das Hörbare vor das Gehör, die Gerüche vor den Geruchsinn, das Schmeckbare vor den Geschmacksinn und das Berühr bare vor den Tastsinn. Erfassen mehrere Sinne etwas gleichzeitig, muss dieses mehreren Sinnen gleichzeitig vorgeführt werden.[214] Für Johann Amos Comenius gibt es dazu **drei** wichtige Gründe:

> „**Erstens:** Der Anfang der Erkenntnis muß jederzeit von den Sinnen ausgehen, denn es gibt nichts im Verstande, was nicht vorher vor dem Sinne dagewesen wäre; warum sollte also auch der Anfang der Unterweisung anstatt mit der Auseinandersetzung in Worten nicht lieber mit der Anschauung in Worten gemacht werden? [...]. **Zweitens:** Die Wahrheit und die Sicherheit der Wissenschaft hängt von nichts anderem so ab, als von dem Zeugnisse der Sinne, denn die Dinge prägen sich vor allem und unmittelbar den Sinnen ein und dann erst durch die Vermittlung der Sinne dem Verstande. [...]. **Drittens:** Und weil die Sinne die treuesten Sachwalter des Gedächtnisses sind, so muss diese Veranschaulichung der Dinge bewirken, daß jeder das, was er weiß, auch behält".[215]

Der **gottgefällige**, neuzeitliche Pädagoge und Didaktiker Comenius befindet sich in seinen Gedanken bereits auf dem Weg in die bevorstehende Aufklärung. Bei Comenius beginnt das Menschsein mit der Erziehung. Die Natur des Menschen wird durch die Sozialisation kulturell überformt.[216] Die Geburt der neuzeitlichen **Subjektivitäts-Pädagogik** kann aus den Werken von Comenius herausgelesen werden. Der heranwachsende Mensch wird zunehmend in den Mittelpunkt einer kritisch-pädagogischen Reflexion gestellt. Die frühe Aufklärung im 17. Jahrhundert bringt ein pädagogisches Umdenken hervor. Das pädagogische Denken von Comenius ist bereits auf **Brauchbarkeit** ausgelegt. Amos Comenius wird ein wichtiger Vertreter des Unterrichts in der Muttersprache. Die Realien sollen in den Unterricht einbezogen werden. Das **Tätigkeitsprinzip**, wie eine **Bildung für alle,** ist anzustreben. In der Schule

---

[214] Vgl. Comenius, Johann Amos 1659/2007: Große Didaktik, S. 135 f.
[215] Comenius, Johann Amos 1659/2007: Große Didaktik, S. 137.
[216] Vgl. Gudjons, Herbert 2006: Pädagogisches Grundwissen, S. 78.

sollte vornehmlich für das Leben gelernt werden.[217] Der Mensch soll zum **Menschen** gebildet werden. Amos Comenius beschreibt dies in seiner Unterrichtslehre, der **Großen** Didaktik:

> „Daß die Bildung für **alle** nötig ist, ergibt sich aus der Betrachtung der verschiedenen Beschaffenheit` der Menschen. Denn daß sie den **Unfähigen** notwendig sei zur Bekämpfung ihres natürlichen Stumpfsinnes, wer wollte das bezweifeln? Aber die **Talentvollen** bedürfen der Bildung noch viel mehr, weil ihr aufgeweckter Geist sich mit unnützen, absonderlichen und gefährlichen Dingen befassen wird, wenn es sich nicht mit **nützlichen** Dingen beschäftigt".[218]

Johann Amos Comenius will die **Schwächen** und die **Stärken** eines heranwachsenden Menschen fördern. Der revolutionär anmutende Gedanke einer **Bildung für alle** sollte durch eine **öffentliche Muttersprachschule** ermöglicht werden. Die Kinder beider Geschlechter sollen in diesen Schulen **gemeinschaftlich** unterrichtet werden. Die Bildung eines Menschen soll nach Vorstellungen von Comenius bereits in der frühen Kindheit sozial erfolgen,

> „so müßte dennoch die Bildung frühzeitig beginnen, weil das Leben nicht mit Lernen, sondern mit Handeln zugebracht werden soll. Frühzeitig müsse daher dem Menschen, der sein Leben lang viel kennenzulernen, zu erproben und auszuführen hat, die Sinne für die Betrachtung der Dinge geöffnet werden. [...]. Und wenn es auch nicht an Eltern fehlte, die sich dem Unterricht der Ihrigen widmen könnten, so ist es doch besser, die Jugend in größerer Vereinigung zu unterweisen. [...]. Warum sollen da nicht Schulen das Licht der Weisheit hervorbringen, reinigen, vervielfältigen und es dem ganzen Körper der menschlichen Gemeinde mitteilen?"[219]

Die Lehrer sollen diese **öffentliche** Aufgabe erfüllen. Der Unterricht wird an der **Muttersprachschule** entsprechend dem Entwicklungsstand der Schüler **alles** beinhalten. Die gesamten Bildungsstoffe der Wissenschaften und der Künste, wie jene der Physik und der Astronomie, der Arithmetik und der Geometrie, das Bauwesen und die Architektur, der Bergbau und die Mechanik, der Ackerbau und die Forstwirtschaft sollen im Unterricht **kindgerecht** angesprochen werden. Die Muttersprachschulen sollen zu menschlichen Werkstätten werden. Die **Muttersprache** erhält bei den Protestanten einen **öffentlichen Stellenwert**. Bei Comenius stehen die **Anschaulichkeit,** mittels der Sinne vollbracht, und die **Selbsttätigkeit** im Zentrum des Lehr- und Lernprozesses.[220]

---

[217] Vgl. Schaller, Klaus 1962: Die Pädagogik des Johann Comenius und die Anfänge des pädagogischen Realismus im 17. Jahrhundert, S. 13 f.
[218] Comenius, Johann Amos 1632/1657: Didactica magna oder Große Unterrichtslehre, S. 99, 102 f.
[219] Comenius, Amos Johann 2007: Große Didaktik, S. 192.
[220] Vgl. Schaller, Klaus 2003: Johann Amos Comenius 1592-1670, S. 51.

Die Schulen des 17. Jahrhunderts müssen **reformiert** werden. Bei Johann Amos Comenius hat das Ordnungsprinzip der Natur den Vorrang. Die zyklischen Abläufe der Natur sollten eine Triebfeder des menschlichen Handelns sein. Der Zyklus des Naturablaufes zur **Vervollkommnung** des **ganzen** Menschen beträgt bei Comenius 24 Jahre. Der Bildungsprozess soll bei der Stoffvermittlung vom **Leichten** zum **Schweren** und vom **Allgemeinen** zum **Besonderen** erfolgen. Amos Comenius wird zum Vordenker eines **altersmäßig gestuften** Schul- und Bildungssystems. Der **Massenunterricht** mit bis zu 100 Schülern in einer Klasse wird auch zur Geburtsstunde eines **lehrerzentrierten** Frontal-Unterrichts. Das System eines altersgleichen Klassensystems ist bei Comenius gegeben.[221] Comenius schlägt entsprechend dem Entwicklungs- und Bildungsstand der heranwachsenden Menschen **vier** jeweils **6-jährige** Bildungsstufen vor. Diese vier Bildungs- und Schulstufen entsprechen dem Kreislauf der Natur mit den Jahreszeiten. Der Frühling entspricht der 1. Bildungsebene einer **Mutterschule,** die von der Geburt bis zum 6. Lebensjahr dauert. Die **Muttersprachschule** ist eine **öffentliche** Volks- und Grundschule, welche von 6. bis zum 12. Lebensjahr besucht wird. Die Muttersprache hat die Aufgabe, **alles Lebensnützliche** zu lehren und zu lernen.[222]

Die meisten Absolventen der 2. Bildungsebene einer 6-jährigen **Muttersprachschule** wenden sich dem praktischen Leben, wie dem **Ackerbau**, dem **Handwerk** oder dem **Handel,** zu. Die noch übrig bleibenden, schulischen Zöglinge können eine **Lateinschule** besuchen. Die Abgänger der Lateinschule wenden sich oft der Wissenschaft an den **Universitäten** und **Akademien** zu. Die 4. Bildungsebene entspricht nach Comenius einer **Hochschule**, einem quasi Gelehrtenkolloquium und einer **Lebens-Werkstätte**. Die Akademie bietet das gehobene Bildungsprinzip des **lebenslangen Lernens an.** Dies soll durch die Akademie verwirklicht werden. Das **Bildungsmodell** einer **öffentlichen Muttersprachschule** entspricht zunehmend dem Bildungsdenken des 17. Jahrhunderts. Comenius vermittelt in dieser öffentlichen Schulstufe neben der allgemeinen auch eine anschauliche Realbildung. Eine gemeinsame und gemeinschaftliche Grund- und Volksbildung in einer **öffentlichen** Volksschule **aller Kinder** wird bei Johann Amos Comenius erkennbar. Beim Pädagogen Comenius gibt es bereits eine **gemeinschaftliche Ganztagsschule** mit unterrichtsfreien Pausen. Die 6-jährige, öffentliche Muttersprachschule von Comenius lässt die in der **Aufklärung** aufkommende Pflichtschule

---

[221] Vgl. Gudjons, Herbert 2003: Pädagogisches Grundwissen, S. 79.
[222] Vgl. Comenius, Johann Amos 1659/1954/2007: Große Didaktik, S. 203 f.

zur **Volksbildung** für **alle** Menschen erkennen.[223] Das wichtige und wegweisende pädagogische Werk von Comenius ist die **Große Didaktik**. Diese große Unterrichtslehre von Comenius bezieht sich in **einigen** der **33 Kapitel** auf eine Verbesserung der Volksbildung und des Bildungs- und Schulsystems:

6: Wenn der Mensch zum Menschen werden soll, so hat er Bildung nötig.

7: Die Bildung des Menschen geschieht am besten in der **frühesten** Jugend, und sie kann nur dann vor sich gehen.

8: Die Jugend muss in Gemeinschaft gebildet werden, und dazu bedarf es der Schulen.

9: Die gesamte Jugend beiderlei Geschlechts muss den Schulen anvertraut werden.

10: Der Unterricht in den Schulen muss umfassend sein.

11: An Schulen, die ihrem Zweck vollständig entsprochen hätten, hat es bisher gefehlt.

12: Die Schulen können verbessert werden.

13: Die Grundlage der Schulverbesserung ist die sorgfältige Ordnung in allem.

27: Über die nach den Stufen der Fortschritte vierfach geteilte Schulwerkstätte.

28: Plan der Mutterschule.

29: Plan der Muttersprachschule.

30: Grundriss der Lateinschule.

31: Von der Akademie.[224]

Bei Johann Amos Comenius findet die **öffentliche** Muttersprachschule zwischen dem 6. und 12. Lebensjahr statt. Die **Allgemeine Schulordnung** 1774 der Kaiserin Maria Theresia wird am 6. Dezember unterschrieben. Diese Schulordnung entsteht durch die Beratung von Johann Ignaz Felbiger, einem **katholischen Aufklärungspädagogen** aus Preußen. Diese Schulordnung sieht in der Habsburgermonarchie eine 6-jährige Schul- und Unterrichtspflicht vom 6. bis zum 12. Lebensjahr vor.[225] Comenius sieht in einem 4-stufigen Bildungsmodell mit einer Mutterschule, einer Muttersprachschule, einer Lateinschule und einer Akademie sowie der

---

[223] Vgl. Gudjons, Herbert 2003: Pädagogisches Grundwissen, S. 78 f.
[224] Vgl. Comenius, Johann Amos 1632: Didactica magna oder Große Unterrichtslehre. Hrsg. W. Altemöller 1918.
[225] Vgl. Krömer, Ulrich 1966: Johann Ignaz Felbiger. Leben und Werk, S. 128 f.

Universität als Hochschule eigentlich noch **keine berufsbildenden Schulen** vor. Die berufsbildenden Elemente sind allerdings in der öffentlichen Muttersprachschule vorgesehen.

Von links nach rechts: **Johann Amos Comenius** 1592-1670 wird zu einem Vordenker der **Realbildung** und der muttersprachlichen Volksbildung. **Erhard Weigel** 1625-1699 vertritt pädagogisch eine **reale** Bildungsidee. **August-Hermann-Francke** 1663-1727 hat **vielfältige** Bildungsanstalten in Halle an der Saale verwirklicht: Eine Armenschule, eine Bürgerschule bzw. Realschule für die Bürger, ein Waisenhaus, ein Pädagogium für den Adel, eine Lateinschule für zukünftige Gelehrte, eine Erziehungsanstalt für Mädchen aus höheren Ständen und Lehrerseminare für **deutsche** und **höhere** Schulen. **Julius Hecker** 1707-1787 wird vom großen Pädagogen Francke beeinflusst, wobei dieser auch Lehrer an diesen vielfältigen Bildungsanstalten ist. Dies kann als Prinzip einer vielfältigen **Gesamtschule** gesehen werden.

4.2.2 Pietismus und die Realschule

Der Jenaer „Hofmatematicus", Mechaniker und Pädagoge Erhard Weigel 1625-1699, weist mit dem realen Bildungsgut bereits früh auf eine Realschule hin. Ein Schüler Erhard Weigels an der Universität Jena ist der Mathematiker und Philosoph, Gottfried Wilhelm Leibnitz 1646-1716, der als Universalgebildeter betrachtet werden kann. Der Universalgelehrte Friedrich Wilhelm Leibnitz 1646-1716 ist ein Vordenker der Aufklärung. Der Gedanke einer Akademie der Wissenschaften als Gelehrtengesellschaft geht auf Naturforscher der neuen Wissenschaft zurück. In England wird im Jahre 1662 die private Vereinigung „Royal Society" von Naturforschern gegründet. Die ursprünglich private Gründung der Vereinigung von Naturforschern in Frankreich wird im Jahre 1666 zur staatlichen „Académie des Sciences". Beide Organisationen werden nur im Bereich der Naturwissenschaften tätig. Die beiden wissenschaftlichen Institutionen dienen Leibnitz als Vorbild in seinen Bemühungen, in Preußen eine Akademie der Wissenschaften ins Leben zu rufen. Im Jahre 1700 entsteht in Berlin die erste Akademie als Forschungsgesellschaft für Gelehrte, die ursprünglich nach dem englischen und französischen Vorbild geplant ist. Die

Akademie in Berlin erhält letzten Endes vier Klassen: die medico-physikalische, die mathematisch-mechanische, historisch-philologische und die kirchlich-orientalische. Im Jahre 1694 haben die „neue" Philosophie und die Naturwissenschaften in der neuen Reform-Universität in Halle an der Saale als ernstzunehmende Wissenschaften erstmals an einer Philosophischen Fakultät in Deutschland Eingang gefunden. Die Universität Halle wird zu einem Mittelpunkt der protestantischen Reformbewegung des Pietismus. Halle wird zu einem Ausgangspunkt der Aufklärung in Deutschland.[226]

Bereits Friedrich Wilhelm Leibnitz versucht in der Habsburgermonarchie in Wien eine Akademie der Wissenschaften einzurichten. Eine Gruppe von Gelehrten ist nicht abgeneigt, nach dem Tode von Leibnitz den Gedanken einer Akademie in Österreich fortzuführen. Die Aufhebung des Jesuitenordens im Jahre 1773 hat zur Folge, dass Kaiserin Maria Theresia bestrebt ist, das Unterrichtswesen von der Volksschule bis zur Universität vollkommen neu zu ordnen. Die Reform der Gymnasien und der Philosophischen Fakultäten wird erforderlich. Unter der Regentin Maria Theresia gibt es Bestrebungen, eine aufgeklärte Akademie ohne theologische Disziplin zu installieren. Die Akademie soll in eine physisch-mathematische und eine historisch-philosophische Klasse gegliedert werden. Es dauert mit mehreren Anläufen noch bis zum 29. April 1847, bis das Statut unter Mitwirkung des Kurators, Erzherzog Johann, umgesetzt wird. Die „Kaiserliche Akademie der Wissenschaften in Wien" wird im Sinne des Staatskanzlers Metternich auf die gesamte Monarchie ausgedehnt. Die Akademie wird in eine „mathematisch-naturwissenschaftliche" und eine „historisch-philologische" Klasse eingeteilt, wobei eine Unterteilung in Sektionen nicht vorgesehen ist.[227]

Erhard Weigel versucht, seine pädagogischen Ideen im Jahre 1684 in die private „Kunst- und Tugendschule" umzusetzen. Er beherrscht die Mathematik, Physik, Baukunst, Mechanik, Technologie, und mit dem Zeichnen und Experimentieren kann Weigel gut umgehen.[228] Der realistisch geprägte Johann Amos Comenius hat einen wesentlichen Einfluss auf das pädagogische Denken des Frühaufklärers, Erhard Weigel. Der neuzeitliche Didaktiker Comenius hat ein umfangreiches, wegweisendes, pädagogisches Werk der Nachwelt hinterlassen. Die christliche Pansophie, die

---

[226] Vgl. Österreichische Akademie der Wissenschaften 1947 (Hrsg.): Geschichte der Akademie der Wissenschaften in Wien 1847-1947, S. 11 f.
[227] Vgl. Österreichische Akademie der Wissenschaften 1947 (Hrsg.): Geschichte der Akademie der Wissenschaften, S. 15 f. und 43 f.
[228] Vgl. Pfau, Karl Friedrich 1896: Weigel, Erhard. In: Allgemeine Deutsche Biographie, Bd. 41, Leipzig, S. 465-471.

„Vielweisheit" des Comenius wird von Weigel mathematisch formuliert.[229] Die Allwissenheit wird für Amos Comenius zur Grundlage einer umfassenden Pädagogik. Der Mensch als Mikrokosmos sollte im „gotterfüllten" Makrokosmos, dem Universum, ein umfassendes Wissen von allen Dingen dieser Welt haben, wobei das Handeln rechtmäßig zu erfolgen habe.[230]

Das „römisch-deutsche" Reich übernimmt das neuzeitliche, emanzipierte Denken der Aufklärung zunehmend von England und Frankreich. Das fortschrittliche, pädagogische Denken dieser Zeit lässt allmählich eine Volksbildung für alle entstehen. Die berufsorientierte und methodisch anschauliche Realbildung gewinnt im 18. Jahrhundert zunehmend an Bedeutung. Im römisch-deutschen Reich kommt es, federführend durch das aufstrebende Preußen, zur Einführung der allgemeinen Schulpflicht. Das" niedere" Schulwesen zur Volksbildung breitet sich im 18. Jahrhundert nach anfänglichen Hemmnissen in Preußen relativ schnell aus. Innerhalb des Heiligen Römischen Reiches Deutscher Nation bildet sich zunehmend ein kontroverser „Dualismus" zwischen der Habsburgermonarchie einerseits und dem Königreich Preußen andererseits aus. Das politisch-militärisch aufstrebende Preußen wird im Jahre 1701 in „Königsberg" als Königreich gegründet. Der erste König, Wilhelm I. von Preußen 1688-1740, ein praktisch-pragmatisch denkender Herrscher, verordnet am 28. Oktober 1717 die Pflichtschule zur Volksbildung in Preußen. Der preußische, königliche Herrscher, Wilhelm I., steht dem neuen „Realschulgedanken" des Theologen, Predigers und Pädagogen, Christoph Semler, äußerst positiv gegenüber. Die in Preußen eingeführte Schulpflicht ruft vor allem in der bäuerlichen Bevölkerung am Lande einen beträchtlichen Widerstand hervor. Die Schulpflicht gilt für das Alter von fünf bis zwölf Jahren. Diese setzt sich bereits im Laufe der ersten Hälfte des 18. Jahrhunderts durch.

> „Wir vernehmen missfällig und wird verschiedentlich von denen Inspectoren und Predigern bey und geklaget, dass die Eltern, absonderlich auf dem Lande, in Schickung ihrer Kinder zur Schule sich sehr säumig erzeigen, und dadurch die arme Jugend in großer Ungewissheit, sowohl was das Lesen, Schreiben und Rechnen betrifft, als auch in denen zu ihrem Heyl und Seligkeit dienenden, höchstnötigen Stücken aufwachsen ließen".[231]

Die Realschulen entstehen mit dem Aufkommen der Produktion von Dingen in den Manufakturen und in der aufkommenden Proto-Industrialisierung im 18. Jahrhundert. Die Realschulen werden zu Bildungsstätten der Kaufleute und für Bürger, die sich unternehmerisch der

---

[229] Vgl. Böhm, Winfried 2005: Wörterbuch der Pädagogik, S. 674.
[230] Vgl. Böhm, Winfried 2005: Wörterbuch der Pädagogik, S. 485.
[231] Semler, Christoph 1743. In: Zedlers Universal-Lecicon, Bd. 36, S. 1772-1779.

Produktion widmen wollen. Die Realien und damit die Sachkenntnisse in der Mathematik, den Naturwissenschaften, der Geographie, der Geschichte, der Heimatkunde und den lebenden Fremdsprachen stehen pädagogisch-didaktisch und methodisch im Zentrum des Realunterrichts. Die Reformbewegung des Pietismus und die „widersprüchliche" Methode von „Menschenfreundlichkeit und Nützlichkeit" des Philanthropismus verhelfen den Realien zu einem festen Platz in den schulischen Lehrplänen. Im 19. Jahrhundert werden die Naturwissenschaften zunehmend wichtig. Dies hat zur Folge, dass am mittleren Bildungssektor die selbstständigen Realschulen entstehen. Diese gewerblich-theoretischen Lehranstalten werden durch das „Realschulgesetz 1868" in der Habsburgermonarchie zur allgemeinbildenden „Mittelschule": Die Realschulen entwickeln sich, parallel zu den Gymnasien, allmählich zu vollwertigen, allgemeinbildenden Mittelschulen, mit einer mathematisch-naturwissenschaftlichen Orientierung. Die gewerblich-theoretischen Lehrinhalte der Realschulen werden in den in der Habsburgermonarchie entstehenden Staatsgewerbeschulen mit unterschiedlichen Bildungsebenen zunehmend Berufs- und praxisorientiert umgesetzt. Am Anfang des 20. Jahrhunderts wird die Lehrwerkstätte an den Staatsgewerbeschulen eingeführt. Der Werkstattunterricht und das Werkstattlabor sind in der Gegenwart nach wie vor ein fester Bestandteil der Höheren Technischen Lehranstalten. Die Realschulen werden in der zweiten Hälfte des 19. Jahrhunderts zu wichtigen Zubringerschulen für die Technischen Hochschulen.[232]

Der Pädagoge Erhard Weigel hat einen wesentlichen Einfluss auf den großen „Schulmeister" August Hermann Francke 1663-1727. Francke ist der Hauptvertreter des Reformprotestantischen Pietismus. Dieser Pädagoge großen Stils hat in seinem Schulzentrum bereits wesentlich die reale theoretische und praktische Bildung umgesetzt. Francke ist ein wesentlicher Pionier der Waisenhauserziehung und ein zukunftsweisender Wegbereiter der Sozialpädagogik. Die private Stiftung von Francke beinhaltet ein riesiges Schulzentrum mit einer sogenannten „Gesamtschule". Die Stiftung beinhaltet ab dem Jahre 1695 eine „Armenschule"; eine „Bürgerschule" für Kinder der Bürger, die keine Lateinschule besuchen wollen; ein großes „Waisenhaus", ein „Pädagogium" als Erziehungsstätte für adelige Knaben; eine „Lateinschule" für Knaben, die sich einem Studium widmen wollen; eine „Erziehungsanstalt für Mädchen" höherer Stände; zwei „Lehrerseminare", eines für Lehrer der „deutschen" Schulen und ein

---

[232] Vgl. Böhm, Wielfried 2005: Wörterbuch der Pädagogik, S. 522.

anderes für Lehrer an „höheren" Schulen. Dem riesengroßen Schulzetrum sind Wirtschaftsbetriebe, wie eine Buchdruckerei, eine Apotheke und eine Landwirtschaft angeschlossen.[233]

„…unter dem Namen eines `besonderen Pädagogiums` hat er den Plan einer Realschule aufgestellt, die nicht wie jenes andere ins Leben getretene, spätere königliche privilegierte Pädagogium, auf das Universitätsstudium ausgeht, zur Landwirtschaft und Verwaltung von Landgütern, zum Beruf des Kaufmannes und des öffentlichen Beamten, endlich zu den Gewerben die Befähigung geben sollte".[234]

Francke hat bereits in seinen Bildungsanstalten mit dem „Fachsystem" das Fachlehrerprinzip vorgezeichnet. Die formale Bildung steht bei Francke mit einem stofflich-enzyklopädischen Interesse im Zentrum seiner pädagogischen Überlegungen. Dadurch kommt es in seinem „gesamtschulartigen" Bildungssystem zu einer fachlichen Arbeitsteilung. Der Fachunterricht erfolgt in den einzelnen Fächern, je nach Bildungsfortschritt aufsteigend. Das Klassenlehrersystem wäre pädagogisch-didaktisch sinnvoller, allerdings müsste eine Differenzierung nach Begabung und Interesse erfolgen. Das „Fachsystem" von August Hermann Francke löst die einheitliche Klassenstruktur zunehmend auf.[235]

Bei August Francke treten die „Realien", wie Naturkunde, Geographie und Geschichte als selbstständige Unterrichtsgegenstände auf. Von den modernen Sprachen wird vor allem Französisch gelehrt. Das Zeichnen wird erstmals in den Lehrplan aufgenommen. Zur Handarbeit werden die Mädchen angehalten und die Schüler der höheren Lehranstalten erhalten Fertigkeiten im Drechseln, Glasschleifen und Papparbeiten. Die Idee einer „Realschule" ist bei Francke im „Entwurf der gesamten Anstalten" im Jahre 1699 festgehalten. Christoph Semler und Johann Julius Hecker werden als Lehrer am Schulzentrum von Francke und dessen Idee der Realschule beeinflusst. Die erste „selbstständige" Realschule wird vom Prediger Christoph Semler im Jahre 1708 in Halle gegründet, eine zweite 1738. Beide realen Bildungsstätten von Semler sind nur von kurzer Dauer.[236] Es werden gelehrt:

„Kenntnis einiger physikalischen Sachen, als Metalle, Mineralien, gemeine Steine, Edelsteine, Hölzer, Farben, Zeichnen, Ackerbau, Gartenbau, Honigbau; einiges aus der Anatomie und Diät, das Nötigste von der Polizeiordnung, Geschichte des Vaterlandes, aus der Halleschen Chronik. […] von der Landkarte Deutschlands".[237]

---

[233] Vgl. Piffl, Rudolf / Simonic, Anton 1938: Geschichte der Erziehung und des Unterrichtes, S. 117 f.
[234] Leser, Hermann 1925: Renaissance und Aufklärung im Problem der Bildung. Bd. I, S. 397.
[235] Vgl. Leser, Hermann 1925: Renaissance und Aufklärung im Problem der Bildung. Bd. I, S. 394 f.
[236] Vgl. Piffl, Rudolf / Simonic, Anton 1938: Geschichte der Erziehung und des Unterrichtes, S. 120 f.
[237] Piffl, Rudolf / Simonic, Anton 1938: Geschichte der Erziehung und des Unterrichtes, S. 121.

Johann Julius Hecker gründet im Jahre 1847, von Francke beeinflusst, eine „ökonomisch-mathematische" Realschule in Berlin. Es gibt Fachabteilungen wie eine Manufakturklasse, eine Architekturklasse, eine Bergwerksklasse, eine Buchhalterklasse usw. Die Zöglinge müssen im Alter von 18 bis 30 Jahren stehen. Der Zugang zur Realschule erfordert es, dass ein Handwerk bereits gelernt wurde. Die Lehrerbildung in den Anstalten von Francke ist zukunftsweisend.[238]

4.2.3 Semler und eine Realschule für Handwerker

Die Realschule entwickelt sich im 19. Jahrhundert zu einer „mittleren" Sekundarschule. Mit dieser realen Bildungsstätte geht Christoph Semler 1669-1740, ein pietistischer Theologe und Pädagoge, dauerhaft in die deutsche Schulgeschichte ein. Semler veröffentlicht 1705 einen „Schulplan" einer mathematisch orientierten „Handwercker-Schule". Diese Schule sollte in der Stadt Halle an der Saale errichtet werden. Semler hat bei seinem Schulprojekt anfänglich nur die Handwerkerbildung im Auge gehabt.

Die bereits im Jahre 1700 gegründete Preußische Akademie der Wissenschaften in Berlin, macht den Universalgelehrten Gottfried Wilhelm Leibnitz zu ihrem ersten Präsidenten. In Wien entsteht, durch viele Hemmnisse geprägt, eine zentrale Akademie der Habsburgermonarchie erst im Jahre 1847. Ein Gutachten der Berliner Gelehrten-Akademie, die „Societät der Wissenschaften" befürwortet diese Schulidee entschieden. Der Magistrat von Halle gibt trotzdem keine finanziellen Mittel für dieses Schulprojekt frei. Semler erhält lediglich für 12 Knaben Lehrgeld aus der Almosenkasse. Das begonnene Werk geht schnell seinem Ende entgegen.

> „…die Knaben, sich so zu Handwerckern sich begeben sollen, und bißhero meystens theils in nichts, als höchstens in Lesen, Schreiben und Rechnen bey den teutschen Schulen unterwiesen wurden, künftig bei einer gewissen Mechanischen Schule in denen zu solchen ihrem Vorhaben und künftigen Stande dienlichen, theils allgemeinen, theils bei vielen Handwerckern zustattenkommend Lehren, Nachrichtung und Uebungen unterweisen und abrichten zu lassen, damit ihnen der Verstand und die Sinne mehr geöffnet werden".[239]

Der Mathematiker, Mechaniker und Pädagoge Erhard Weigel beeinflusst Semler wesentlich in seinen Realgedanken. Diese Schule ist ursprünglich vornehmlich zur Bildung von Kindern

---

[238] Vgl. Piffl, Rudolf / Simonic, Anton 1938: Geschichte der Erziehung und des Unterrichtes, S. 121.
[239] Jonas, Fritz 1891: Christoph Semler. In: Allgemeine deutsche Biographie. Bd. 33. [Onlinefassung], S. 694-698.

des Handwerksgewerbes gedacht. In dieser realen Lehranstalt sollte neben der Mathematik und den „mechanischen Künsten" bereits die Allgemeinbildung eine gewisse Rolle spielen. In seiner Schrift aus dem Jahre 1705 über seinen „Schulplan" äußert sich der realistische Schulreformer:

> „Nützliche Vorschläge von der Aufrichtung einer mathematischen Handwerckerschule bey der Stadt Halle. [...] der Schulen Endzweck, daß die Kinder in denselben zum gemeinen Leben praepariert werden. [...] die wenigsten Schulkinder zum Studieren, die meisten aber zu anderen Professionen und zu Handwerkern gelangten".[240]

Die „mathematisch-mechanische" Realschule, ein neuer praktischer, „enzyklopädisch-polytechnischer" Bildungstyp, wird durch den Pädagogen Christoph Semler im Jahre 1708 umgesetzt. Diese Schule besuchen am Anfang 30 Schüler im Alter von 10 bis 14 Lebensjahren. Semler vertritt den pädagogischen Grundsatz, dass die Jugend bereits in der Schule die „wahre" Realität kennenlernen sollte. Diese „praktisch-reale" Bildungsstätte für den Handwerkerstand bedient sich der Methode, die Realität vorwiegend durch Modelle zu präsentieren und zu erklären. Semler ließ mit großen Kosten und einem riesigen Herstellungsaufwand 63 Modelle zum Unterrichtszwecke anfertigen. Diese Lehrmethode findet wenig Unterstützung, und sein erster „Realschul-Versuch" wird bald wieder eingestellt.

> „...das Uhrwerk, das Haus, das Kriegs-Schiff, die Vestung, die Mühle, das Bergwerck, chymische Laboratorium, Glas-Hütte, Tuchmacher-Stuhl, Drechselbanck, Brau-Haus, Baum-Garten, Blumen-Garten, Honig-Bau, Pflug, Egge und Ackerbau [...] Arten der Wolle und Seyde, die Gewürtze, Saamen, Wurtzeln, Kräuter, Mineralien, Thiere, Vogel, Fische [...] Geometrische und Optische Instrumenta, Magnet, Compas, das Wagen, Grundriß eines Gebäudes...".[241]

Die Realschule ist die erste deutsche, allerdings private Bildungsstätte. Die Realanstalt wird in seinem Privathaus untergebracht. Von der königlichen preußischen Regierung wird das reale Schulprojekt besonders beachtet. Sein erstes Realschulprojekt überdauert allerdings nur drei Jahre. Den Gedanken einer reinen praxis- und berufsorientierten Handwerkerschule gibt Semler auf. Eine quasi reale Handwerker-Fachschule mit geringer Persönlichkeitsbildung setzt sich in Preußen nicht durch. Im Jahre 1709 will Semler in einer weiteren Schrift das Schulprojekt stärken, dies gelingt jedoch nicht.

---

[240] Jonas, Fritz 1891: Semler Christoph. In: Allgemeine deutsche Biographie. Bd. 33 [Onlinefassung], S. 694-698.
[241] Jonas, Fritz 1891: Semler Christoph. In: Allgemeine deutsche Biographie. Bd. 33 [Onlinefassung], S. 694-698.

„Den Namen der Handwerksschule gibt er jetzt auf. Die Anstalt heißt nun mathematische und mechanische Real-Schule".[242]

Semler gibt den Gedanken, seine Anstalt wieder ins Leben zu rufen, nie mehr auf. Er gründet im Jahre 1738, knapp vor seinem Tod, noch einmal eine „mathematische, mechanisch-ökonomische" Realschule. Eine Schrift eines Professors der Universität Halle empfiehlt diese Schulanstalt besonders.

„Vorstellung wie die Vollkommenheit der Ökonomischen Wissenschaften durch physikalische, mathematische und ökonomische Unterweisung auf Schulen und Universitäten befördert werden können".[243]

Dieser Bildungstyp überlebt Semler nicht. Die elementare Bildung wird durch die berufliche Ausildung stark beeinträchtigt. Die persönliche Menschenbildung tritt in den Hintergrund. Diese Schule bekommt den Charakter einer Fachschule für Handwerker. Der vorgeschlagene Typ einer „Realschule" lebt durch Johann Julius Hecker weiter.[244] Die Realschule und damit der Realunterricht setzten sich mit neuen und unterschiedlichen Namen als Bürgerschule, Industrieschule, Fortbildungsschule, Fach- und Handwerkerschule fort.[245] Die elementare, allgemeine Bildung wird aufgrund der praktischen, beruflichen Orientierung vernachlässigt. Die Bildung zur Persönlichkeit, die Elementarbildung im Sinne von Johann Heinrich Pestalozzi, findet praktisch nicht statt.[246] Diese Realschule wird zu einer praktischen Fachschule ohne ganzheitliche Bildung, wie sie es nach Pestalozzi wäre, nämlich mit „Kopf, Hand und Herz".[247] Die praktische Erprobung des Realschulgedankens findet zweimal, jeweils nur für einige Jahre, statt. Der intellektuelle Einsatz der Mathematik ist bei dieser „real-praktischen" Handwerkerschule eher begrenzt. Semler stirbt im Jahre 1740, ohne sein Schul-Werk für die Zukunft zu begründen.[248] Das Realschul-Projekt des Pietisten Christoph Semler scheitert vor allem auch wegen der zu geringen finanziellen Unterstützung des Magistrates der Stadt Halle.

---

[242] Director Ranke 1847: Johann Julius Hecker, der Gründer der Königlichen Realschule zu Berlin,   S. 14.
[243] Director Ranke 1847: Johann Julius Hecker, der Gründer der Königlichen Realschule zu Berlin,   S. 15.
[244] Vgl. Leser, Hermann1925: Renaissance und Aufklärung im Problem der Bildung. Bd. I, S. 398.
[245] Vgl. Jonas, Fritz 1891: Christoph Semler. In: Allgemeine deutsche Biographie. Bd. 33. [Onlinefassung], S. 694-698.
[246] Vgl. Leser, Hermann 1925: Renaissance und Aufklärung im Problem der Bildung. Bd. I, S.398
[247] Vgl. Pestalozzi. In: Böhm, Winfried 2005: Wörterbuch der Geschichte, S. 491.
[248] Vgl. Director Ranke 1847: Johann Julius Hecker der Gründer der Königlichen Realschule zu Berlin, S. 15.

4.2.4 Hecker und eine Realschule für Bürger

Den wohltätigen Einfluss von August Hermann Francke hat man bei Johann Julius Hecker als Lehrer an dessen Anstalten kennengelernt.[249] Hecker 1707-1787 ist von der protestantischen Reformbewegung des Pietismus und vom großen Pädagogen August Francke wesentlich beeinflusst. Er gründet im Jahre 1747 eine ökonomisch-mathematische Realschule in Berlin. Hecker verfasst 1763 als Berater von Friedrich dem Großen das preußische „General-Landschul-Reglement"[250] im pietistischen Geiste. Diese „Volksschulordnung" hat ihren Wirkungsbereich in ganz Preußen. Es ist eine allgemeine Schulpflicht vom 5. bis zum 13./14. Lebensjahr vorgesehen, und daher sollte eine entsprechende Lehrerbildung stattfinden. Die Schulregelung von 1863 wird für die katholischen Volksschulen in Schlesien zum Vorbild. Abt zu Sagan, Johann Ignaz Felbiger 1724-1778, verfasst im Jahre 1765 nach pietistischem Vorbild das „Königlich Preußische General-Land-Schul-Reglement für die Römisch-Katholischen Schulen in den Städten und Dörfern des souveränen Herzogthums Schlesien". Felbiger macht sich dadurch als Schulreformer im katholischen Deutschland einen Namen und wird als Reformer des „niederen Schulwesens" von Maria Theresia 1774 nach Wien berufen.[251]

Die reale Bildungsstätte wird bereits nach dem ersten Jahr vom preußischen König, Friedrich dem Großen, zur königlichen Realschule erhoben. Diese Lehranstalt ist für das gehobene Bürgertum und dessen Berufsausbildung gedacht. Hecker wirkt als Lehrer am Schulzentrum von August Francke und ist ein großer Verfechter des naturwissenschaftlichen Unterrichts. Die nützliche Realbildung wird für die Aufklärung beispielhaft. Diese Realschule ist eine gehobene Bürgerschule mit beruflich-fachlicher Orientierung. Bei diesem verzweigten Schulsystem ist die „Kunstschule" eigentlich die Realschule. Der allgemeinbildende Charakter ist dadurch gegeben, dass es den Fachunterricht in Religion, in modernen Sprachen, Geographie, Geschichte und Politik gibt. Der Mittelstand will vor allem, dass der Unterricht auf den Beruf vorbereitet. Die Realschule von Hecker hat größtenteils einen Fachschulcharakter. Im 19. Jahrhundert wird bei Realschulen immer wichtiger, dass die realistischen Bildungsstoffe einen allgemeinbildenden Charakter bekommen.[252] Der erste Schulplan von Hecker entspricht in jeder Beziehung der Handwerker-Realschule von Semmler, die nur kurz

---
[249] Vgl. Kämmel, Heinrich 1880: Hecker, Johann Julius. In: Allgemeine Deutsche Biographie. Bd. 11, S. 208-211.
[250] Vgl. Hecker, Johann Julius. In: Böhm, Winfried 2005: Wörterbuch der Pädagogik, S.276.
[251] Vgl. General-Landschul-Reglement: In: Böhm, Winfried 2005: Wörterbuch der Pädagogik, S. 241.
[252] Vgl. Leser, Hermann 1925: Renaissance und Aufklärung im Problem der Bildung. Bd. I, S. 398-402.

besteht. Die Schule soll für alle Berufe vorbereiten, wobei ein Zugang zu einem Universitätsstudium nicht geplant ist.

> „Acht verschiedene Klassen verspricht Semler nach und nach in den Schulen der Dreifaltigkeitskirche einzurichten: eine mathematische, eine geometrische, eine Architektur- und Bauklasse, eine geographische, eine physikalische oder Naturalien Klasse, eine Manufaktur-, Kommerzien- und Handlungsklasse, eine ökonomische, eine Curiositäten- und Extra-klasse. Das Zeichnen kommt zu mehreren der gesamten Gegenstände hinzu".[253]

Die einzelnen Klassen und Gegenstände werden ab dem Gründungsjahr 1747 allmählich eingeführt. Es entstehen die mechanische, die physikalische, die Architektur-, die botanische und ökonomische Klasse. Ein großes Problem besteht darin, die entsprechenden Lehrer für die einzelnen Klassen und Gegenstände zu finden. Der Besuch der einzelnen Lehrfächer ist mit einer großen Freiheit verbunden. Es besteht, ähnlich dem Schulzentrum von Gustav Francke, eine große Zahl an Gegenständen. In den vereinten Bildungsanstalten von Johann Julius Hecker besuchen im Jahre 1762 insgesamt 355 Schüler u. a. die deutsche, die lateinische und die Realklasse.[254]

4.3 Stefan ein wirklicher Realschullehrer

Unter Realschulen werden im Allgemeinen höhere Bürgerschulen verstanden. Es sollte noch über ein Jahrhundert dauern, dass die Realschule annähernd den Gymnasien gleichberechtigt wird. Durch das Schulorganisationsgesetz 1962 gehen die Realschulen in den Realgymnasien auf. Durch die „Politische Schulverfassung" 1806 wird der Realunterricht ein Teil des niederen Schulwesens und damit des verpflichtenden Volksunterrichtes. Die zweijährigen unselbständigen „Realschulen" entstehen aus den beiden letzten Jahrgängen der der Hauptschulen, als Pflichtunterricht.

Die selbstständigen Realschulen dürfen nur drei Klassen haben, wobei der größte Teil des Unterrichts allgemeinbildend sein soll. Diese Realschulen sollen dort geplant werden wo es Gymnasien gibt. Im Kaisertum Österreich 1804-1918 entsteht eine solche selbststständige Realschule nur in Wien. Die bereits im Jahre 1770 gegründete zweijährige „Real-Handlungs-

---

[253] Director Ranke 1847: Johann Julius Hecker, der Gründer der Königlichen Realschule zu Berlin. Einladungsschrift zur ersten Säkularfeier der Realschule, S. 26.
[254] Vgl. Director Ranke 1847: Johann Julius Hecker, der Gründer der Königlichen Realschule zu Berlin. Einladungsschrift zur ersten Säkularfeier der Realschule, S. 16-43.

Academie" wird im Jahre 1809 zu dieser Realschule umgewandelt. Diese Reallehranstalt geht mit der Gründung des „Polytechnischen Instituts" in diese, als Vorbereitungslehranstalt über. Der selbstständige dreijährige Realschultyp setzt sich in der ersten Hälfte des 19. Jahrhundert nicht durch.[255] Der Primarbereich mit Trivial-, Haupt- Normal-Hauptschule und der Sekundarbereich mit dem Gymnasium und der selbstständigen Realschule ist am Vorabend der Revolution 1848 noch eindeutig formal getrennt.[256]

Die Idee der Realschule zeigt sich für die menschliche Gesellschaft als sehr fruchtbar. In größeren Städten gibt es das Bedürfnis, solche Lehranstalten zu errichten. In Wien werden Realschulen in Stadtbezirken berücksichtigt, in welchen das gewerbliche und industrielle Leben vorherrscht. In Wien hat die österreichische k. k. Regierung nach dem Organisationsstatut 1849 die Ober-Realschulen in den Stadtbezirken Neubau und Landstraße zuerst eröffnet. Die Stadtgemeinde eröffnet die selbstständige Unter-Realschule im Stadtbezirk Gumpendorf und schlussendlich wird eine Ober-Realschule im Stadtbezirk Wieden errichtet. Die große Entfernung von der Innenstadt zu diesen vorgenannten Schulstandorten macht eine solche reale Bildungsstätte im I. Stadtbezirk notwendig. Die gewerblich-technische Bildung wird mit der zunehmenden Technisierung und Industrialisierung immer wichtiger. Der Besuch dieser Lehranstalten vermehrt sich in der zweiten Hälfte des 19. Jahrhundert zunehmend. Die Schülerströme können in den vorhandenen Räumlichkeiten kaum noch untergebracht werden,

> „hat das hohe k. k. Ministerium für Kultus und Unterricht mit Erlaß vom 2. April 1858, Z. 1192, genehmigt, daß die auf dem Bauernmarkte des inneren Stadtbezirkes Wien bestandene Haupt- und Unter-Realschule durch die Eröffnung einer 3-klassigen Ober-Realschule erweitert wird. [...] Die so noch mit der Hauptschule verbundene[257] wurde zwar gleich im Beginne des heurigen Studienjahres nach der Art der selbstständigen Unter-Realschulen organisirt, blieb aber dennoch im Range der unselbstständigen Unter-Realschule".[258]

Es wird als wichtig erkannt, die Unter- und Oberstufe der Realschule einheitlich als Realschule zu organisieren. Das Ministerium für Kultus und Unterricht ordnet mit dem Erlass vom 6. Februar 1859, Z. 1422 an, dass die Unter-Realschule am Bauernmarkt in Wien aus der

---

[255] Vgl. Engelbrecht, Helmut 1984:Geschichte des österreichischen Bildungswesens, Bd. 3, S. 261.
[256] Ebenda, S. 441.
[257] Die Hauptschule am Bauernmarkt besteht seit dem Jahre 1793.
[258] Erster Jahresbericht der Ober-Realschule am Bauernmarkt in Wien, S. 65f.

Verbindung mit der Hauptschule gelöst wird. Die drei Ober-Realklassen werden zu einer vollständigen 6-klassigen Ober-Realschule vereinigt.

> „Endlich erteilte das hohe k. k. Ministerium dieser selbständigen Ober-Realschule das Recht, staatsgiltige Zeugnisse auszustellen. Durch diesen Akt der weisen Vorsorge der hohen k. k. Regierung besitzt nun auch der innere Stadtbezirk Wien eine öffentliche Ober-Realschule. [...] Am 30. September 1858 hat der Lehrkörper unter dem Vorsitze des k. k. Schulrates Herrn Dr. M. Becker, eine außerordentliche Konferenz abgehalten, die zum Gegenstande hatte, im allgemeinen die Organisazion der neu gestalteten Schule näher zu besprechen und über das einheitliche methodische Wirken des gesammten Lehrkörpers sich gegenseitig zu verständigen".[259]

Im Schuljahr 1857/58 hat Josef Stefan seine erste bezahlte Anstellung als Lehrer der Physik an der neu gegründeten Ober-Realschule am Bauernmarkt in Wien. Stefan lehrt Physik wöchentlich vier Stunden in der vierten Klasse, wobei später auch Mathematik dazu kommt.[260] Die Anstellung als wirklicher Reallehrer an der Realschule ermöglicht seinen Lebensunterhalt selbst zu bestreiten. Es bleibt aber andererseits noch genügend freie Zeit für forschende Aktivitäten in der Physik. Stefan kann seine physikalischen Untersuchungen fortsetzen. In der Zeit als Reallehrer kann Stefan in kurzer Zeit mehrere wissenschaftliche Abhandlungen veröffentlichen. Im Studienjahr 1857/58 hält er auch drei Wochenstunden Vorlesungen in mathematischer Physik und eine in Hydromechanik an der Universität Wien.[261] Praktische Lehrfächer wie Mechanik und andere technische und kommerzielle Gegenstände werden in späterer Folge von der Philosophischen Fakultät ausgeschieden. Dadurch wird die Entwicklung von Technischen Hochschulen aus den Polytechnischen Instituten in der zweiten Hälfte des 19. Jahrhundert beschleunigt. Es kommt vorerst zu keiner Entwicklung von technischen und wirtschaftlichen Fakultäten an den Universitäten. Die angewandten Wissenschaften sind für die Universitäten zu wenig „rein". Die Realschulen verlieren im Jahre 1868 ihren theoretischen gewerblich-technischen Charakter. Diese werden in der Zukunft vornehmlich Zubringerschulen der Technischen Hochschulen. Die Unterstufe der Realschule sollte auch für den Übertritt ins beruflich-gewerbliche Leben vorbereiten. Die 3-jährige Oberstufe soll für ein technisches Studium vorbereiten. Die Realschule wird eine unvollständige 7-jährige allgemeinbildende Mittelschule, mit einer Unter- und Oberstufe. Die

---

[259] Erster Jahresbericht der Ober-Realschule am Bauernmarkte in Wien, S. 66.
[260] Vgl. Jahresbericht der öffentlichen Ober-Realschule auf dem Bauernmarkt Wien, 1959.
[261] Vgl. Cermelj, Leo 1956: Josip Stefan. Leben und Werk des großen Physikers, S. 9f.

Realschulen haben einem mathematisch-naturwissenschaftlichen Schwerpunkt, die lateinlos bleibt, und moderne Sprachen vermehrt anbietet.[262]

„Indem die gewerblichen, Sonntags-, Zeichnungs- und ähnlichen Schulen den niedrigsten gewerblicher Schulbildung geben, die technischen Institute hingegen den höchsten, haben die zwischen beiden liegenden Mittelschulen die doppelte Aufgabe, einerseits einen mittleren der Bildung für gewisse Beschäftigungsarten zu erzeugen, die seiner bedürfen und bereits zahlreich vorhanden sind, anderseits die von den technischen Instituten zu gebende höchste Fachbildung in wissenschaftlicher Weise vorzubereiten. Jenes soll die Unter-, dies die Oberstufe leisten".[263]

Bereits im Jahre 1860 wird Josef Stefan zum korrespondierenden Mitglied der kaiserlichen Akademie der Wissenschaften gewählt. Diese Ernennung an der Akademie ist eine hohe Auszeichnung in jungen Jahren für Josef Stefan. Es ist die ein Zeichen der Anerkennung für seine bisherigen wissenschaftlichen Leistungen. An der Universität eine Anstellung zu erhalten, kann noch nicht gedacht werden. Stefan unterrichtet weiterhin an der Ober-Realschule am Bauernmarkt Realfächer und wird zum Stellvertreter des Schuldirektors Gustav Skřivan ernannt.[264] Im Schuljahr 1861/62 lehrt er acht Wochenstunden Mathematik in einer vierten, je vier Wochenstunden Physik in einer fünften und einer sechsten Klassen. An der Universität Wien hält Stefan die Vorlesung „Theorie der Elastizität".[265]

Über das Studienjahr 1858/59 wird an der öffentlichen Ober-Realschule auf dem Bauernmarkte in der inneren Stadt erstmals ein Jahresbericht herausgegeben. Diese Berichte sind zumindest mit einem größeren fachlich-wissenschaftlichen Artikel versehen. Der Physikprofessor Dr. Josef Stefan stellt seine erste wissenschaftliche Abhandlung „Über die Erscheinungen der Gasabsorption" auf 22 DIN-A5 Seiten der Akademie vor. Stefan beschreibt anschaulich Erkenntnisse von Experimenten, die andere wissenschaftliche Forscher bereits durchgeführt haben. Mit experimenteller Unterstützung können aufwendige mathematische Gleichungen formuliert werden. Stefan ist nicht nur ein experimentierender Physiker, sondern auch ein höherer Mathematiker. Bei Stefan wirken das praktische Experiment und die theoretische Mathematik zusammen. Ludwig Boltzmann bezeichnet Stefan bei der berühmten Rede zur Denkmalenthüllung im Säulensaal der Universität Wien einen theoretischen

---

[262] Vgl. Egelbrecht Helmut 1986: Geschichte des österreichischen Bildungswesens, Bd. 4, S. 153-155.
[263] Entwurf der Organisation der Gymnasien und Realschulen in Österreich 1849. Plan der Realschulen, S. 220.
[264] Vgl. Jahresbericht der öffentlichen Ober-Realschule auf dem Bauernmarkte Wien, 1859.
[265] Vgl. Bittner, Lotte 1949: Geschichte des Studienfaches Physik an der Universität Wien, unveröffentlichte Dissertation, Wien.

Physiker. Das Experiment ist für Stefan nur ein Mittel zum Zweck, somit ein unterstützendes Hilfsmittel zur Formulierung in der mathematischen Physik.[266]

Josef Stefan ein Doktor der „Filosofie", ein Dozent der höheren mathematischen „Fisik" an der k. k. Universität Wien. Dieser unterrichtet vom Studienjahre 1857/58 bis 1862/63 an der Ober-Realschule in der Innenstadt am Bauernmarkt. Josef Stefan beginnt als wirklicher Reallehrer und wird zum Oberreallehrer ernannt. Im Studienjahre 1862/63 erfolgt die Ernennung Stefans zum Direktor-Stellvertreter an der Ober-Realschule. Die Lehrverpflichtung von Josef Stefan wird in den einzelnen Studienjahren mit Klasse und Wochenstunden tabellarisch dargestellt:[267]

Lehrfächer	Studienjahre – Klasse - Wochenstunden				
	1858/59	1859/60	1860/61	1861/62	1862/63
Physik	V. / 4	VI. / 4	V. / 4	V. / 4	VI. / 4
Mathematik			VI. / 4	VI. / 4	IV. / 9
Geometrie		IV. / 9	IV. / 8		

Im Revolutionsjahr 1848 will man die Realschulen dem zunehmend technischen und industriellen Zeitalter entsprechend weiterentwickeln. Ein neuer höherer gewerblicher Bildungstyp auf der Sekundarebene soll entstehen. Die Absolventen der 6-jährigen Realschulen mit einer Unter- und Oberstufe befähigt werden befähigt, gewerblich-technische Kenntnisse und Fertigkeiten entsprechend zu vermitteln. Die Absolventen sollen in die Lage versetzt werden, in das praktische Wirtschaftsleben übertreten zu können. Eine höhere Allgemeinbildung ermöglicht den Zugang zu den höheren „Polytechnischen Instituten", deren gibt es acht in der Habsburgermonarchie. Diese Grundüberlegung wird durch das „Organisationsstatut" 1849 für Gymnasien und Realschulen festgeschrieben. Diese gehobene bürgerliche Bildung hat gegenüber dem Gymnasium, nur drei Klassen an der Unterstufe und an der Oberstufe. Der Bildungsreformer der höheren Schulen Franz Exner hat versucht, die Realschule so nahe wie möglich an das Gymnasium heranzuführen. Es entsteht an der Sekundarstufe eine zweite Schulform mit geringerer Schuldauer und weniger Berechtigungen. Die Ablegung einer

---

[266] Vgl. Erster Jahres-Bericht der öffentlichen Ober-Realschule auf dem Bauernmarkte in Wien 1857/58, S. 3-24.
[267] Vgl. Jahres-Berichte der öffentlichen Ober-Realschule auf dem Bauernmarkte in Wien 1857/58 bis 1862/63.

Abschlussprüfung ist vorerst an den Realschulen noch nicht vorgesehen.[268] Die Lehrfächerverteilung und die gesamten Wochenstundenzahlen aller sechs Realklassen beträgt im Studienjahr 1859/60:[269]

> Religion 12, Deutsche Sprache und Literatur 26, Geschichte und Geografie 21, Mathematik 17, Fisik 12, Mechanik und Maschinenlehre 2, Naturgeschichte 10, Chemie 12, Arithmetik und Buchhaltung 11, Darstellende Geometrie und Geometrisches Zeichnen 20, Maschinenzeichnen 4, Baukunst und Bauzeichnen 4, Freihandzeichnen 28, Kalligrafie 6 mit insgesamt 207 Wochenstunden.[270]

Das Bildungsprinzip ist durch eine Allgemeinbildung von 72% und eine Berufsbildung bzw. gewerblich-technischen Bildung von 28% des Lehrplanes gegeben. Bei der gewerblich-technischen Bildung überwiegt der Zeichenunterricht gegenüber dem Fachtheorieunterricht. Der obligate Lehrplan der Realschulen ist Theorie orientiert und beinhaltet keinen Werkstätten- und Laborunterricht. Mit dem Realschulgesetz 1868 wird der Theorie orientierte gewerblich-technische Bildung aus dem Lehrplan beseitigt. An den Realschulen unterrichten keine praxisnahen Ingenieure.

In den 1870er Jahren in der Hochblüte des fortschrittsgläubigen Liberalismus entstehen durch den Staatsbeamten und Juristen Armand Freiherr von Dumreicher die wichtigen Staatsgewerbeschulen in der Habsburgermonarchie. Diese gewerblich-technischen „Mittelschulen" beinhalten organisatorisch mehrere Bildungsebenen: die höhere Gewerbeschule, die Fachschulen der Werkmeister, die Fortbildungsschulen und die immer wichtiger werdenden Spezialkurse. Die Staatsgewerbeschulen sind bis in das 20. Jahrhundert im Allgemeinen im Lehrplan fachlich noch sehr theoretisch. Auf Drängen der Industrie und des Gewerbes wird zunehmend ein Werkstätten- und praktischer Laborunterricht eingeführt. Nach dem Zweiten Weltkrieg bis zum Schulorganisationsgesetz 1962 erreichen die damaligen „Gewerbeschulen" aufgrund des Ischler Programmes 1946 im Werkstätten-Unterricht eine Blütezeit. Die gewerbliche und industrielle Wirtschaft verlangt von den Gewerbeschulen eine besondere betriebliche Praxisnähe.

In der Zukunft sollen nicht die antiken Sprachen, sondern die moderne Literatur liefert die Grundlage einer höheren Bildung. Es darf nicht vergessen werden, dass die Realschulen vor dem Jahre 1848 meist nur zwei Jahre dauerten. Dieser niedere Realunterricht erfolgt als

---

[268] Vgl. Engelbrecht, Helmut 1986: Geschichte des österreichischen Schulwesens, S. 153.
[269] Vgl. Dritter Jahres-Bericht der Ober-Realschule am Bauernmarkt in Wien, S. 71.
[270] Zweiter Jahresbericht der Ober-Realschule am Bauernmarkt in Wien, S. 71.

Pflichtunterricht in den beiden letzten Jahrgängen der Hauptschule. Die Industrie drängt darauf, dass die Realschule vermehrt eine gewerblich-technische Bildung für den beruflichen Bereich vermittelt. Diesem Drängen der Wirtschaft gibt Unterrichtsminister Leo Graf Thun-Hohenstein nach. Dieser betraut eine Kommission damit, einen Lehrplan für Realschulen auszuarbeiten. Diese Kommission reduziert die allgemeinbildenden Unterrichtsziele und es entsteht eine mit Realien überfrachtete Schulform ohne jegliche moderne Fremdsprache. Die industrielle und gewerbliche Produktionswirtschaft ist damit wiederum nicht zufrieden. Bereits damals gibt es von den Ländern und Gemeinden als Schulerhalter Überlegungen, die Realschulen in moderne Realgymnasien umzuwandeln. Die notwendige Reform der „Polytechnischen Schulen" in Österreich macht auch eine Reorganisation der Realschulen notwendig. Das Realschulgesetz 1868 bringt die 7-klassige Realschule als „mittlere Schule". Die modernisierte Realschule bekommt einen mathematisch-naturwissenschaftlichen Schwerpunkt und auch moderne Fremdsprachen werden obligat vorgesehen. Diese Schule nähert sich dem Gymnasium, wobei auch eine „Maturitätsprüfung" eingeführt wird. Die Realschule ist eine lateinlose Sekundarschule und bleibt im Großen und Ganzen noch lange eine zweitrangige Mittelschule. Die Realschulen befinden sich meist in weltlicher Hand und machen dadurch den Gymnasien im Schulbesuch, die meist in geistlichen Händen sind, eine immense Konkurrenz. Die Realschulen werden Zubringerschulen, allerdings nur für die Technischen Hochschulen.[271]

Josef Stefan wird am 26. Jänner 1863 zum ordentlichen österreichischen Professor für höhere Mathematik und Physik an die Universität Wien berufen. Das k. k. Staatsministerium unter der Leitung von Anton Schmerling mit Abteilung für Cultus und Unterricht zeichnet sich für die Ernennung von Josef Stefan zum Professor verantwortlich. Professor Josef Stefan wird auch mit der Mitwirkung bei der Leitung des „Physikalischen Institutes" betraut.[272] Stefan beendet mit dem Wintersemester 1862/63 als wirklicher Real-Oberlehrer und Direktor-Stellvertreter seine Lehr- und administrative Tätigkeit an der Ober-Realschule am Bauernmarkt im I. Wiener Stadtbezirk.

---

[271] Vgl. Engelbrecht, Helmut 1886: Geschichte des österreichischen Bildungswesens, S. 153-155.
[272] Österreichisches Staatsarchiv- Abteilung: Allgemeines Verwaltungsarchiv, Finanz- und Hofkammerarchiv.

4.4 Stefan ein hingebungsvoller Universitätslehrer

Im Laufe des 19. Jahrhundert kommt es zur Ausbildung eines deutschen und slowenischen, nach der Sprache orientierten Nationalbewusstseins. Es gibt Bestrebungen der Gründung eines einheitlichen deutschen Nationalstaates. Eine unüberbrückbare Kontroverse besteht zwischen Österreich und Preußen. Österreich wird aus dem Deutschen Bund hinausgedrängt und im Jahre 1871 kommt es zur Gründung des Deutschen Reiches. Die kleindeutsche Lösung, unter Ausschluss von Österreich, setzt sich somit durch. Es keimt auch der nationale Gedanke auf, die slowenischen Territorien verwaltungsmäßig zusammenzufassen. Im Rahmen der Habsburgermonarchie hätte das eine administrative Teilung des Landes Kärnten bedeutet.

Josef Stefan rechts bekleidete die Ehrenfunktionen eines Dekans der Philosophischen Fakultät und eines Rektors der Universität Wien. Die Universität dargestellt in der zweiten Hälfte des 19. Jahrhundert. Die Universität Wien wird in der Gründerzeit von Heinrich Freiherr von Ferstel geplant.[273]

Das slowenische Pflichtschulwesen ist seit dem Konkordat 1855 wieder fest in kirchlicher Hand. Mit dem Reichsvolksschulgesetz 1869 wird die slowenische Unterrichtssprache in Kärnten neu geregelt. Es entsteht demnach die utraquistische Schule mit Elementarunterricht in Slowenisch, wobei schrittweise in die deutsche Sprache eingeführt wird. Es erfolgt allmählich der Unterricht nur mehr in Deutsch, wobei von einer Germanisierung gesprochen werden kann. Daneben gibt es einige rein slowenische Schulen, wie in St. Jakob im Rosental, St. Michael ob Bleiburg und in Zell-Pfarre. Die utraquistische Schule kann als „Germanisie-

---

[273] Fotoquelle: Niko Ottowitz: Josef Stefan. Streiflichter aus seinem Leben und Werk- zum 175. Geburtstag.

rungsinstrument" betrachtet werden. Bei den Kärntner Slowenen kommt es Ende des 19. Jahrhundert zur Herausbildung nationaler, deutsch- und österreichfreundlicher Slowenen.[274]

Stefan fragt gern bei slowenischen Studenten aus Kärnten und Slowenien nach, wie die sprachpolitische Situation wohl zuhause ist. Stefan hält sich vollkommen aus der Tagespolitik heraus. Er will sich offenbar damit nicht mit der Nationalitäten-Problematik in der Habsburgermonarchie öffentlich auseinandersetzen. Die südslawische Frage wird vom muttersprachlichen Slowenen Josef Stefan nicht angesprochen. Der zunehmende Nationalismus hat den „übernationalen" Vielvölkergedanken zerstört. Der Nationalismus führt letztendlich in die europäische Katastrophe des Ersten Weltkrieges.

> „Im 16. Jahrhundert wurde vom Primus Trubar die Bibel ins Slowenische übersetzt, um die Reformation zu fördern; Ende des 18. Jahrhundert [Aufklärung] wurde die slowenische Sprache und Kultur bewusst zu neuem Leben erweckt. Mitte des 19. Jahrhundert [aufgeklärte liberale Revolution] setzten nationale Strömungen mit dem Ziel einer slowenischen Verwaltungseinheit [ehemalige Markgrafschaft Krain und Herzogtum Steiermark] ein, die um 1900 zu starken Gegensätzen führten. Am 28. Oktober 1918 erklärte der slowenische Nationalrat die Loslösung aus dem bisherigen Staatsverband [Habsburgermonarchie] und die Vereinigung mit den Kroaten und Serben und damit entsteht das Königreich der Serben, Kroaten und Slowenen, ab 1931 wird daraus das Königreich Jugoslawien".[275]

Ivan Šubic ein späterer Professor in Laibach schreibt in seinen aufgezeichneten Bemerkungen. Der akademische Lehrer Stefan betritt den Hörsaal, sieht sich ruhig und interessiert im Auditorium um, und beginnt zu reden. Stefan spricht langsam und die Aussprache erinnert gleich an einen in Kärnten geborenen Slowenen. Die Stimme ist von mittlerer Stärke und diese wirkt sympathisch. Josef Stefan spricht formal und inhaltlich vollkommen korrekt und druckfertig. Er macht bei der Vorlesung oft witzige Bemerkungen, welche kritisch wirken. Die Bemerkungen von Stefan erzielen bei Studenten eine große Wirkung. Stefan ist pädagogisch-didaktisch ein ausgezeichneter akademischer Lehrer. Er versteht es komplexe mathematisch-physikalische Probleme durch eine entsprechende Gliederung einfach zu vermitteln. Stefan besitzt die Gabe schwierige Lehrstoffe für die Studenten verständlich darzustellen.[276]

Josef Stefan begegnet bedeutenden Schülern und Mitarbeitern als Lehrer und Direktor des Physikalischen Instituts. Der deutschsprachige Josef Loschmidt kommt aus einfachen

---

[274] Vgl. Pohl, Heinz Dieter: Sprache und Politik gezeigt am Glottonym Windisch, S. iif.
[275] Vgl. Österreich Lexikon 1995. Bd. II, S. 406.
[276] Vgl. Šubic, Ivan 1902: Josef Stefan. Aufzeichnungen und Fragmente des Tagebuches, S. 62f.

Verhältnissen in Böhmen. Loschmidt lernt als bereits wissenschaftlich arbeitender den Vorstand des „Physikalischen Instituts" Josef Stefan kennen. Stefan selbst aus bescheidenen Verhältnissen stammend, ebnet Josef Loschmidt den Weg an die Universität Wien. Loschmidt konnte sich im Jahre 1866 an der Universität Wien zum Privatdozenten habilitieren.[277] Loschmidt wird im Jahre 1867 korrespondierendes und im Jahre 1870 wirkliches Mitglied der Akademie der Wissenschaften in Wien.[278]

> „Josef Stefans Vorlesungen waren in jeder Hinsicht mustergültig und geradezu klassisch. Sein ruhiges und überlegtes, von einem edlen Selbstbewusstsein und Gutmütigkeit geprägtes auftreten gewann die Herzen der Hörer. Oft drückten sie ihre Begeisterung durch brausenden Applaus aus, nachdem er geendet hat. Für ihn selbst war die Vorlesung für gewöhnlich eine große Anstrengung, da wir bemerkten, dass er den Saal immer sehr müde und ganz durchgeschwitzt verließ".[279]

Der große theoretische Physik-Gelehrte Ludwig Boltzmann verehrt Stefan ganz besonders. Stefan und Boltzmann stehen in einem besonders nahen Verhältnis zueinander und werden Seelenfreunde. Boltzmann arbeitet einige Jahre als Assistent bei Stefan und wird im Jahre 1868 in mathematischer Physik habilitiert. Im Jahre 1884 wird eine 4-seitige Publikation mit dem Thema „Ableitung des Stefan-Gesetzes" aus der elektromagnetischen Lichttheorie, betreffend dem Zusammenhang von Wärmestrahlung und Temperatur. Im Jahre 1894 ergreift nach dem Tod seines verehrten Lehrers Stefan Ludwig Boltzmann die Gelegenheit nach Wien zurückzukehren. Boltzmann greift erfolgreich in den Streit über den „Atomismus" ein. Boltzmann setzt sich mit dieser Theorie erfolgreich gegen den Chemiker Wilhelm Ostwald und dem Philosophen und Physiker Ernst Mach durch. Ludwig Boltzmann hält nicht nur Vorlesungen in theoretischer Physik, wobei dieser Mach über die Naturphilosophie nachfolgt.[280] Friedrich Hasenöhrl besucht auch Vorlesungen bei Stefan und dieser widmet sich vornehmlich lehrend und forschend der theoretischen Physik. Boltzmann scheidet durch einen tragischen Freitod aus dem Leben. Hasenöhrl wird im Jahre 1907 Nachfolger von Boltzmann am Institut für theoretische Physik. Hasenöhrl versteht es pädagogisch didaktisch begabte Studenten wie Hans Thirring und den späteren Nobelpreisträger Erwin Schrödinger mit seinen Ansätzen einer theoretischen Physik um sich zu versammeln.[281] Stefan gilt als Initiator

---

[277] Vgl. Österreichische Zentralbibliothek für Physik 2004 (Hrsg.): Geschichte, Dokumente, Dienste, S. 13.
[278] Vgl. Meister, Richard 1947: Geschichte der Akademie der Wissenschaften in Wien 1847-1947, S. 259.
[279] Šubic, Ivan 1902: Josef Stefan. Aufzeichnungen und Fragmenten des Tagebuches, S. 63.
[280] Vgl. Österreichische Zentralbibliothek für Physik 2004 (Hrsg.): Geschichte, Dokumente, Dienste, S. 24.
[281] Ebenda, S. 88.

der physikalischen Schule in Wien. Ein entsprechender Verdienst Stefans des langjährigen Direktors des Physikalischen Instituts Stefans ist es, dass in den letzten Jahrzehnten des 19. Jahrhundert die Habsburgermonarchie, neben England und Frankreich in der Wissenschaft einen würdigen Platz einnimmt. Der schottische mathematische Physiker James Clerk Maxwell schätzt die Leistungen der physikalischen Schule Stefans hoch ein.[282]

> „Was Josef Stefan für die Wissenschaft bedeutet, wird nie vergessen werden, was er als Lehrer und Mensch war, konnte nur der verhältnismäßig kleine Kreis seiner Schüler erfahren, die ausnahmslos seiner mit freudiger Verehrung gedenken. Stefans Vorlesungen waren vielleicht die besten, die je gehalten worden sind. Schlicht und klar, mit den einfachsten Mitteln des Experiments und der Analysis wurde an die schwierigsten Probleme herangetragen. […] Vor allem lagerte ein Hauch tiefen, sittlichen Ernstes, der nicht zum geringsten Theil die große Verehrung zeitigte, welche die Jugend für Josef Stefan empfand".[283]

Stefan ist ein hervorragender Lehrer, aber er vermeidet in seinen Lehrveranstaltungen aufwendige Experimente. Stefan überlässt es seinen Studenten den vorgezeichneten Weg entsprechend zu verfolgen. Er experimentiert mit vollendeter Meisterschaft und nützt die gegebenen Möglichkeiten des Instituts vollständig aus. Stefan versteht es komplizierte wissenschaftliche Themen in leicht verständlicher Art und Weise zu behandeln und zu präsentieren.

> „Jede seiner Vorlesungen verdiente mit vollem Rechte eine Mustervorlesung genannt zu werden. […] Die zahlreichen Präcisionsapparate des Physikalischen Instituts stellt er seinen Studenten zum Studium und zu wissenschaftlichen Untersuchungen mit großer Liberalität zur Verfügung".[284]

Stefan hat die Möglichkeit bekommen die ganze universitäre Berufslaufbahn an der Universität Wien erfolgreich tätig zu sein. In den 1860er Jahren hat Stefan eine ehrenvolle Berufung an die berühmte „Eidgenössische Polytechnische Schule in Zürich" dankend abgelehnt. Diese Polytechnische Schule wird bereits im Jahre 1854 mit einer wissenschaftlichen Fachschulstruktur gegründet.[285] Zu dieser Zeit sind in der Habsburgermonarchie die Polytechnischen Schulen noch enzyklopädisch strukturiert. Stefan bleibt aus Liebe zu seinem Vaterland Österreich, der Habsburgermonarchie und damit der Kaiserstadt Wien sein Leben lang verbunden.

---

[282] Vgl. Bittner, Lotte 1949: Geschichte des Studienfaches Physik an der Universität Wien, unveröffentlichte Dissertation.
[283] Stefan, Josef 1908: In: Allgemeine Deutsche Biographie, Bd. 54, S. 451
[284] Obermayer, Albert 1893: Zur Erinnerung an Josef Stefan,.2 S. 22.
[285] Vgl. Festschrift: 150 Jahre Technische Hochschule Wien 1815-1965, S. 32f.

„Eine an ihn, in der sechziger Jahren ergangene Berufung an das Polytechnicum Zürich, lehnt er mit der Motivirung ab, dass sein Vaterland, das in jungen Jahren zu ausgezeichneter Stelle berufen habe, nicht verlassen wolle. Er verblieb, trotzdem er zu den bedeutendsten in Österreich geborenen und thätigen Gelehrten zählte, sein ganzes Leben an die sistemisirten Bezüge eines Universitätsprofessors gewiesen".[286]

Ivan Šubic ein Hörer Josef Stefans im Jahre 1878, wobei dieser in den Aufzeichnungen 1902 über Professor Stefan schreibt. Stefan lehrt in einem Privathaus nahe einer ehemaligen Gewehrfabrik. Das kleine Physikalische Institut übersiedelt von Erdberg im III. Stadtbezirk, nahe der neu erbauten Universität am Ring. Das neue Physikalische Institut befindet sich nunmehr in der Türkenstraße am Alsergrund im IX Stadtbezirk Wiens. Professor Josef Stefan genießt an der Universität Wien, unter ehemaligen Studenten bereits einen hervorragenden Ruf. Ivan Šubic ein Student aus Slowenien, der später als Universitätsprofessor in Laibach wirkt, notiert in seinen Aufzeichnungen über Stefan.

„Anscheinend verließ Stefan sein Physiklabor und seine Natural-Wohnung der Universität, die er neben dem Institut hatte, wochenlang nicht. Stefan sprach nie über seine privaten Verhältnisse. Er trat ungern bei öffentlichen Veranstaltungen auf, und wenn er es nicht vermeiden konnte, bat er die Vertreter der Parteien, seinen Namen nicht zu erwähnen. Wir luden ihn einmal dazu ein, sich am Prešeren-Abend zu beteiligen, die vom Wiener Schülerverein 'Slovenija' veranstaltet wurde. Er empfing uns liebenswürdig, lehnte aber entschieden die Teilnahme an der Feierlichkeit ab. `Was wollen Sie denn`, sagte er, `Physiker tanzen ohnehin nicht`!"[287]

Die Liebe Stefans zu seiner engeren Heimat Kärnten hebt Stefan auch als Student in Wien in seinen fragmentarischen Tagebuchaufzeichnungen besonders hervor. Die Heimatliebe überträgt sich bei Josef Stefan auch auf sein größeres Vaterland Österreich in der Habsburgermonarchie. Das Augenmerk Stefans gilt offenbar dem „übernationalen" Vielvölkerstaat der österreichischen Habsburgermonarchie. Er zieht sich von nationalen Bestrebungen zurück und äußert sich nicht öffentlich zu sprachlichen und ethnischen Angelegenheiten.

In der Zeit des Humanismus in der beginnenden Neuzeit, stellt der protestantische Prediger und Kärntner Landeshistoriker Michael Gotthard Christalnick 1530/40–1595 folgendes fest:[288]

„es haben sich die windischen Khärndtner also gewaltiglich vereinigt, das aus ihnen beyden einerley volck ist worden".[289]

---

[286] Obermayer, Albert 1893: Zur Erinnerung an Josef Stefan, S. 69.
[287] Šubic, Ivan 1902: Josef Stefan. Aufzeichnungen und Fragmende des Tagebuches, S. 63.
[288] Vgl. Österreich Lexikon, Bd. I, S. 191.

Das „gemeinsame" Volk der slowenisch- und deutschsprachigen Kärntner hört in der zweiten Hälfte des 19. Jahrhunderts auf zu existieren. Den neuzeitlichen „Karantanen" wird plötzlich klar, dass sie zwei verschiedene Sprachen sprechen. Die liberale Revolution 1848 hat auch in Kärnten zur Folge, dass der sprachorientierte Nationalismus sich zu entfalten beginnt. Es entwickelt sich die unangenehme Begleiterscheinung, dass eine zunehmende Trennung in deutsche und slowenische Kärntner gegeben ist.[290]

Stefan lebt praktisch nur mehr für die physikalische Wissenschaft, die er praktisch experimentell und theoretisch mathematisch betreibt. Stefan publiziert seine 88 Abhandlungen in wissenschaftlichen Fachzeitschriften, wobei dieser die vielen und vielfältigen wissenschaftlichen ehrenamtlichen Tätigkeiten, auch entsprechend dokumentiert.

---

[289] Ebenda, S. 191f.
[290] Vgl. Pohl, Heinz Dieter 2011: 2. Vorwort, S. 18.

5 Josef STEFAN eine Symbiose experimenteller und mathematischer Physik

Josef Stefans Lebensweise ist äußerst einfach und zurückgezogen. Die ganze Zeit wird der wissenschaftlichen Arbeit und Pflichterfüllung gewidmet. Stefan ist ein Forschertyp, der durch seine physikalischen wissenschaftlichen Tätigkeiten seine ganze Befriedigung findet. Jede Ablenkung von der Arbeit, wie Repräsentationspflichten als Professor der Universität und Direktor des Physikalischen Instituts lehnt er ab. Die geselligen Vergnügungen und politische Veranstaltungen empfindet Stefan als eine Störung seiner zurückgezogenen Berufs- und Privatsphäre."[291]

Gustav Jäger ein Schüler Stefans, wird nach Friedrich Hasenöhrl, der ein Meister der theoretischen Physik ist, Institutsvorstand. Dieses legendäre Physikinstitut wird vom symbiotischen Experimentell-mathematischen Physiker Stefan zukunftsweisend und nachhaltig geprägt. Der Wiener physikalischen Schule wird vor allem auch durch Josef Stefan ein Stempel aufgedrückt. Sein Schüler Jäger selbst, ist ein namhafter Vertreter dieser Physikschule. Dieser schreibt im Jahre 1908 in der „Allgemeinen Deutschen Biographie" über Stefan folgend:

> „Stefan`s Forscherthätigkeit erstreckte sich über alle Theile der Physik. Alle seine Arbeiten tragen einen ganz specifischen Stempel. Sowohl in der experimentellen als auch theoretischen und mathematischen Untersuchungen ist Klarheit und Einfachheit das wesentliche Kennzeichen Stefan`scher Eigenart. Gerade in der Experimentalphysik ist wie vielleicht auf keinem anderen Forschungsgebiet Einfachheit das sichere Kennzeichen des Genies. Diesem Umstand ist es auch hauptsächlich zu verdanken, warum die Wiener Schule trotz der kläglichen Mittel so glänzende Namen wie Christian Doppler, Josef Loschmidt, Ludwig Boltzmann und allen voran Josef Stefan aufzuweisen hat".[292]

Der Physiker Andreas Freiherr von Baumgartner wirkt als Präsident der Akademie der Akademie der Wissenschaften von 1849 bis 1865. Er würdigt die Leistungen Stefans für die physikalische Welt. Der Ignaz-Lieben-Preis wird im Jahre 1865 von der Akademie der Wissenschaften Wien zum ersten Mal verliehen. Baumgartner betont bei der Preisverleihung, dass jede in den vorangegangenen Jahren von Stefan vorgelegten Arbeiten es verdient hätten, nicht nur die Abhandlung der „Doppelbrechung des Lichtes"[293]. Der Ignaz-Lieben-Preis wird

---

[291] Vgl. Bittner, Lotte 19949: Geschichte des Studienfaches Physik an der Wiener Universität in den letzten hundert Jahren, S. 117f.
[292] Jäger, Gustav 1908: Josef Stefan, Allgemeine Deutsche Biographie, Bd. 54, S. 449.
[293] Vgl. Suess, Eduard 1893: Bericht des Generalsekretärs, Almanach der Akademie der Wissenschaften Wien, Jg. 43, S. 254.

in veränderter Form noch heute für hervorragende wissenschaftliche Verdienste in den Fachbereichen Physik, Chemie und Molekularbiologie verliehen. Diesen Preis können herausragende Jungwissenschaftler aus Österreich, Bosnien-Herzegowina, Kroatien, Slowakei, Tschechien, Slowenien und Ungarn erhalten. Die Vielvölkeridee der Habsburgermonarchie kommt durch die verschiedenen Staaten zum Ausdruck.

5.1 Beziehung zur Akademie der Wissenschaften

Die Akademien der Wissenschaften werden zu einem Produkt der **geistigen** Aufklärung. Die Anfänge gehen in die griechische Antike zurück, wobei ihr Ursprung in der „Akademie" von Platon gegeben ist. Die „Akademie" ist eine von Platon gegründete Philosophenschule in Athen. Die Mitglieder der Philosophenschule bezeichnen sich zunehmend als Akademiker. Platons „Akademeia" hat mit dem neuzeitlichen Begriff der „Akademie" zu tun. Die so bezeichneten Lehranstalten werden wissenschaftliche und künstlerische „Hochschulen" genannt. Die Gelehrten-Gemeinschaften, wie sie in der Aufklärung entstehenden, die „Akademien der Wissenschaften", können auch so bezeichnet werden. Die Lehrenden und die Lernenden der Akademie verstehen sich als Studien- und Lebensgemeinschaften. Es werden gemeinsam Mahlzeiten eingenommen und entsprechende Symposien und Feste abgehalten. Eine grundlegende Beschäftigung mit Mathematik steht in Zentrum des Bildungsgeschehens. Die Forschung und Lehre wird „frei" betrieben. Die Akademie genießt bereits zu Lebzeiten Platons ein hohes Ansehen. Der mündliche Unterricht wird zunehmend schriftlich festgehalten. Die „Dialoge" von Platon lassen unterschiedliche Gedanken und Sichtweisen zu. Die Mehrdeutigkeit der Dialoge regt vielfältige Möglichkeiten zum Weiterdenken an.

Wilhelm Leibnitz kann als einer der letzten Universalgelehrten angesehen werden. Er ist noch ein universal denkender Geist der frühen Aufklärung und ein wichtiger Vordenker dieser. Im Jahre 1700 wird der Plan einer „Königlich Preußischen Akademie der Wissenschaften" nach englischem und französischem Vorbild umgesetzt. Die Naturforschung wird zu einem zentralen Thema der Aufklärung. In der Aufklärung entstehen zunehmend „Sozietäten der Wissenschaften". Wilhelm Leibnitz wird der erste Präsident der Preußischen Akademie der Wissenschaften. Leibnitz wird in dieser Zeit ein namhafter Vertreter der Philosophie, der Wissenschaftstheorie und der Mathematik und fordert, gestützt auf seine philosophischen und mathematischen Kenntnisse, die Bildung eigenständiger wissenschaftlicher Disziplinen.

Wilhelm Leibnitz ist ein angesehener, universal gebildeter Gelehrter der frühen Aufklärung. Er hat das Talent zu analysieren und die Zusammenhänge entsprechend zu verknüpfen.

Die Aufhebung des Jesuitenordens 1773 in der Regierungszeit Maria Theresias 1740-1780 erfordert eine Reform der Gymnasien und der philosophischen Fakultäten der Universitäten. Es entsteht der grundsätzliche Plan, das gesamte Unterrichtswesen von der Volksschule bis zur Universität zu erneuern. Der Plan vom 25. Jänner 1774, eine Akademie der Wissenschaften in Wien zu errichten, wird dann letzten Endes zurückgestellt. Es sollte noch bis zum Jahre 1847 dauern, bis in Wien eine Akademie der Wissenschaften ins Leben gerufen wird. Es gibt zwei namentlich genannte Pläne für eine Akademie der Wissenschaften in Wien. 1. Ignaz Matthias von Hess nimmt in seinen Plan alle Wissenschaften mit Ausnahme der Theologie und des positiven Rechts auf. Diese umfassende Akademie der Wissenschaften hat die Berliner Sozietät zum Vorbild. Diese sieht eine physikalisch-mathematische und eine historisch-philosophische Gliederung der Akademie vor, wobei jede Klasse einen eigenen Präsidenten hat. 2. Maximilian Hell sieht nach Londoner Vorbild die Naturwissenschaften im Zentrum der Akademie. Es sind sieben Klassen vorgesehen: die Astronomie, die Geometrie, die Mechanik, die Physik, die Botanik, die Anatomie und die Chemie. Beobachtungen und Entdeckungen stehen im Zentrum dieser Wissenschaften. Hell schlägt auf die Berufung der französischen Akademie hin die Errichtung einer gesonderten „Gelehrten Gesellschaft der schönen Künste und Kenntnisse" vor. Für die Kaiserin hat allerdings die Reform der deutschen Schulen/Volksschulen als Pflichtschulen und die der höheren Schulen mit den Gymnasien und Universitäten einen entsprechenden Vorrang. Der Entwurf von Maximilian Hell erhält am 8. November 1774 die Zustimmung der Kaiserin. Die Beratung der Studien-Hofkommission vom 11. Dezember 1775 bewirkt, dass der Plan einer Akademie in Wien scheitert. Der Geist der Studienreform ist auf den praktischen Nutzen für die Wirtschaft und den Staat ausgerichtet: Die Volksschule bereitet auf das bürgerliche Gewerbe vor, die Gymnasien und die Universitäten dienen dem künftigen Staatsdienst.

Bei den naturwissenschaftlichen Disziplinen werden im Vormärz die „freien" Vorlesungen zunehmend ausgebaut: Die Physik wird durch Andreas Freiherr von Baumgartner 1823-1833 vertreten, dessen Nachfolger seit 1835 Andreas Freiherr von Ettingshausen ist; die Astronomie wird durch Joseph Johann von Littrow 1819-1840, seit 1842 durch Karl von Littrow und die Mathematik wird durch Joseph Max Petzval vertreten. Der Fortschritt und Aufstieg der „freien" Wissenschaft kann in den 1830er-Jahren nicht übersehen werden. Die politischen und geistigen Bewegungen jender Zeit erfordern zunehmend eine „Akademie der Wissenschaften" als lebenslängliche Gemeinschaft. Staatskanzler Metternich übermittelt am 13. Jänner 1846 Kaiser Ferdinand I. einen Vortrag über die Errichtung einer Kaiserlich Königlichen Akademie der Wissenschaften in Wien. Die „positiven" Wissenschaften scheinen dafür besonders geeignet zu sein: die Mathematik, die Naturwissenschaft, die historischen und geographischen Wissenschaften, die Philologie und die Archäologie. Dem Vorschlag von Erzherzog Johann folgend, wird die Gründung der „Kaiserlichen Akademie der Wissenschaften in Wien" am 17. Mai 1847 in der Wiener Zeitung veröffentlicht.

Mit Josef Stefan, Viktor von Lang und Josef Loschmidt beginnt in den 1860er-Jahren ein neuer Abschnitt für die Universität Wien und die Akademie der Wissenschaften Wien. Die wissenschaftlichen Arbeiten von <u>Josef Stefan</u> umfassen Bereiche in der Optik, Akustik, Wärmelehre, Elektrizität, im Magnetismus und in der Elektrodynamik. Die wichtigste und bekannteste Erkenntnis von Stefan ist das „Strahlungsgesetz" im Bereich der Thermodynamik. <u>Josef Loschmidt</u> vollbringt im Grenzbereich der Physik und Chemie grundlegende Forschungen. Die bekannteste Abhandlung von Loschmidt ist die Bestimmung der Größe von Gasmolekülen. Die „Lohschmidtsche Zahl" wird eine bahnbrechende Erkenntnis in der Theoretischen Physik. <u>Viktor von Lang</u> arbeitet erfolgreich im Grenzbereich der Physik, der Mineralogie und der Kristallphysik.[294]

Die Akademie der Wissenschaften wird zunehmend eine österreichische außeruniversitäre Forschungsinstitution. Die Universitäten sind mit ihren Lehrkanzeln seit Jahrhunderten vornehmlich Theorie orientiert. Die Akademien sollten etwas praxisorientierter sein, welche zunehmend auch forschen sollten.

> „Platons Akademie war die erste Einrichtung dieser Art, geschaffen aus der Idee für die Arbeit gemeinsamen Forschens. Die Wissenschaft von Mensch und Welt, die Sinngebung des Lebens für den Einzelnen und der Gemeinschaft und die Erziehung zu dieser Bestimmung in der dem Menschen eigenen Gemeinschaft des Staates waren die Ziele".[295]

Die Wiener Akademie ist für den gesamten Kaiserstaat Österreich gültig. Der zunehmende Liberalismus in der ersten Hälfte des 19. Jahrhundert hat eine Veränderung des geistigen

---

[294] Vgl. Meister, Richard 1947 (Hrsg.): Geschichte der Akademie der Wissenschaften in Wien 1847-1947, S. 94.
[295] Meister, Richard 1947: Geschichte der Akademie der Wissenschaften in Wien 1847-1947, S. 9.

Klimas mit der Revolution 1848 zur Folge. Der Staatskanzler Metternich tritt in den 1840er Jahren überraschend für die Gründung einer kaiserlich königlichen Akademie ein.

Gebäude der Akademie der Wissenschaften in Wien wird 1857 bis heute bezogen. Eine außeruniversitäre österreichische Forschungsinstitution in der Postgasse, dem alten Universitätsviertel. Josef Stefan wird ein aktiver Funktionär dieser Gelehrtenstätte. Stefan konnte als Vizepräsident der Akademie die vorgesehene Präsidentschaft, wegen seines plötzlichen Todes nicht mehr erleben.[296]

Der Antrag am 14. Mai 1847 des Staatskanzlers Metternich auf Genehmigung einer Akademie der Wissenschaften, wird von Kaiser Ferdinand I. genehmigt. Ein nicht unwichtiges Thema ist die Befreiung der Akademie bei ihren Veröffentlichungen von der Zensur. Die „Freiheitsbewegung" ist noch nicht so stark, die Notwendigkeit zu erkennen, eine Stätte der freien Forschung zu schaffen.

> „Der Fortschritt der freiheitlichen Bewegung und der Aufstieg der Wissenschaften in dem abgelaufenen Jahrzehnt [1836-1846] waren nicht zu übersehende Faktoren. Die Denkschrift für die Reform der Zensur, die die Unterschrift fast aller Männer trug, die damals im geistigen Leben Österreichs Rang und Namen hatten, mußte Metternich, mochte er auch ihre Form ablehnen […] hat ihn auch tatsächlich zur Erwägung dieser Frage und einer bestimmten Entscheidung darin veranlasst. […] Der Vorsprung der deutschen Universitäten in der Ausgestaltung wissenschaftlicher Forschung und Lehre, die bedeutenden Leistungen der

---

[296] Fotoquelle: Postkarte- Archiv der Österreichischen Akademie der Wissenschaften.

Preußischen Akademie der Wissenschaften [...] machten sicher auch auf Metternich einen Eindruck".[297]

Die Akademie der Wissenschaften wird in den Anfängen am Polytechnischen Institut in Wien untergebracht. Die ersten wissenschaftlichen Aktivitäten erfolgen in den Geistes- und Humanwissenschaften, den Rechtswissenschaften, der Meteorologie, der Geologie, der Zoologie, der Botanik und der Medizin. Die Akademie entwickelt sich immer mehr zu einer wichtigen außeruniversitärer Forschungsstätte. An der Österreichischen Akademie der Wissenschaften wird gegenwärtig vor allem im Bereich der Molekularbiologie, der Mikrobiologie, der Hochenergiephysik, der Bio- und Nanoforschung, der Quanteninformation und Quantenoptik geforscht.[298] Bereits bei seinen ersten wissenschaftlichen Abhandlungen, kann bei Josef Stefan eine Symbiose von experimentellen Untersuchungen und mathematischen Formulierungen beobachtet werden. Stefan hat das große Glück bereits früh mit der Akademie der Wissenschaften in eine fruchtbare Beziehung treten zu können. Er veröffentlicht schon im Jahre 1857 mit 22 Jahren seine erste Arbeit in den Poggendorffer Analen für Physik.

> „Am 10. Dezember desselben Jahres [1957] überreicht er der Akademie seine Abhandlung `über die Absorption der Gase`. In dieser Zeit trat in glänzendster Weise die Gabe Stefan`s hervor, das physikalische Experiment zum Ausgangspunkt mathematischer Behandlung zu machen, und dieser erste Schritt in die Kreise der k. k. Akademie hatte dem jungen Forscher auch sofort die ganze Zuneigung unseres ausgezeichneten Collegen des Physiologen Prof. Ludwig, heute in Leipzig, gewonnen, welcher von diesem Abende ihm ein treuer und einflussreicher Freund und Führer geblieben ist".[299]

Das wirkliche Mitglied der „Kaiserlichen Akademie der Wissenschaften" in Wien Carl Ludwig 1816-1895 wird auf den fleißigen und begabten Physiker Stefan aufmerksam. Stefan beklagt die wenigen Möglichkeiten am Physikalischen Institut selbstständig experimentelle Untersuchungen durchzuführen zu können. Ludwig bietet Stefan das Physiologische Laboratorium der k. k Josephs-Akademie an, um an diesem zu arbeiten und entsprechende Versuche durchzuführen.[300]

> „Im täglichen Umgange, schreibt Carl Ludwig, lernte er Josef Stefan kennen, lieben und hochzuschätzen. Zwischen den beiden Männern entspann sich ein inniges Freundschaftsverhältnis und sie fanden sich auch in der Arbeit, indem sie gemein-

---

[297] Meister, Richard 1947: Geschichte der Akademie der Wissenschaften in Wien 1847-1947, S. 29.
[298] Vgl. Karner, Herbert / Rosenauer, Artur / Telesko, Werner 2007: Die Österreichische Akademie der Wissenschaften, S. 54-57.
[299] Suess, Eduard 1893: Josef Stefan, S. 253.
[300] Vgl. Obermayer, Albert von 1893: Zur Erinnerung an Josef Stefan, S. 8.

schaftlich eine Untersuchung `Ueber den Druck, den das fließende Wasser senkrecht zu seiner Stromrichtung ausübt´" durchführen.[301]

Die moderne Physik entsteht an der Wende zum 20. Jahrhundert, wobei die Erkenntnisse der klassischen Physik dadurch nicht außer Kraft gesetzt werden. Die moderne Physik hat zusätzlich zur klassischen Physik neue Fragestellungen, die eine Beantwortung erwarten. Stefan ist in der zweiten Hälfte des 19. Jahrhundert einer der letzten namhaften Vertreter der „klassischen" Physik. Die klassisch durch Naturbeobachtung gefundenen Naturgesetze werden durch neue Wahrscheinlichkeits- und Zufallsgesetzlichkeiten gedeutet.

„Mit dem Eintritt von Josef Stefan, […] in der zweiten Hälfte der 1860er Jahre beginnt eine neue Periode der Physik in der Akademie wie an der Universität.[…] Seine Arbeiten umfassen die Gebiete der Optik, der Akustik, der Elektrodynamik, der Wärmelehre und des Magnetismus".[302]

Das 20. Jahrhundert wird zunehmend durch die moderne Physik, wie die Röntgenstrahlung, die Atomphysik, die Relativitätstheorie, die Quantentheorie und die Unschärferelation geprägt. Der Entdecker der Röntgenstrahlung ist Wilhelm Conrad Röntgen und die Struktur der Atome wird durch Niels Bohr erfasst. Die Makrophysik der Relativitätstheorie erforscht Albert Einstein wissenschaftlich. Eine Mikrophysik der Quantentheorie wird durch Max Plank untersucht. Die Beobachtung der Unschärferelation geht auf Werner Heisenberg, der diese auf die Wellennatur der Materie zurückführt. Die moderne Physik bringt die klassische nicht zum Verschwinden, sondern ergänzt diese entsprechend.

Der bekannte Physiologe Carl Ludwig rechts beginnt sich für den jungen begabten und fleißigen physikalisch forschenden Josef Stefan zu interessieren. Er fördert diesen auch an der Akademie der Wissenschaften entsprechend. Ludwig stellt für Stefan an der Josephs Akademie das Laboratorium zu Verfügung, welche sich heute in der Währinger Straße im IX. Wiener Stadtbezirk am Alsergrund befindet. Der erfolgreiche Gelehrte Ernst von Brücke [303]Professor von 1849 bis 1890 an der Universität Wien unterstützt auch den jungen wissenschaftlich aufstrebenden Stefan.[304]

---

[301] Ebenda, S. 8.
[302] Vgl. Meister, Richard 1947: Geschichte der Akademie der Wissenschaften in Wien 1847-1947, S. 94.
[303] Fotoquellen: Carl Ludwig in- Niko Ottowitz: Josef Stefan. Streiflichter aus seinem Werk und Leben- zum 175. Geburtstag, S. 48; Josephs-Akademie in: Wikipedia die freie Enzyklopädie.
[304] Fotoquelle: Brücke- Wikipedia die freie Enzyklopädie; Ludwig- Niko Ottowitz 2011. Josef Stefan. Streiflichter aus seinem Leben und Werk- zum 175. Geburtstag.

Das Josephinum ist eine medizinisch-chirurgische Akademie in Wien, die von Kaiser Joseph II. im Jahre 1785 eröffnet wird. Es erfolgt eine Ausbildung von Ärzten und Wundärzten für die k. k. Armee. Im Jahre 1786 wird diese Akademie allen anderen Fakultäten, wie Medizin, Jurisprudenz, Theologie und Philosophie, gleichgestellt. Diese Akademie hat das Recht Doktoren und Magister der Medizin und der Wundarznei zu graduieren. Diese medizinische und chirurgische hohe Lehranstalt des Militärs wird im Jahre 1874 endgültig geschlossen.

Die Professoren und Physiologen der Universität Wien Carl Ludwig und Ernst Ritter von Brücke beginnen sich für die aufstrebende Begabung des jungen Stefan zu interessieren und förderten diesen entsprechend. Brücke und Ludwig sind entschiedene Befürworter der organischen Physik. Diese beiden Physiologen versuchen die Physiologie nach den Grundsätzen der „exakten" Naturwissenschaften zu betreiben. Die Die Hochachtung anderer Gelehrter kommt dadurch zum Ausdruck, dass dieser 25-jährige Forscher bereits im Jahre 1860 zum korrespondierenden und im Jahre 1865 zum wirklichen Mitglied der Akademie der Wissenschaften gewählt wird.[305] Stefan hat nach der Wahl zum korrespondierenden und wirklichen Mitglied der Akademie keinen Lebenslauf und keine Publikationsliste hinterlassen, obwohl dies üblich war. Im 50. Bande der Sitzungsberichte der kaiserlichen Akademie der Wissenschaften wird die physikalische Abhandlung

> „Ein Versuch über die Natur des unpolarisirten Lichtes und die Doppelbrechung des Quarzes in der Richtung seiner optischen Achse"[306]

---

[305] Vgl. Cermelj, Leo 1856: Josip Stefan. Leben und Werk eines großen Physikers, S. 10.
[306] Obermayer, Albert 1893: Zur Erinnerung an Josef Stefan, S. 10.

von Josef Stefan veröffentlicht. Wegen dieser Forschungsleistung wird Stefan der „Ignaz-Lieben-Preis" am 27. April 1865 erstmals Stefan verliehen. Dieser Preis wird mit 900 Gulden dotiert und kann österreichischen Physikern und Chemikern abwechselnd alle drei Jahre, aufgrund einer testamentarischen Stiftung, verliehen werden. Stefan wird aufgrund dieses Preises am 20. Juni 1865 zum wirklichen Mitglied der Akademie der Wissenschaften berufen.[307]

> „Josef Stefan ein experimentell und theoretisch vielseitiger Forscher, der 1879 seine Schrift über die Beziehung zwischen Wärmestrahlung und Temperatur veröffentlichte, deren Probleme er dann durch die Diskussion des Strahlenvorganges zwischen Erde und Weltraum und die Bestimmung der Sonnentemperatur auf Grund einer neuen Formel für die ausgestrahlte Wärmemenge weiterführte. Die Versuche im Zusammenhang mit der internationalen Weltausstellung in Wien 1883 dienen als Grundlage zur Messung der Wechselstrommaschinen".[308]

Es gibt einen Vorsprung der deutschen Universitäten, indem diese zu Stätten der wissenschaftlichen Forschung und der Lehre ausgestaltet werden. Die bedeutenden Leistungen der Preußischen Akademie der Wissenschaften in den letzten Jahrzehnten hinterlassen bei Staatskanzler Metternich einen tiefen Eindruck. Der Fortschritt der „freiheitlichen" Bewegung am Vorabend der liberalen Revolution hat schließlich die Gründung der „Akademie der Wissenschaften in Wien" im Jahre 1847 zur Folge.[309]

Die genauen Beobachter des Vizepräsidenten der Akademie der Wissenschaften Josef Stefan stellen in den letzten Jahren seines Lebens fest, dass dieser die Gewohnheit besitzt, die rechte Schulter etwas höher zu halten. Im vertrauten Kreise gesteht Josef Stefan, dass er als schwächlicher Knabe schwere Mehlsäcke seines Vaters im Mehlgeschäft tragen muss. Die Erinnerung an diese Begebenheit bleibt bei Stefan bis in die Zeiten größten wissenschaftlichen Rufes und höchster Auszeichnungen bestehen. Stefan hat wie kein anderer Physiker die Gabe,

> „das physikalische Experiment zum Ausgangspunkte mathematischer Behandlung zu machen, und dieser erste Schritt in die Akademie hatten dem Forscher auch sofort die ganze Zuneigung unseres [der Akademie der Wissenschaften] ausgezeichneten Collegen Ludwig gewonnen, welcher von diesem Tage an Stefan ein treuer und einflussreicher Freund und Führer geblieben ist".[310]

Stefan wird im Jahre 1883 Präsident der technisch-wissenschaftlichen Kommission. Es erfolgt eine wissenschaftliche Begleitung der Internationalen Elektrischen Ausstellung in Wien.

---

[307] Vgl. ebenda, S. 10.
[308] Meister, Richard 1947: Geschichte der Akademie der Wissenschaften 1847-1947, S. 122.
[309] Vgl. ebenda, S. 29.
[310] Suess, Eduard 1893: Nekrolog auf Josef Stefan, S. 253.

Stefan führt während dieser Ausstellung vielfältige und zahlreiche Versuche durch. Diese Experimente haben schrittweise zu Ergebnissen von großer technischer Bedeutung geführt. Unter anderen entstehen die grundlegenden Erkenntnisse und Fertigkeiten zur Messung der Wechselstrom-Maschinen.[311] Josef Stefan liefert viele Erkenntnisse zur Anwendung der immer wichtiger werdenden Elektrotechnik.

Zeitbereich	Präsidenten der Akademie der Wissenschaft Wien
- 1847-1849	- Hammer-Purgstall, Josef Freiherr von
- 1849-1865	- Baumgartner, Andreas Freiherr von
- 1866-1869	- Karajan, Theodor Georg von
- 1869-1878	- Rokitansky, Karl Freiherr von
- 1879-1897	- Arneth, Alfred Ritter von
- 1898-1911	- Suess, Eduard
- 1911-1914	- Böhm-Bawerk, Eugen Ritter von
- 1915-1919	- Lang, Viktor Edler von
- 1919-1938	- Redlich, Oswald
- 1938-1945	- Srbik, Heinrich Ritter
- 1945-1946	- Späth, Ernst
- 1947-1951	- Ficker, Heinrich
- 1951-1963	- Meister, Richard
- 1963-1969	- Schmid, Erich
- 1969-1970	- Lesky, Albin
- 1970-1973	- Schmid, Erich
- 1973-1982	- Hunger, Herbert
- 1982-1985	- Pöckinger, Erwin
- 1985-1987	- Tuppy, Hans
- 1987-1991	- Hittmair, Otto
- 1991-2003	- Welzig, Werner
- 2003-2006	- Mang, Herbert
- 2006-2009	- Schuster, Peter
- 2009-2013	- Denk, Helmut
- **2013-...**	- **Zeilinger Anton - Quantenphysiker**
Zeitbereich	**Vize-Präsidenten der Akademie der Wissenschaften Wien**
- 1847-1851	- Baumgartner, Andreas Ritter von
- 1851-1866	- Karajan, Theodor Georg von
- 1866-1869	- Rokitansky, Karl Freiherr von
- 1869-1879	- Arneth, Alfred Ritter von
- 1879-1881	- Burg, Adam Freiherr von
- 1881-1885	- Brücke, Ernst Ritter von
- **1885-1893**	- **Stefan, Josef - Physiker**
- 1893-1898	- Suess, Eduard

---

[311] Vgl. ebenda, S. 255.

- 1898-1899	-	Siegel, Heinrich
- 1899-1907	-	Hartel, Wilhelm Ritter von
- 1907-1911	-	Böhm-Bawerk, Eugen Ritter von
- 1911-1915	-	Lang, Viktor Edler von
- 1915-1919	-	Redlich, Oswald
- 1919-1931	-	Wettstein, Richard
- 1931-1937	-	Molisch, Hans
- 1938-1945	-	Schweidler, Egon Ritter von
- 1945-1951	-	Meister, Richard
- 1951-1957	-	Ficker, Heinrich
- 1957-1960	-	Kruppa, Erwin
- 1960-1963	-	Chiari, Hermann
- 1963-1969	-	Lesky, Albin
- 1969-1970	-	Schmid, Erich
- 1970-1973	-	Hunger, Herbert
- 1973-1979	-	Schmid, Erich
- 1979-1982	-	Plöckinger, Erwin
- 1982-1991	-	Vetters, Hermann
- 1991-1997	-	Hittmair, Otto
- 1997-2000	-	Schlögl, Karl
- 2000-2003	-	Schuster, Peter
- 2003-2009	-	Matis, Herbert
- 2009-2011	-	Jalkotzy-Deger, Sigrid
- 2011-2013	-	Suppan, Arnold
- 2013-…	-	Alram, Michael
- Ab 2011 - Ab 2011	**Klassen-Präsidenten** der Akademie der Wissenschaften Jalkotzy-Deger, Sigrid: Philosophisch-historische Kl. Stingl, Georg: Mathematisch-naturwissenschaftliche Kl.[312]	

Der derzeitige Präsident der Akademie der Wissenschaften Anton Zeilinger geboren im Jahre 1945 in Ried im Innkreis. Zeilinger forscht im Bereich der Quantenphysik und Quantenoptik. Der Forschergruppe um Zeilinger gelingt es im Jahre 1997 eine weltweit beachtete erste **Quanten-Teleportation**. Ein Lichtteilchen überwindet Raum und Zeit, ohne einen Weg zurückzulegen. Dieser physikalische Vorgang wird als **Beamen** öffentlich bekannt. Die Verschlüsselung einer Geheimnachricht erfolgt durch Quantenkrytographie im Jahre 1999. Die Sicherheit des Systems wird durch Naturgesetze gewährleistet. Eine große Popularität verdankt Anton Zeilinger der Publikation des **Einstein Schleiers**. Zeilinger gelingt es dadurch seine Forschungstätigkeit dem physikalischen Laien verständlich zu machen.[313]

---

[312] Archiv der Akademie der Wissenschaften in Wien.

5.2 Lehrkanzel für Physik zum Institut für Experimentalphysik

Mit der realistischen Wende durch die fortschrittsgläubige, bürgerlich-liberale Revolution 1848 kommt es an der Philosophischen Fakultät der Universität Wien zur Gründung des praxisorientierten Physikalischen Instituts in Erdberg, im III. Wiener Stadtbezirk Landstraße. In der Vergangenheit gibt es im Physikbereich vor allem „reine", theorieorientierte Lehrkanzeln. Das erste Physikalische Institut hat bei der anschaulichen, experimentellen Bildung von Physik-Lehramtskandidaten eine wesentliche Aufgabe inne. Die Physik hat an der Universität Wien eine lange Tradition. Bereits in der „Stiftungsurkunde" von 1365 werden die Bildungsstoffe in „vier" Fakultäten gegliedert.[314] Es sind dies die juristische, die medizinische, die theologische und die artistische Fakultät. Die Physik wird im Rahmen der artistischen Fakultät bereits früh gelehrt.[315]

Die „Artistische Fakultät" geht auf die spätantike und frühmittelalterliche, höhere Bildung, die „septem artes liberales", zurück. Die sieben allgemeinbildenden Lehrfächer bilden eine Grundlage an der Universität Wien: Grammatik, Rhetorik, Dialektik, Arithmetik, Geometrie, Musik und Astronomie. Die aristotelische Philosophie der Naturwissenschaft oder Physik gliedert die „Dialektik" in die Logik, Ethik und Metaphysik. Die Fakultät sorgt dafür, dass gewisse Fächer von „Magistri" nach bestimmten Büchern vorzutragen sind. Jeder Magister hat mehrere „Lizentiaten" und „Bachalarien" an seiner Seite. Die Magistri stehen an der Spitze einer Lehrkanzel. Ein Fach kann unter Umständen von vielen Vortragenden vertreten werden. Es ist überliefert, dass im Jahre 1390 zwanzig Magistri an der Artistischen Fakultät lehren. Es gibt die Möglichkeit einer freien Konkurrenz unter den Lehrenden. Dadurch kann es vorkommen, dass mehrere Magistri über den gleichen Gegenstand lesen. Im Jahre 1431 haben drei Magistri die Physik des Aristoteles und vier seiner Bücher von der Seele vorgetragen.[316]

Im 15. Jahrhundert erreicht die Wiener Artistische Fakultät durch das Wirken hervorragender Magistri auf dem Gebiet der Mathematik und der Astronomie ein großes Ansehen.[317]

---

[314] Vgl. Akten der Dekanate der Universität Wien.
[315] Vgl. Akten der Akademie der Wissenschaften in Wien.
[316] Vgl. Ambschell, Anton 1791/93: Anfangsgründe der allgemeinen, auf Erscheinungen und Versuche aufgebauten Naturlehre. Wien.
[317] Vgl. Aristoteles 1924: Kleine naturwissenschaftliche Schriften. Leipzig.

1854		Lehrkanzel für Physik
1715	- 1823 – 1833 - 1835-1848	Lehrkanzel für Physik & Physikalisches Kabinett - Andreas Baumgartner - Andreas von Ettingshausen
1850	- 1850 – 1865 - 1865 - 1902	Lehrkanzel für Physik & Physikalisches Kabinett - August Kunzek - Viktor von Lang
1902	- 1902 – 1909 - 1909 – 1925 - 1926 – 1940 - 1946 – 1952	I. Physikalisches Institut - Viktor von Lang - Ernst Lecher - Egon von Schweidler - Felix Ehrenhaft
1977-2004	- 1999-2003 - 2003-2004	Institut für Experimentalphysik - Anton Zeilinger - Chistian Delago
2004		Fakultät für Physik – **gegründet** - Institut für Experimentalphysik u.a.
2007		Institutsstruktur der Fakultät für Physik **aufgelöst** **Forschungsgruppen** - Aerosolphysik und Umweltphysik - Computergestützte Materialphysik - Dynamik Kondensierter Syteme - Elektronische Materialeigenschaften - Experimentelle Grundausbildung und Hochjschuldidaktik - Gravitationsphysik - Isotopenforschung und Kernphysik - Mathematische Physik - Physik Funktioneller Materialien - Physik Nanostrukturierter Materialien - Quantenoptik, Quantennanophysik und Quanteninformation - Teilchenphysik **Fakultätszentrum** - Nanophysikforschung[318]

---

[318] http://physiks.univie.ac.at.

Im Jahre 1474 kauft die Artistische Fakultät die ersten gedruckten Bücher. Darunter befinden sich einige Werke von Aristoteles, die in Venedig erstmals gedruckt werden.[319] Der Humanismus bringt keine neuen physikalischen Erkenntnisse hervor. Die Universität Wien erreicht unter Kaiser Maximilian I. 1459-1519 eine Blütezeit. Maximilian wird im Jahre 1508 in Trient zum Römischen Kaiser ausgerufen.[320] Die Universität erleidet zunehmend einen Verfall und steht vor der Selbstauflösung. Durch Kaiser Ferdinand I. 1503-1564 wird am 1. Jänner 1554 eine fast zwei Jahrhunderte währende „Reform" der Universität bewerkstelligt. Diese neue Reformation bewirkt, dass die Anzahl der Professoren fixiert wird. Die Artistenfakultät hat zwölf lehrende Magistri.

Die Universitätsreform von 1554 bewirkt auch, dass die erste feste Lehrkanzel für Physik geschaffen wird. Es werden somit zwei Professuren für die „Naturphilosophie" reserviert. Zwischen den Doktoren und den Professoren besteht der Unterschied, dass die Professoren den Unterricht selbst halten müssen. Die Magistri dürfen nicht mehr durch die Licentiaten und Bachalarien vertreten werden. Jeder Professor hat sein bestimmtes „Vorlesebuch" und darf nur mehr über diesen Gegenstand vortragen. Im ersten Lehrgang der Artistenfakultät wird Grammatik, Dialektik und Rhetorik vermittelt. Im zweiten Lehrgang erfolgt eine Unterweisung in Arithmetik, Geometrie und Physik. Die Physik wird vornehmlich nach Euklid und Aristoteles vorgetragen, auch die Astronomie ist entsprechend vorgesehen.[321] Diese Fächer sind zur Erlangung des „Bachalariats" erforderlich. Wer aber die Magisterwürde anstrebt, der muss auch die Vorlesungen des „physicus secundus" besuchen.[322] Im ersten Jahr sind die vier letzten Bücher des Aristoteles über Physik zu verwenden und die Bücher von der Seele. Im zweiten Jahr werden die Bücher über den Himmel und die Meteorologie gelehrt.

Kaiser Ferdinand I. erwartet sich bezüglich der katholischen Sache von den Jesuiten besonders viel. Das Jesuitenkolleg in Wien hat einen größeren Zuspruch als die Universität. Die Jesuiten haben für die damalige Zeit eine ausgezeichnete Lehrmethode. Im Jahre 1623 erfolgt dann eine Vereinigung der Jesuiten mit der Universität, wobei diese auch gesetzlich vollzogen wird. Die Gesellschaft Jesu übernimmt die theologische und philosophische Fakultät. Die

---

[319] Vgl. Baumgartner, Andreas 1824: Naturlehre nach ihrem gegebenen Zustand mit Rücksicht auf mathematische Begründung. Wien.
[320] Vgl. Österreich Lexikon. Bd. II, S. 33.
[321] Vgl. Becke, Friedrich 1915: Karl Exner, S. 345 f.
[322] Vgl. Becke, Friedrich 1916: Ernst Mach, S. 328-334.

Jesuiten bekommen folgende Lehrkanzeln:[323] Metaphysik, Ethik, Physik, Mathematik, Logik, Dialektik, Rhetorik, Poetik, griechische und hebräische Sprache. Die Lehrmethode der Jesuiten lehnt sich an den Humanismus und die Scholastik an.[324] Die Philosophie hat bei den Jesuiten „drei" Jahrgänge, wobei zuerst die Logik, dann die Physik und zuletzt die Metaphysik gelehrt werden. Die Professoren steigen mit den Schülern auf, allerdings leidet die Fach- und Spezialbildung darunter. Die aristotelische Lehre beherrscht das Gebiet der Naturlehre[325] für nahezu zwei Jahrtausend.

Die Schriften von Aristoteles sind hauptsächlich Vorlesungshefte, die über die Araber in unsere Breiten kommen. Um 1000 versucht die Scholastik, die christliche Lehre durch die griechische Philosophie zu begründen. Damit wird die aristotelische Lehre zu einer Macht, gegen die sich kein Zweifel regen darf. Galilei Galileo entgeht nur knapp dem Scheiterhaufen durch die Inquisition. Die philosophischen und auch die naturwissenschaftlichen Schriften des Aristoteles treten immer mehr in den Mittelpunkt. Es wird immer mehr Naturkunde betrieben, eigentlich nur dogmatisch, ohne eigene Beobachtungen und Experimente anzustellen. Das starre Festhalten an der Lehre des Aristoteles ist für die Entwicklung der Wissenschaft nicht vorteilhaft. An der Universität Wien hat die Lehre von Aristoteles bis in das 17. Jahrhundert volle Geltung. Aristoteles nennt die Physik bzw. Naturwissenschaft „Zweite Philosophie".
Die wichtigsten Erkenntnisse der Aristotelischen Physik:

1. Die naturphilosophische Betrachtung von Stoff, Kraft, Bewegung und die Lehre von den Elementen.

2. Die Ansicht über den Bau des Kosmos und über die allgemeine Anordnung der Grundstoffe des Alls.

3. Einige Ansichten über Molekularkräfte und einige chemische Vorgänge.[326]

Das Experiment als eine Methode für wissenschaftliche Zwecke gibt es noch nicht. Für Experimente fehlen Aristoteles noch die entsprechenden Instrumente. Diese gibt es damals nur für astronomische Beobachtungen. Die Entwicklung der modernen Physik zur selbststän-

---

[323] Vgl. Boltzmann, Ludwig 1899: Zur Erinnerung an Josef Loschmidt. Festrede, gehalten bei der Enthüllung des Loschmidt-Denkmals am 5. November 1899. In: Boltzmann, Ludwig: Populäre Schriften. 1905, Wien.
[324] Vgl. Boltzmann, Ludwig 1894: Brief an Franz Exner vom 2. Mai 1894.
[325] Vgl. Dannemann, Friedrich 1910: Die Naturwissenschaften in ihrer Entwicklung und in ihrem Zusammenhang. Leipzig.
[326] Bittner, Lotte 1949: Geschichte des Studienfaches Physik an der Wiener Universität in den letzten hundert Jahren, S. 19.

digen Wissenschaft im Sinne von Galilei und Newton muss sich im Kampf gegen die aristotelische Lehre erst durchsetzen.[327]

Im Jahre 1752 kommt es zur 1. Reform Maria Theresias. Diese sieht für die philosophische Fakultät auch einen neuen Studienplan vor. Die Jesuiten werden in die Verhandlungen des neuen Studienplanes nicht mit einbezogen. Die philosophischen Lehrgegenstände dauern an der Universität zwei Jahre, mit täglich vier Vorlesungsstunden. Die Reihenfolge und Beschaffenheit der philosophischen Vorträge wird zunehmend genau geregelt. Im „I. Jahrgang" wird die Logik, die Dialektik, die Mathematik und die Metaphysik und im „II. Jahrgang" die Physik, die Naturgeschichte und die Ethik gelehrt. Jeder philosophische Jahrgang wird mit einer Prüfung abgeschlossen. Die „philosophische Fakultät" hat nur noch vier Lehrkanzeln, die für Physik, für Ethik, für Logik und für Mathematik. Die neue Lehrmethode besagt, dass die Professoren nicht mehr diktieren dürfen, allerdings muss man sich an den Buchautor halten. Aristoteles ist überholt, da der Staat vorschreibt, was zu lehren ist. Das Vorlesebuch wird amtlich, und der Lehrende muss sich strikt an dieses halten. Es wird jede wissenschaftliche Eigenständigkeit und jeder Fortschritt unterbunden. Die Professoren werden meist zu ängstlichen Nachahmern.[328]

Die 2. Reform Maria Theresias aus dem Jahr 1774 hat eine neue Systematisierung der Lehrkanzeln zur Folge. Ein Ende der Tradition, die von der Artistenfakultät zur Jesuitenuniversität reicht, ist endgültig gegeben. Die Anzahl der Lehrer an der philosophischen Fakultät wird festgelegt. Ein Lehrer hat die „theoretische und experimentelle" Physik zu übernehmen. Die philosophische Fakultät vermittelt noch keine Forschungsarbeit, sie vermittelt nur eine „höhere" Allgemeinbildung. Kaiser „Joseph II." schränkt die Lehr- und Lernfreiheit ein. Die Autonomie der Universität wird aufgehoben. Die Universität hat praktische Aufgaben zu erfüllen: Es sollen tüchtige Staatsbeamte und nicht Gelehrte herangebildet werden. Auf eine wissenschaftliche Begründung wird kein Wert gelegt. Das Doktorat der Philosophie besteht nunmehr aus „drei Rigorosen", nämlich aus dem der Philosophie, der Mathematik und Physik sowie aus dem der Geschichte. Kaiser „Leopold II." installiert eine „Studieneinrichtungskommission", die einen neuen Studienplan ausarbeiten soll. Die Professoren müssen sich an ein vorgeschriebenes Lehrbuch halten, sollten aber jährlich auch zwei Artikel in Form von

---

[327] Ettenreich, Robert 1926: Ernst Lecher zum Gedächtnis, S. 473.
[328] Ettingshausen, Andreas 1844: Anfangsgründer der Physik.

wissenschaftlichen Arbeiten hervorbringen und drucken lassen. Diesen „streng" geprüften Kandidaten wird es gestattet, außerordentliche Vorträge zu halten.[329] Es werden neben obligaten auch freie Fächer gelehrt. Die Professoren sollten auch außerordentliche Vorträge halten, die sich mit den ordentlichen nicht überschneiden sollen. Der Lehrgegenstand Physik wird weiterhin im II. philosophischen Jahrgang vermittelt, und zwar täglich eine Stunde. Bis in den Vormärz hinein hat man sich an der Universität Wien kaum ernstlich mit der Erkenntnis der Mechanik von Isaac Newton auseinandergesetzt. Mit den Erkenntnissen Newtons in der Mechanik beginnt die moderne Physik in Wien. Die Physik beginnt damit, sich immer mehr mit den Kräften der Elektrizität und des Magnetismus zu beschäftigen. Die Bewegungen und deren verursachende Kräfte werden untersucht und auch berechnet.[330]

Im Jahre 1805 bringt die Reform von Kaiser Franz I. große Fortschritte für die philosophische Fakultät. Es werden nunmehr drei Gruppen von Vorlesungen unterschieden: 1. Vorlesungen, die von allen Studenten gehört werden müssen, die sich den höheren Fach-Wissenschaften, wie der Theologie, der Jurisprudenz und der Medizin zuwenden. Ferner gehört dazu Physik mit Versuchen im II. Jahrgang. 2. Gegenstände, die nur für bestimmte Studienrichtungen erforderlich sind. 3. Gegenstände, die frei gewählt werden können, wie z. B. die physikalische Sternenkunde. Die Physik wird allmählich als moderne Wissenschaft betrachtet. Als der erste moderne Vertreter der Physik kann Andreas Baumgartner gesehen werden.[331]

Andreas Baumgartner 1793-1865 wird an die Universität Wien berufen, dadurch tritt im Physikunterricht eine Wende ein. Die wissenschaftliche Forschung in der Physik wird ins Leben gerufen. In Deutschland, Frankreich und England gibt es bereits seit Jahrzehnten eine moderne, naturwissenschaftliche Forschung. Baumgartner ist ein ungewöhnlicher Mann aus ärmsten Verhältnissen. Er ist Mitbegründer und langjähriger Präsident der Akademie der Wissenschaften in Wien. Als Knabe ist er für das Schneiderhandwerk vorgesehen und sollte dann Lehrer werden. Aus dem noch weiter gesteckten Ziel, Geistlicher zu werden, wird nichts. Das Interesse an naturwissenschaftlichen und mathematischen Fragen entwickelt sich schon im Gymnasium. Baumgartner promoviert bereits mit 21 Jahren im Jahre 1814. Später wird er Adjunkt an der Lehrkanzel für Philosophie. Baumgartner folgt dem ersten Adjunkten

---

[329] Vgl. Exner, Serafin Franz 1916: Friedrich Hasenöhrl, S. 337 f.
[330] Vgl. Flamm, Ludwig 1944: Die Persönlichkeit Ludwig Boltzmann, S. 12-16.
[331] Vgl. Akademischer Senat (Hrsg.): Geschichte der Wiener Universität.

der Lehrkanzel für Mathematik und Physik nach und wird ein universitärer Lehrer, der die Studenten unglaublich für seinen Fachbereich begeistern kann.[332]

Andreas Baumgartner wird 1823, mit 30 Jahren, ordentlicher Professor der Physik und Angewandten Mathematik an der Wiener Universität. Durch ihn tritt in Wien ein reges Leben auf dem Gebiet der Naturwissenschaften ein. Der Physikunterricht ist seit der Zeit der Jesuiten nicht viel besser geworden. Professor Andreas Baumgartner hat eine Wende in der Behandlung der Physik in Wien herbeigeführt. Das durch die Jesuiten im Jahre 1715 gegründete und im Jahre 1773 von der Universität übernommene „Physikalische Kabinett" ist, wie es Lehrmethode und Lehrinhalt sind, nämlich veraltet. Baumgartner übernimmt fünfzig Jahre später, 1823, den unbrauchbaren Zustand der Gerätschaft, der Modelle und der übrigen Sammlung. Aus dem Kabinett wird unbrauchbares und veraltetes Inventar ausgemustert. Das Physikalische Kabinett wird durch einen Mechaniker und einen Kunsttischler entsprechend ausgestaltet. Baumgartner hält, die zum II. philosophischen Jahrgang gehörigen Vorlesung über die „Physik, in Verbindung mit der angewandten Mathematik und entscheidenden Versuchen" anfänglich noch in lateinischer Sprache. Die Reform von Kaiser Franz I. schreibt im Jahre 1824 die deutsche Sprache für Vorlesungen an den Universitäten vor. Andreas Baumgartner hält seine Hauptvorlesung als erster Professor der Physik in deutscher Sprache. Baumgartner verfasst ein deutsches Lehrbuch für die Naturlehre, das im Jahre 1845 bereits in der 8. Auflage erscheint und erkennt bald, dass für eine umfassende Behandlung der Physik ein Supplementband erforderlich wird. Der experimentelle und der mathematische Teil der Physik werden entsprechend dargestellt. Dieses Physikbuch behandelt die klassische Mechanik von Newton erstmals in exakter Mathematik. Das Forschungsziel der modernen Physik ist, die grundlegenden Gesetze zu erklären und entsprechend mathematisch zu formulieren. Die verschiedenen mechanischen Probleme werden durch wenige mathematische Formeln dargestellt. Professor Baumgartner baut seine Vorträge klar auf. Die neuen Entdeckungen werden auch erwähnt, es erfolgt damit die Vermittlung des neuesten Standes der Wissenschaft. Andreas Baumgartner muss nach zehn Jahren, 1833, die Lehrtätigkeit an der Universität Wien aus gesundheitlichen Gründen aufgeben. Dessen Lehrkanzel-Nachfolger für Physik wird Andreas von Ettingshausen.

---

[332] Vgl. Gerland, E. 1913: Geschichte der Physik.

Andreas Baumgartner wird im Jahre 1833 Direktor der staatlichen Porzellanfabrik in Wien, im Jahre 1842 Leiter der sieben Tabakfabriken der Habsburgermonarchie mit 2400 Beschäftigten. Baumgartners großer Verdienst war es, im Jahre 1846 in Österreich den elektromagnetischen Telegraphen einzuführen. Baumgartner wird Leiter des entstehenden Telegraphenwesens.[333] Nach der Revolution 1848 wird Andreas Baumgartner auch politisch aktiv. Baumgartner wird im Jahre 1848 Arbeitsminister, und von 1851 bis 1855 bekleidet er die Funktion eines Handels- und Finanzministers. In diesem politischen Amt begleitet er auch das Entstehen der Semmering-Bahn.[334]

Von links nach rechts: Die Physiker **Andreas Baumgartner**, **Andreas Ettingshausen** und **August Kunzek** am Physikalischen Kabinett der Universität Wien im Vormärz, am Vorabend der Revolution.[335]

Andreas Baumgartner verlässt krankheitsbedingt das akademische Lehramt an der Universität in Wien. Andreas von Ettingshausen, Professor für höhere Mathematik 1835-1849, übernimmt im Jahre 1835 die Funktion eines Vorstandes an der einzigen universitären Lehrkanzel für Physik. Ettingshausen wird zum ordentlichen österreichischen Professor der Physik, der angewandten Mathematik und Mechanik berufen. Der Mathematiker Ettingshausen dringt zunehmend tiefer in physikalische Lehrinhalte ein. Er hält bis zum Jahre 1848 Vorlesungen über die „höhere" Physik, die „neuesten Fortschritte in der Physik" und die „populäre" Physik. Ettingshausen verschriftlicht die Lehrinhalte in eigenen Heften. Das Revolutionsjahr 1848 ruft grundlegende Veränderungen an den Universitäten hervor. Der größte Wandel

---

[333] Vgl. Haas, Karl 1903: Festvortrag am 28. November 1903: Christian Doppler und seine Entdeckungen.
[334] Vgl. Österreichische Zentralbibliothek für Physik 2004, S. 8.
[335] Bildquelle: Österreichische Zentralbibliothek für Physik.

vollzieht sich an der Philosophischen Fakultät. Die **vorbereitende, allgemeinbildende** Philosophische Fakultät wird zunehmend in einzelne, **fachbildende** Disziplinen zerlegt. Andreas von Ettingshausen tritt im Jahre 1849 in die Ingenieur-Militärakademie in Wien über. August Kunzek übernimmt die Verwaltung des Physikalischen Kabinetts im Jahre 1849. Eine großzügige Reform des höheren Bildungswesens erfolgt durch Unterrichtsminister Leo Graf Thun-Hohenstein. Dieser bringt eine moderne Philosophische Fakultät mit **eigenständigen,** wissenschaftlichen Disziplinen hervor. Die Philosophische Fakultät wird zunehmend eine eigenständige, **höhere** Bildungs- und Forschungsstätte. Die **Physik** bekommt an der Universität Wien eine immer **größere** Bedeutung. Die moderne Physik geht in Wien auf Andreas Baumgartner und Andreas von Ettingshausen zurück. Die Physik an der Universität Wien erfährt in der 2. Hälfte des 19. Jahrhunderts durch Josef Stefan, Josef Loschmidt und vor allen auch durch Ludwig Boltzmann einen **enormen** Aufschwung.[336]

Die Übersiedlung der Lehrkanzel für Physik in das ehemalige Konvikt-Gebäude im Jahre 1855 ermöglicht eine Reaktivierung des „Physikalischen Kabinetts". Die Physik-Lehrkanzel bekommt einen Hörsaal und einige Zimmer zugeteilt. Diese Lehrkanzel erhält wieder ein entsprechendes Physikalisches Kabinett, das vorerst sehr dürftig ausgestattet ist. August Kunzek stirbt im Jahre 1865, und sein Nachfolger wird der aus Graz kommende Viktor von Lang.[337] In weiterer Folge vervollständigt der langjährige Inhaber der Lehrkanzel für Physik, Viktor von Lang, das „Physikalische Kabinett". Dadurch können anspruchsvolle und umfassende physikalische Forschungen durchgeführt werden. Durch Viktor von Lang, den Langzeit-Ordinarius für Physik, blüht das Physikalische Kabinett als physikalische Experimentierstätte entsprechend auf.

August Kunzek 1795-1865 absolviert eine 23-Jährige, universitäre Tätigkeit in Lemberg. Kunzek wird im Jahre 1847 als Professor für Physik und Angewandte Mathematik an die Universität Wien berufen. Während der Revolutionswirren des März 1848 zieht sich Kunzek vollkommen von seiner Lehrtätigkeit zurück. Am 17. Jänner 1850 wird das **Physikalische Institut** an der Philosophischen Fakultät gegründet. Kunzek ist ursprünglich für die Leitung des Physikalischen Instituts vorgesehen, aber Christian Doppler wird zum Direktor des neuen Physik-Instituts bestellt. Das Kunzek unterstellte Physikalische Museum wird dem Direktor

---

[336] Vgl. King, Rudolf 1854: Geschichte der kaiserlichen Universität zu Wien.
[337] Vgl. Lampa, Anton 1921: Viktor von Lang. In: Deutsches Biographisches Jahrbuch, S. 172-178.

des Physikalischen Instituts zugeteilt. Kunzek steht beinahe ohne jegliche physikalische Lehrmittel da, weil das Physikalische Kabinett im Jahre 1850/51 aufgeteilt wurde. Im Jahr 1855 erwacht das Physikalische Kabinett wieder zu neuem Leben. August Kunzek wird für seine Verdienste um Wissenschaft und Unterricht als Edler von Lichton in den Adelsstand erhoben. August Kunzek hat nicht viele wissenschaftliche Abhandlungen hinterlassen, er veröffentlicht allerdings einige größere physikalische Werke: eine Lehre vom Licht, leicht verständliche Vorlesungen über die Astronomie, ein Lehrbuch der Experimentalphysik, ein Lehrbuch der Physik mit mathematischen Begründungen über Studien aus der höheren Physik.[338]

Viktor von Lang 1838-1920 und Josef Stefan prägen den europäischen Ruf der Wiener Schule und damit den der österreichischen Physik in der zweiten Hälfte des 19. Jahrhunderts wesentlich mit. Stefan besucht keine Naturforscher-Versammlungen im Ausland. Lang baut die Kontakte, die er während seiner Studienzeit im Ausland aufbaute, als Ordinarius der Wiener Universität weiter aus. Er ist durch seine vornehme Erscheinung von Natur aus zum Präsentieren geschaffen und vertritt Österreich zu verschiedenen Anlässen im Ausland. Josef Stefan ist allen Repräsentationsverpflichtungen abgeneigt. Es ist ein Glück, dass sich die beiden Gelehrten in dieser Beziehung entsprechend ergänzen. Josef Stefan lebt ausschließlich für seine wissenschaftliche Arbeit und seine Aufgaben als Direktor des Physikalischen Instituts. Er hält sich von jeder Ablenkung fern, dies ist eine Voraussetzung für seine Forschungsleistungen. Kein Wiener Physiker nach Josef Stefan hat die ganze Physik mit seinen Arbeiten bereichert. Stefan war einer der letzten forschenden Universalphysiker. Nach dem Tod von Stefan nehmen die Spezialisten innerhalb der Physik durch große Entdeckungen wie die der Röntgenstrahlen zu. Auch Viktor von Lang ist ein vielseitiger Forscher, mit einem Gelehrtenleben von 44 Jahren als Ordinarius an der Universität Wien. Er hat noch die moderne Entwicklung in der Physik miterlebt. Lang wird im Jahre 1865 zum Ordinarius der „Lehrkanzel für Physik" ernannt. Gleichzeitig wird er zum ordentlichen Professor ernannt und wirkt 44 Jahre lang als Vorstand des Physikalischen Kabinetts und als Lehrer und Forscher. Lang ist zunehmend bestrebt, die Sammlungen des Physikalischen Kabinetts zu erweitern. Im Jahre 1875 übersiedelt das Kabinett in die Türkenstraße 3. Viktor von Lang hat während seiner

---

[338] Bittner, Lotte 1949: Geschichte des Studienfaches Physik an der Wiener Universität in den letzten hundert Jahren, S. 92.

langen Wirkungszeit an der Universität Generationen von Physikern, Medizinern und Lehramtskandidaten ausgebildet.

In der Vorlesung für Experimentalphysik gelingt es Lang, mit einfachen, meist selbst gefertigten Apparaten 4000 übersichtliche Versuche durchzuführen. Seine Experimente finden ohne überflüssiges Beiwerk statt, wodurch die Physik entsprechend klarer dargestellt wird. Jede Neuentdeckung hat Lang in sein Vorlesungsprogramm aufgenommen. Die Ausgestaltung des Mittelschulunterrichtes liegt Lang am Herzen.

Viktor von Lang erwirbt als Vorsitzender des Vereines zur Förderung des physikalischen und chemischen Unterrichts große Verdienste. Er ist als Prüfer der Lehramtskandidaten für Physik gefürchtet, denn er verlangt von den Kandidaten auch ein physikalisches Denken. Lang ist ein redlicher, gütiger, liebenswürdiger und wohlwollender Mensch, der zu den Begründern der Kristallographie gerechnet wird. Er hat dazu auch nützliche Instrumente konstruiert und gebaut und ist in der Physik sehr vielseitig. In der Hauptvorlesung vermittelt Lang ein geschlossenes Bild von der gesamten Physik. Viktor Lang ist noch ein Vertreter der klassischen Physik.[339]

Von links nach rechts: Die Physiker **Egon von Schweidler**, **Viktor von Lang** und **Ernst Lecher**.[340]

Ernst Lecher 1856-1926 besucht das Akademische Gymnasium und studiert Physik. Er führt bereits als Student die ersten experimentellen Arbeiten auf dem Gebiet der Wärmelehre durch. Im Jahre 1882 legt er seine umfangreichen Untersuchungen „Über Ausstrahlung und Absorption" vor. Lecher habilitiert sich im Jahre 1884 zum Privatdozenten an der Universität Wien und wird Assistent bei Viktor von Lang, dem Leiter des Physikalischen Kabinetts. Er wendet

---

[339] Vgl. Bittner, Lotte 1949: Geschichte des Studienfaches Physik an der Wiener Universität in den letzten hundert Jahren, S. 123-127.
[340] Bildquelle: Österreichische Zentralbibliothek für Physik.

sich immer mehr dem Forschungsgebiet der elektrischen Schwingungen zu. Im Jahre 1889 gelingt es ihm als ersten, die von Heinrich Hertz entdeckten Radiowellen exakt zu messen. Im Jahre 1890 wird die Arbeit „Eine Studie über elektrische Resonanzerscheinungen" von Lecher veröffentlicht. Diese wissenschaftliche Abhandlung erhält in der physikalischen Welt große Anerkennung. Lecher gilt als Vater der „Radiomesstechnik" und hinterlässt auf diesem Gebiet viele bedeutende Arbeiten mit großem Einfluss auf die Wissenschaft. Ernst Lecher lehrt als außerordentlicher Professor in Innsbruck und Prag, wobei er bereits damals einen guten Ruf über die Grenzen Österreichs hinaus hat. Er hat nicht nur ein entsprechendes Ansehen als experimenteller Forscher, sondern auch als glänzender Pädagoge, dessen Vorlesungen stets überfüllt sind. Im Jahre 1909 wird Lecher am I. Physikalischen Institut der Universität Wien zum Nachfolger seines Lehrers Lang. Lecher realisiert dieses Institut in der Bolzmanngasse, wo er im Jahre 1912 die ersten Vorlesungen hält. Dem Elektrotechnischen Verein gehört er seit dessen Gründung im Jahre 1883 an. Lecher wird Vertreter der Universität im Österreichischen Komitee der Internationalen Elektrotechnischen Kommission.[341]

Egon von Schweidler ist 1873-1948 Student der Physik und Mathematik. Vorher besuchte er das Schottengymnasium in Wien. Er wird als Student von Professor Franz Serafin Exner geprägt, der seine weitere Entwicklung beeinflusst. Schweidler wird Assistent am „II. Physikalischen Institut" und habilitiert sich im Jahre 1899 zum Privatdozenten für das „Gesamtgebiet der Physik". Schweidler wird im Jahre 1911 als Ordinarius nach Innsbruck berufen. Egon von Schweidler wird, von Innsbruck kommend, im Jahre 1926 Nachfolger von Ernst Lechner am I. Physikalischen Institut. Der Tod von Gustav Jäger bewirkt, dass Schweidler auch die Leitung des II. Physikalischen Instituts übernimmt. Schweidler wird im Jahre 1933 Generalsekretär und im Jahre 1938 Vizepräsident der Akademie der Wissenschaften in Wien. Die wissenschaftlichen Arbeiten beziehen sich auf lichtelektrische Effekte, das Verhalten der Dielektrika, die atmosphärische Elektrizität, und er beschäftigt sich insbesondere mit der Radioaktivität. Egon von Schweidler entdeckt gemeinsam mit seinem Freund Stefan Meyer die magnetische Ablenkung der Beta-Strahlen. Er kann den statistischen Charakter des radioaktiven Zerfalls in den Schwankungen der Strahlungsintensität beweisen. Schweidler führt viele wissenschaftliche Arbeiten durch.[342]

---

[341] Vgl. Österreichische Zentralbibliothek für Physik 2004, S. 10.
[342] Vgl. Österreichische Zentralbibliothek für Physik, S. 65.

Anton Lampa 1868-1938 wird am 17. Jänner 1868 in Budapest geboren und studiert zunächst an der Hochschule für Bodenkultur. Die Errichtung der „landwirthschaftlichen Hochschule" in Wien soll fortschrittliche Kenntnisse für den Ackerbau und die Viehzucht liefern. Die Lehrkanzeln für Land- und Forstwirtschaft an den Technischen Hochschulen in Graz und Wien werden als nicht mehr ausreichend betrachtet. Das Statut der „neuen" Hochschule wird am 6. Juni 1872 durch Kaiser Franz-Joseph I. genehmigt. Diese ist ab nun die höchste wissenschaftliche Bildungsstätte für „Land- und Forstwirthschaft". Im Herbst 1872 wird bereits der Vorlesungsbetrieb aufgenommen. Die Studienzeit beträgt vorerst 6 und wird im Jahre 1905 auf 8 Semester erhöht. Es wird zunächst mit einer landwirtschaftlichen Studienrichtung begonnen, und ab dem Jahre 1875 erfolgt die Errichtung einer forstwirtschaftlichen Studienrichtung. Mit einem Lehrkurs zur Bildung von „Culturtechnikern" wird im Jahre 1883 begonnen. Als ordentliche Hörer werden Gymnasiasten und Realschüler aufgenommen. Auf das Lehramt an verschiedenen Land- und forstwirtschaftlichen Bildungsstätten wird ab dem Jahre 1878 vorbereitet.[343]

Anton Lampa besucht nach der Hochschule für Bodenkultur ab dem Jahre 1888 die Universität in Wien und promoviert im Jahre 1893 „Über die Absorption des Lichtes in trüben Medien" zum Doktor der Philosophie. Diese wissenschaftliche Arbeit wird unter der Betreuung von Franz S. Exner im Physikalischen Kabinett durchgeführt. Viktor von Lang bekleidet damals die Stelle eines Vorstandes des Physikalischen Kabenetts. Lampa wird im Jahre 1894 Assistent am Physikalischen Kabinett und wirkt ab dem Jahre 1897 als Privatdozent für Physik an der Universität Wien. Lampa wird von 1909 bis 1919 Nachfolger von Ernst Lecher als Professor für Experimentalphysik und Vorstand des „Physikalischen Instituts" an der Deutschen Universität Prag. Er genießt bereits um die Jahrhundertwende ein internationales Ansehen. Seine Forschungen beschäftigen sich mit den Brechungsquotienten einiger Substanzen mit sehr kurzen Wellen. Dazu entwickelt Lampa Sende- und Empfangsapparate, die extrem kurze Hertzwellen herstellen. Im Jahre 1899 forscht er über Beugungsversuche mit elektrischen Wellen und im Jahre 1902 über die Molekulartheorie anisotroper Dielektrika. Lampa erwirbt sich große Verdienste um die Wiener Volksbildung. Er wird zu einem Begründer des Wiener Volksheims, das als Vorläufer der Volkshochschulen gilt.[344] Der Physiker

---

[343] Vgl. Engelbrecht, Helmut 1986: Geschichte des österreichischen Bildungswesens. Von 1848 bis zum Ende der Monarchie, S. 255 f.
[344] Vgl. Österreichische Zentralbibliothek für Physik: Anton Lampa, S. 71.

Lampa erkennt früh die Bedeutung der Relativitätstheorie des jungen Albert Einstein. Er setzt sich im Jahre 1911 für ein Ordinariat an der Deutschen Univertsität Prag ein. Lampa steht auch unter einem Einfluss von Ernst Mach.

5.3 Physikalisch-Chemisches Labor zur Festkörperphysik

Forscher und Gelehrte wie Leibnitz, Newton oder Laplace haben das Wissen der Zeit erweitert und prägen die spätere Zeit. Bei Forschern, wie Röntgen und Curie, äußert sich deren Genie in einzelnen Großtaten. Diese treten nicht gerne aus der Zurückgezogenheit ihrer wissenschaftlichen Werkstätten hervor. Josef Loschmidt ist ein Forscher der zweiten Art. Große theoretische Physiker aus der Mitte und der zweiten Hälfte des 19. Jahrhunderts, Clausius, Maxwell und Boltzmann, bringen wichtige Erkenntnisse hervor. Über die spezifische Wärme der Gase und Dämpfe, ihre Reibung, Wärmeleitfähigkeit und Diffusion werden Aussagen gemacht, die auch genau eingetreffen.

1875	Physikalisch-Chemisches Laboratorium/Institut - Josef Loschmidt 1875-1891 - Franz Serafin Exner 1891-1902
1902	II. Physikalisches Institut - Franz Serafin Exner 1902-1920 - Gustav Jäger 1920-1934 - Egon von Schweidler 1936-1939 - Karl Przibram 1947-1951 - Egon Schmid 1951-1967
1977	Institut für Festkörperphysik
1996-2004	Institut für Materialphysik
2004	Fakultät für Physik **gegründet** - Institut für Materialphysik
2007	**Auflösung** der Institutsstruktur der Fakultät für Physik

Mit der Arbeit über die „Luftmoleküle" hat Loschmidt mit einem Schlag das Interesse der naturwissenschaftlichen Welt hervorgerufen. Der junge Direktor des Physikalischen Instituts, Josef Stefan, fördert diesen aufstrebenden Wissenschaftler zunehmend.[345]

Josef Loschmidt 1821-1895 erhält nach der Lehramtsprüfung im Jahre 1856 eine bescheiden dotierte Lehrerstelle an einer Volks- und Unterrealschule in Wien. Während dieser Zeit kann sich der studierte Universitäts- „Chemiker" kaum mit wissenschaftlichen Arbeiten beschäftigen. Loschmidt schreibt trotzdem die Abhandlung „Zur Größe der Luftmoleküle", wobei diese Arbeit das Interesse und die Förderung wissenschaftlicher Kreise in Wien hervorruft. Der noch junge Stefan ist von Josef Loschmidt tief beeindruckt. Die wissenschaftlichen Leistungen von Loschmidt werden vom Direktor des Physikalischen Instituts, Josef Stefan, entsprechend gewürdigt. Loschmidt entstammt einer Kleinhäuslerfamilie aus Böhmen. Er ist ein Angehöriger der deutschen Volksgruppe in Böhmen. Der wissenschaftlich aufstiegsorientierte Josef Loschmidt erwirbt sich zunehmend die Freundschaft Josef Stefans. Beide wissenschaftlich sehr aufstrebende Männer entstammen ähnlich bescheidenen sozialen Verhältnissen. Direktor Josef Stefan stellt Loschmidt das Physikalische Institut mit seinen Laboreinrichtungen für eigenständige Forschungen zur Verfügung. Der Weg an die Universität wird durch Stefan für Lochschmidt im Jahre 1866 als selbstständiger Institutsmitarbeiter geebnet. Loschmidt wird 1867 außerordentlicher Professor für Physikalische Chemie. Die Berufung zum ordentlichen Professor für Physik erfolgt im Jahre 1872.

Einige Professoren der Universität haben erkannt, dass die Physikalische Chemie zunehmend wichtiger wird. Josef Loschmidt wird im Jahre 1875 neuer Institutsvorstand dieser naturwissenschaftlichen Disziplin.[346] Ludwig Boltzmann äußert sich als Assistent des Physikalischen Institutes über das Beziehungsverhältnis von Stefan und Lochschmidt:

> „Beide waren in vielen Dingen 'ungleich'. Stefan war universell und behandelte alle Kapitel der Physik mit gleicher Liebe; Lochschmidt war einseitig, wenn er über einen Gegenstand Tag und Nacht grübelte, verlor er fast ganz den Sinn für alles andere. Stefan war praktisch, er behandelte gerne und mit Geschick die Anwendung seiner Wissenschaft zu technischen und gewerblichen Zwecken; Loch-

---

[345] Vgl. Österreichische Akademie der Wissenschaften 1950 (Hrsg.): Österreichische Naturforscher und Techniker, S. 44-46.
[346] Vgl. Bittner, Lotte 1949: Geschichte des Studienfaches Physik an der Universität Wien in den letzten hundert Jahren, S. 134 f.

schmidt war, obwohl einst selbst in Fabriken tätig, doch der Prototyp des unpraktischen Gelehrten. Stefan errang sich so mehr allgemeine Anerkennung"[347].

Josef Stefan wird in die Ehrenfunktionen „Dekan" und „Rektor der Universität" gewählt. Der Gelehrte entwickelt bereits in jungen Jahren eine wichtige Beziehung zur Akademie der Wissenschaften als deren korrespondierendes und wirkliches Mitglied. Stefan verdankt der Akademie viel, für seinen wissenschaftlichen Aufstieg ist diese sehr maßgeblich. Stefan wird Sekretär und später Vizepräsident der k. k. Akademie der Wissenschaften in Wien. Das Präsidentenamt der Akademie bleibt Stefan allerdings verwehrt, da er plötzlich und unerwartet mit 57 Jahren aus seinem erfolgreichen, wissenschaftlichen und beruflichen Leben scheidet. Josef Lochschmidt bleibt in seiner Zeit als Forschender beinahe unbekannt. Dies hat sich heute, nach über 100 Jahren, in der Welt der Physik geändert. Die „Loschmidt-Konstante" ermöglicht es, das Gewicht der Atome verschiedener Stoffe zu ermitteln. Der physikalische und der philosophische „Atomismus" muss unterschieden werden. Josef Loschmidt wird zu einem Pionier der klassischen Atomforschung. Die Quantentheorie liefert später zusätzlich neue Erkenntnisse. Die klassische Theorie besagt, dass die Atome sich aus Protonen und Neutronen zusammensetzten, die von Elektronen umkreist werden.

Josef Stefan und Josef Loschmidt haben eine ähnliche Herkunft und den gleichen Charakter. Beide wissenschaftlichen Kapazitäten sind mit einer „unendlichen" Bedürfnislosigkeit, Einfachheit und Schlichtheit ihres Wesens ausgestattet. Die geistige Überlegenheit versuchen beide nicht durch Äußerlichkeiten zum Ausdruck zu bringen. Ludwig Boltzmann hört zuerst als Student und später als Assistent nur Worte von Freund zu Freund. Beide sind in ihren Begegnungen sehr humorvoll, wobei selbst schwierige Diskussionen zu einer unterhaltsamen Kommunikation werden. Weder Stefan noch Lochschmidt unternehmen jemals eine Reise über das österreichische Vaterland hinaus. Sie besuchen auch keine ausländische Naturforscherversammlung. Mit der Gelehrtengesellschaft gibt es persönlich keine Berührungspunkte. Die Abgeschiedenheit dieser Geistesgrößen ist sicher ein enormer Nachteil für beide. Bei etwas mehr Aufgeschlossenheit den anderen Wissenschaftlern gegenüber hätten Josef Stefan und Josef Loschmidt ihre naturwissenschaftlichen Leistungen vor allem international fruchtbringender verbreiten können.[348]

---

[347] Boltzmann, Ludwig 1895: Josef Stefan. Gedenkrede zur Stefan-Denkmal-Enthüllung im Arkadenhof der Universität Wien zum 100. Geburtstag 1935 wieder veröffentlicht, S. 188.
[348] Vgl. Boltzmann, Ludwig 189: Gedenkrede zur Stefan-Denkmal-Enthüllung, wird bei der Jahrhundertfeier wieder publiziert, S. 188.

Josef Loschmidt kommt als Student an der Universität Prag mit dem liberalen Philosophieprofessor Franz Serafin Exner Senior in Berührung. Der Sohn des Prager Philosophieprofessors mit gleichem Namen wird im Jahre 1891 Nachfolger von Josef Loschmidt als Vorstand des Chemisch-Physikalischen Instituts. Josef Loschmidt heiratet spät, im Jahre 1887 mit 66 Jahren, seine Haushälterin. Sein wissenschaftlicher Freund, Josef Stefan, heiratet seine Haushälterin Marie Neumann, die aus Friesach in Kärnten stammt, auch im letzten Lebensjahr.[349]

Von links nach rechts: **Josef Loschmidt,** erster Institutsvorstand am Physikalisch-chemischen Laboratorium in der Türkenstraße . **Gustav Jäger, Franz Serafin Exner** und **Egon von Schweidler** sind ebenfalls langjährige Vorstände des II. Physikalisches Instituts, das es seit dem Jahre 1902, mit der Neuordnung der Physikinstitute, gibt. **Karl Przibram** wird ein Wegbereiter der modernen Festkörperphysik.[350]

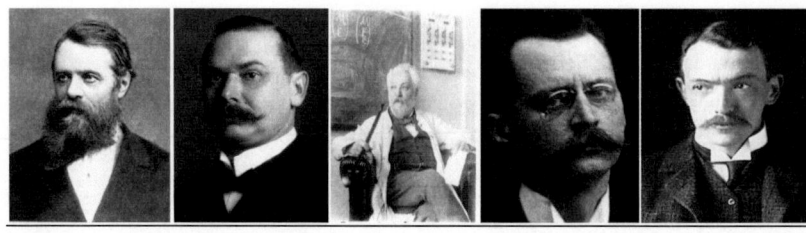

Franz Exner 1849-1926 wird als gleichnamiger Sohn des Prager Philosophieprofessors in Prag geboren. Dieser ist ab dem Jahre 1848 Ministerialrat im „öffentlichen Unterrichtswesen" in Österreich und beeinflusst in dieser Stellung das höhere Bildungswesen mit den 8-jährigen Gymnasien bis in die Gegenwart. Franz Exner Junior studiert an der Universität Wien Physik, wo er nach einem Studienjahr in Zürich im Jahre 1871 zum Doktor der Philosophie promoviert. Nach einem kurzen Gastspiel an der neu gegründeten Universität Straßburg habilitiert sich Exner im Jahre 1874 an der Universität Wien. Die Habilitationsarbeit beschäftigt sich mit dem Thema „Über die Diffusion durch Flüssigkeitslamellen". Exner wird im Jahre 1891 Nachfolger von Josef Loschmidt am Physikalisch-chemischen Institut. Im Jahre 1907 erreicht Franz Exner die akademische Würde eines Rektors. Exner baut neben seiner wissenschaftlichen Forschungsarbeit auf dem Gebiet der „atmosphärischen Elektrizität" das Institut für Radiumforschung auf. Das Radiuminstitut wird im Jahre 1910 seiner Bestimmung übergeben.

---

[349] Vgl. Österreichische Zentralbibliothek für Physik: Josef Loschmidt, S. 15.
[350] Bildquelle: In: Meister, Richard 1947: Geschichte der Akademie der Wissenschaften in Wien 1847-1947.

Das wissenschaftliche Werk von Franz Serafin Exner bewegt sich im Bereich der Elektrochemie, der Luftelektrizität, der Spektralanalyse und der Farbenlehre. Exner ist ein vielseitiger Physiker, der ein Pionier auf fast allen Gebieten der modernen Physik ist. Ihm ist es zu verdanken, dass sich die österreiche Wissenschaft bereits früh mit den Themen Radioaktivität, Spektroskopie und mit der Luftelektrizität beschäftigt.[351]

Im Jahre 1896 wird Egon von Schweidler Assistent am II. Physikalischen Institut und habilitiert sich als Privatdozent im Fachbereich Physik. Er wird als Ordinarius nach Innsbruck berufen. Im Jahre 1926 wird Schweidler Nachfolger von Ernst Lecher am I. Physikalischen Instituts. Nach dem Tod von Gustav Jäger übernimmt Egon von Schweidler dass II. Physikalische Institut. Schweidler beschäftigt sich in seinen Forschungen mit dem lichtelektrischen Effekt, der atmosphärischen Elektrizität und insbesondere mit der Radioaktivität.[352]

Eine große Liebe zur Physik zeichnet Gustav Jäger 1865-1938 schon in der Schulzeit aus. Jäger hört an der Universität Wien Vorlesungen über Physik, Mathematik und Philosophie. Für ihn haben die Professoren Josef Stefan und Josef Loschmidt Vorbildwirkung. Die ersten Experimente führt Jäger im Labor von Loschmidt durch und sucht um eine Zulassung zur Habilitation für die Gebiete Physik und physikalische Chemie an. Die Lehrbefugnis wird hauptsächlich für Chemie erteilt. Jäger wird Assistent bei Stefan und später bei Boltzmann. Er wird zum außerordentlichen Professor für theoretische Physik ernannt. Gustav Jäger untersucht die Wärmeleitfähigkeit von Flüssigkeiten und Lösungen, auch die Ionenbewegungen sind für Jäger von ausschlaggebender Bedeutung. Die Weiterentwicklung der Gastheorie bringt ihm die besondere Anerkennung von Ludwig Boltzmann ein.

Erich Schmid 1896-1893 studiert in Wien und ist fast 30 Jahre lang im Ausland tätig. Schmid wird im Jahre 1951 nach Wien berufen, wo er bis zu seiner Emeritierung im Jahre 1967 tätig ist. Schmid widmet sich in Berlin der Untersuchung von Metallkristallen und formuliert das Gesetz über das Einsetzen der Plastizität. In der Fachliteratur wird diese Formulierung als **Schmidsches Schubspannungsgesetz** bezeichnet. Schmid verhilft in der Metallkunde den physikalischen gegenüber den chemischen Methoden zum Durchbruch und begründet die heutige Metallphysik. Im Jahre 1951 wird er Ordinarius und Vorstand des II. Physikalischen Instituts der Universität Wien. Nach Wien zurückgekehrt, beschäftigt sich Schmid damit, wie Strahlen

---

[351] Vgl. Österreichische Zentralbibliothek für Physik 2004: Franz Serafin Exner, S. 14.
[352] Vgl. Österreichische Zentralbibliothek für Physik: Egon von Schweidler, S. 65.

Metalle beeinflussen. Schmid setzt sich auch mit den Problemen der Reaktorwerkstoffe auseinander. Er wird im Jahre 1963 Präsident der Akademie der Wissenschaften und hat dieses Amt zehn Jahre inne. In der Amtszeit von Erich Schmid entstehen **zwölf Institute,** wobei naturwissenschaftliche und geisteswissenschaftliche Grundlagenforschung betrieben wird.

Karl Przibram 1878-1973 besucht das Akademische Gymnasium in Wien. Er studiert anschließend Physik, Chemie und Mathematik bei Franz Serafin Exner und Ludwig Boltzmann in Wien und anschließend in Graz. Das Dissertationsthema in Graz lautet: „Beiträge zur Kenntnis des verschiedenen Verhaltens der Anode und Kathode bei der elektrischen Entladung". In seiner der Habilitationsschrift beschäftigt sich Przibram mit Kondensationserscheinungen. Er wird Assistent und Professor am Ínstitut für Radiumforschung an der Universität Wien. Nach dem II. Weltkrieg wird er Professor und Vorstand am II. Physikalischen Institut der Universität Wien. Nach seiner Emeritierung im Jahre 1951 arbeitet Przibram bis zu seinem 85. Lebensjahr an seiner alten Wirkungsstätte, dem Institut für Radiumforschung, weiter. Karl Przibram beschäftigt sich seit dem Jahre 1912 gemeinsam mit Stefan Meyer mit der radioaktiven Strahlung. Przibram wird ein Wegbereiter der modernen Festkörperphysik.[353]

5.4 Radium- und Isotopenforschung zur Kernphysik

1910	Institut für Radiumforschung - Franz Serafin Exner 1910-1920 - Stefan Meyer 1920-1938 und 1945-1949 - Heinrich Mache - Viktor Hess
1955-2004	Institut für Radiumforschung und Kernphysik
2004	Fakultät für Physik **gegründet** - Institut für Isotopenforschung und Kernphysik
2007	**Auflösung** der Institutsstruktur der Fakultät für Physik

Franz Serafin Exner wird ein vielseitiger und weitblickender Physiker. Er wirkt als Pionier auf fast allen Gebieten der modernen Physik. Exner beschäftigt sich früh mit der Radioaktivität und der Elektrizität in der Atmosphäre und regt den jungen Viktor Hess an, über das

---

[353] Vgl. Österreichische Zentralbibliothek für Physik, S. 53.

Thema der **kosmischen Strahlung** zu arbeiten. Franz Serafin Exner hat großen Einfluss auf seinen Assistenten Fritz Kohlrausch und dessen weiteren Lebens- und Berufsweg, wobei er sich unter anderem vor allem mit der **Radioaktivität** beschäftigt.

Der Sohn des gleichnamigen Prager Philosophieprofessors, Franz Serafin Exner 1849-1926, wird am 24. März 1849 in Wien geboren. Der Prager Professor nimmt im Jahre 1848 die Arbeit für das „öffentliche Unterrichtswesen" auf. Diese moderne Reform der höheren Bildung wirkt bis heute in Österreich nach. Exner studiert in Wien Physik und habilitiert sich nach einem Auslandsaufenthalt im Jahre 1874 in Wien. Im Jahre 1891 tritt er die Nachfolge von Josef Loschmidt am Chemischen Institut an und forscht auf dem Gebiet der atmosphärischen Elektrizität. Exner ist in der Planung und Errichtung des Instituts für Radiumforschung verantwortlich.

Von links nach rechts: **Stefan Meyer** macht das Radiuminstitut zu einer Forschungsstätte von internationaler Bedeutung. **Viktor Hess,** ein Wiener Physiker, wird im Jahre 1936 mit dem Nobelpreis ausgezeichnet, den er für die Erforschung der kosmischen Strahlung erhält. **Fritz Kohlrausch** beschäftigt sich vor allem mit der Radioaktivität. Die Verbrennungsgeschwindigkeit brennbarer Gemische steht im Zentrum des Forschungsinteresses von **Heinrich Mache**.[354]

Der in Wien geborene Stefan Meyer 1872-1949 studiert Physik, Chemie und Mathematik an der Universität Wien. Meyer wird Assistent bei Ludwig Boltzmann am k. k. Physikalischen Institut. In diese Zeit fallen die Messungen der Magnetisierungszahlen im Magnetfeld. Diese Messungen werden gemeinsam mit Gustav Jäger durchgeführt. Meyer übernimmt das Radiuminstitut, und in der Folge wird diese Forschungsstätte eine von internationaler Bedeutung.

---

[354] Bildquelle: Österreichische Zentralbibliothek für Physik.

Fritz Kohlrausch 1884-1953 kann bereits auf eine Familie verweisen, in der es Naturwissenschaftler, wie Physiker und Chemiker, gibt. Kohlrausch wird 12 Jahre Assistent bei Franz Serafin Exner am II. Physikalischen Institut der Universität Wien. Im Jahre 1920 folgt er einem Ruf an die Technische Hochschule Graz und bekleidet die Ehrenfunktionen eines Dekans und Rektors. Seine Arbeits- und Forschungsgebiete sind: die Luftelektrizität, die Farbenlehre, die Linsenoptik und vor allem die Radioaktivität. Kohlrausch erreicht einen internationalen Ruf, als er sich der Erforschung der **Molekülstruktur** mit Hilfe des Smekal-Raman-Effektes widmet. Er arbeitet mit vielen Physikern und Chemikern zusammen, und es werden 300 Arbeiten an dem von ihm geleiteten Institut publiziert.[355]

Heinrich Mache 1876-1954 wird in Prag als Sohn eines Landesschulinspektors geboren, besucht das Gymnasium und beginnt, 1893 an der deutschen Universität in Prag Mathematik und Physik zu studieren. Nach der Übersiedlung der Familie nach Wien konzentriert sich Mache als Schüler von Boltzmann und Exner auf die Physik. Seine Habilitationsschrift befasst sich mit Beobachtungen der **atmosphärischen Elektrizität**. Mache wird Assistent am II. Physikalischen Institut und wird von 1906 bis 1908 außerordentlicher Professor an der Universität Innsbruck. Mache wird Privatdozent an der Universität Wien. Im Jahre 1924 wird er korrespondierendes und im Jahre 1927 wirkliches Mitglied der Akademie der Wissenschaften. Er wird auch Mitglied in zahlreichen Kommissionen der Akademie. Mache hinterlässt mehr als hundert wissenschaftliche Arbeiten auf den Gebieten Radioaktivität, Thermodynamik und Physik der Flammen. Auf dem Gebiet der Radioaktivität sind vor allem seine Arbeiten zur Methodik radioaktiver Untersuchungen bekannt. Mache verfasst auch ein grundlegendes Lehrbuch über die Thermodynamik. Die Physik der Verbrennungserscheinungen beschäftigt sich mit der Verbrennungsgeschwindigkeit brennbarer Gemische in Abhängigkeit von Druck und Temperatur. Mache befasst sich auch mit der Entzündungsgeschwindigkeit brennbarer Flüssigkeiten.[356]

Viktor Franz Hess 1883-1964 besucht das Gymnasium in Graz und studiert anschließend Physik in Graz. Seine Dissertation beschäftigt sich mit der Brechung eines Lichtstrahls durch Flüssigkeitsgemische unter Berücksichtigung der beim Mischen eintretenden Volumenänderung. Die Vermittlung seines Doktovaters, Franz Serafin Exner, bewirkt, dass Hess eine

---

[355] Vgl. Österreichische Zentralbibliothek für Physik 2004: Fritz Kohlrausch, S. 61.
[356] Vgl. Österreichische Zentralbibliothek für Physik 2004: Heinrich Mache, S. 129.

Arbeitsstelle an der Universität Wien erhält. An der Universität Wien wird im Jahre 1910 das Institut für Radiumforschung eröffnet. Viktor Hess erhält eine **erste** Assistentenstelle bei Stefan Meyer. Hess habilitiert sich an der Universität Wien mit der Arbeit „Absolutbestimmung des Gehaltes der Atmosphäre an Radiuminduktion". Diese Arbeit wird von Exner angeregt. Hess widmet sich weiterhin den Wirkungen radioaktiver Stoffe in der Atmosphäre. Zu dieser Zeit entdeckt er die Höhenstrahlung als kosmische Strahlung. Diese Entdeckung bringt Hess den Nobelpreis ein. Hess wird mit einer Unterbrechung Professor an der Universität Graz. Im Jahre 1931 erfolgt ein Ruf an die Universität Innsbruck, wo er Forschungen über die Höhenstrahlung und biologische Wirkungen der Radioaktivität durchführt. Hess erhält wegen seiner wissenschaftlichen Leistungen mehrere Ehrendoktorate.[357]

5.5 Zwischenkriegszeit und experimentelle Physik

Im Krieg emigriert Felix Ehrenhaft, ehe er von 1946 bis 1952 Ordinarius und Vorstand des I. Physikalischen Instituts wird. Felix Ehrenhaft liefert wertvolle Beiträge zur Atomphysik und zu den experimentellen Ladungsmessungen. Er führt Bahnbrechende Forschungen über das optische Verhalten der Metallkolloide durch.[358] Felix Ehrenfaft 1879-1952 studiert nach der Matura an der Technischen Hochschule und Universität Wien. Er wird Assistent am I. Physikalischen Institut und kann sich aufgrund seiner Schrift „Elektromagnetische Schwingungen des Rotationsellipsoides" bereits im Jahre 1905 habilitieren. Felix Ehrenhaft wird im Jahre 1910 mit dem Lieben-Preis ausgezeichnet. Im Jahre 1911 wird Ehrenhaft außerordentlicher Professor, und im Jahre 1920 erfolgt die Ernennung zum ordentlichen Professor und zum Vorstand des III. Physikalischen Institutes, das er bis zum Jahre 1938 leitet.

5.6 Stefan prägt österreichische Physik europäisch

Aufgrund der Allerhöchsten Entschließung vom 17. Jänner 1850 werden mit Erlass vom 6. Mai 1850, Z. 2394 für das „Physikalische Institut" der Universität Wien besondere Statuten mit 34 Paragraphen genehmigt.

---

[357] Vgl. Österreichische Zentralbibliothek für Physik: Viktor Franz Hess, S. 40.
[358] Vgl. Österreichische Zentralbibliothek für Physik 2004: Felix Ehrenhaft, S. 37.

> „§ 1: [...] Physikalische Institut hat den Zweck, den Lehramtskandidaten der Physik, Chemie und Physiologie Gelegenheit zu verschaffen, sich die zu einem erfolgreichen Lehren nötigen und gehörig begründeten physikalischen Kenntnisse und insbesondere die mechanische Geschicklichkeit im physikalischen Experimentieren anzueignen; zugleich soll ihnen die erforderliche Anleitung zu selbständigen Forschungen im Gebiet der Physik gegeben werden. Ueberdies ist der Leiter des Instituts durch den Reichtum von Hilfsmitteln, welche es dem experimentellen Forschen gewährt, in den Stande gesetzt, für die Förderung des Wissenschaften, besser als in den gewöhnlichen Verhältnissen eines Professors möglich ist, zu wirken".[359]

Mit der Universitätsreform 1848/49 werden die „niederen" Philosophischen Fakultäten aufgewertet. Diese haben nicht mehr die Aufgabe eine entsprechende vorbereitende Allgemeinbildung für die höheren Fakultäten zu liefern. Die Philosophischen Fakultäten werden den höheren Fakultätsstudien wie Medizin, Jurisprudenz und Theologie formal gleichgestellt. Die Physik ist bisher ein Teil des zweiten Philosophischen Jahrganges, zusätzlichen mit den Fächern der Moral, des Latein und der Religion. Der Bedarf an Lehrern der Physik an Gymnasien und vor allem den Realschulen wächst unaufhaltsam. Diese Lehrer schließen mit der staatlichen Lehramtsprüfung für Mittelschulen ab. Der Zugang zur niederen Philosophischen Fakultät ist vor der Revolution 1848 nach sechs Klassen Gymnasium bereits mit sechzehn Jahren möglich.[360] Die Lehramtsprüfung für Gymnasien und Realschulen wird eingeführt, wobei vor allem die fachliche Qualität dieser Lehrkräfte verbessert wird. Der experimentelle Physikunterricht hat in der Habsburgermonarchie noch einen großen Nachholbedarf und daher soll:

> „An der Wiener Universität ein Physikalisches Institut ins Leben gerufen werden, welches als integrierender Teil der Philosophischen Fakultät angehenden Lehramtskandidaten der Physik, der Chemie und Physiologie die Gelegenheit, sich die zu einem erfolgreichen Lehren nötigen gründlichen Kenntnisse, die mechanische Geschicklichkeit im Experimentieren und die gehörige Anleitung zu selbständigen Forschungen zu verschaffen, darbietet. [...] Dem Leiter des Instituts durch den Reichtum der Hilfsmittel, welche es dem experimentellen Forscher gewährt, in den Stand setzt, für die Förderung der Physik als Wissenschaft besser, als in den gewöhnlichen Verhältnissen eines Professors möglich ist, zu wirken. Zur Erreichung dieses doppelten Zweckes erscheint es unerlässlich, dass dieses Institut einen Vorstand oder Direktor erhalte, dessen wissenschaftliche Qualifikation und bisherige Leistungen für die Realisierung der genannten Zwecke bürgen. Der betreffende Vorstand auch die nötige wissenschaftliche Unterstützung und materielle Hilfeleistung zu Teil werde".[361]

---

[359] Bittner, Lotte 1949: Geschichte des Physikfaches an der Universität Wien in den letzten hundert Jahren, S. 247.
[360] Vgl. Engelbrecht, Helmut 1984: Geschichte des österreichischen Bildungswesens, Bd. 3, S. 441.
[361] Bittner, Lotte 1949: Geschichte des Studienfaches Geschichte an der Universität Wien in den letzten hundert Jahren, S. 45.

Das erste räumlich immer zu enge Physikalische Institut entsteht in Erdberg im III. Stadtbezirk Landstraße. Dieses Institut befindet sich in der Zeit von 1851 bis 1875 in Erberg, wobei die Entfernung zur Universität zunehmend ein Problem wird.[362] Von links **Seelenfreunde** in Erdberg: Josef Stefan – Ludwig Boltzmann – Josef Loschmidt.

Kaiser Franz Joseph I. genehmigt am 17. Jänner 1950 den Antrag des „Ministeriums für Cultus und Unterricht" der Installierung eines „Physikalischen Instituts" an der Universität Wien, unter dem liberal-katholischen Minister Leo Graf Thun-Hohenstein. Dieses Institut entsteht im Zuge der Universitätsreform unter Franz Exner und Hermann Bonitz im Jahre 1849. Der Unterrichtsminister Thun-Hohenstein verweilt bis ins Jahr 1861 in dieser Funktion. Das Unterrichtsministerium wird ab 1861 bis zum Jahre 1867 aufgelöst.[363]

Zum ersten Direktor des „Physikalischen Instituts" wird der erfahrene ordentliche Professor für Experimentalphysik Christian Andreas Doppler bestellt. Doppler wird im Jahre 1840 außerordentliches Mitglied der Königlich Böhmischen Gesellschaft der Wissenschaften. Die Gesellschaft der Wissenschaften ist eine der Akademie der Wissenschaften ähnliche Institution, welche sich in Wien schon lange im Planungsstadium befindet, aber erst nach fast 150 Jahren tatsächlich entsteht.

> „Die bisherigen Bestrebungen von Wilhelm Leibnitz um die Akademie in Wien haben nur in Eingaben und Denkschriften ihren Ausdruck gefunden, so setzten mit seiner Ankunft in Wien im Dezember 1712 rege persönliche Beziehungen ein, die ein vollständiges Projekt zeitigten und es beinahe zur Wirklichkeit gebracht hätten". [...] Es wurde in der Entschließung der Kaiserin [Maria Theresia] vom 25. Jänner 1774 [1773 Auflösung des Jesuitenordens] niedergelegt und enthielt als Abschluss ʻeine in der Hauptstadt Wien zu errichten beschlossene Akademie der Wissenschaftenʼ,[364] nach dem Vorbild der Berliner Akademie"

---

[362] Fotoquelle: Österreichische Zentralbibliothek für Physik in Wien.
[363] Vgl. Engelbrecht, Helmut 1986: Geschichte des österreichischen Bildungswesens, Bd. 4, S. 481.
[364] Meister, Richard 1947: Geschichte der Akademie der Wissenschaften in Wien 1847-1947, S. 14f.

Zu Beginn der 1840er Jahren entsteht auch Dopplers berühmtes Werk „Über das farbige Licht der Doppelsterne". Diese Abhandlung erscheint im Jahre 1842 bei der Böhmischen Gesellschaft der Wissenschaft, wodurch Doppler berühmt wird. Im Jahre 1848 wird Doppler auch wirkliches Mitglied an der 1847 gegründeten Akademie der Wissenschaften in Wien. Der „Doppler-Effekt" wird von anderen Wissenschaftlern auf dem optischen und anderen Gebieten der Physik bewiesen. Doppler ist Professor der praktischen Geometrie am Polytechnischen Institut Wien. Doppler genießt einen hervorragenden wissenschaftlichen Ruf in der Physik, aber auch in der Astronomie.[365] Mit der Position als erster Direktor des neuen Physikalischen Instituts erreicht Doppler den Höhepunkt seiner wissenschaftlichen Karriere. Doppler kränkelt bereits seit seinem Amtsantritt als Vorstand des „Physikalischen Instituts". Es handelt sich um ein tödliches Lungenleiden und Doppler stirbt bereits früh mit 49 Jahren.[366] Aus Platzmangel übersiedelt das Physikalische Institut im Jahre 1851 von der Alten Universität nach Erdberg im III. Stadtbezirk von Wien[367]

Andreas von Ettingshausen wird Mitbegründer und von 1847-1850 Generalsekretär der Akademie der Wissenschaften in Wien. Ettingshausen übernimmt im Jahre 1853 das Physikalische Institut und er leitet dieses bis zum Jahre 1866. Unter seiner Direktion wird die Sammlung der physikalischen Apparate zum Experimentieren beträchtlich erweitert. Der Unterricht am Institut dauert für die „Zöglinge" der Physik im Allgemeinen drei Semester. Am Institut werden selbstständig Experimente von Studenten durchgeführt, wobei die mechanische Geschicklichkeit der mehrheitlichen Lehramtsstudenten geübt wird. Andreas Ettingshausen tritt am 21. Oktober 1861 an das wieder errichtete Unterrichtsministerium heran, außer Studenten auch sogenannte „Mitglieder" zu wissenschaftlichen Arbeiten am Physikalischen Institut zuzulassen, wobei dies genehmigt wird.[368]

Diathermometer zur Bestimmung der Wärmeleitfähigkeit von Gasen von Josef Stefan im Jahre 1872, links. Originalapparate des Experimental-Physikers Stefan in der Zeit von 1870 bis 1880 verwendet, rechts.[369]

---

[365] Vgl. Bittner, Lotte 1949: Geschichte des Studienfaches Physik an der Wiener Universität in den letzten hundert Jahren, S. 46.
[366] Vgl. Österreichische Zentralbibliothek für Physik 2004 (Hrsg.): Geschichte, Dokumente, Dienste, S. 18.
[367] Ebenda, S. 22.
[368] Vgl. Bittner, Lotte 1949: Geschichte des Studienfaches Physik an der Universität Wien in letzten hundert Jahren, S. 51.
[369] Fotoquelle: Österreichische Zentralbibliothek für Physik.

Im Jahre 1863 wird Andreas Ettingshausen aus gesundheitlichen Gründen, auf eigenem Wunsch, Stefan als geschäftsführenden Vizedirektor zur Seite gestellt. Stefan wird am 26. Jänner 1863 mit 28 Jahren zum ordentlichen Professor der höheren Mathematik und Physik berufen. Beide Professoren treten dafür ein, das Physikalische Institut wegen der großen Entfernung Erdbergs zur Universität, näher zu dieser zu verlegen. Das Physikalische Institut wird im Jahre 1875 in die Türkengasse 3 im 9. Bezirk verlegt, wobei diese physikalischen Räumlichkeiten bis zum Jahre 1913 eingenommen werden. Stefan wirkt vom Jahre 1874 bis 1893 erfolgreich und nachhaltig forschend und lehrend am Alsergrund im IX Wiener Stadtbezirk. Er wird ab dem Jahre 1866 ein langjähriger Direktor des Physikalischen Institutes der Universität Wien. Stefan bleibt bis zu seinem überraschenden Tode im Jänner 1893 in dieser Funktion. Zwei große Physiker der Habsburgermonarchie Josef Stefan und Ludwig Boltzmann haben in den räumlichen Schwierigkeiten des „Physikalischen Instituts" in Erdberg ihre physikalische Grundausbildung erhalten. Die beiden Physikgelehrten haben bereits in Erdberg wesentliche wissenschaftliche Arbeiten durchgeführt und entsprechende Abhandlungen veröffentlicht. Der englische theoretische Physiker James Clerk Maxwell zeigt sich erstaunt über den fortschrittlichen Unterricht in Experimentalphysik am Physikalischen Institut. Die Experimentalphysik wird ergänzend zur mathematischen Physik durchgeführt, wobei dieser in England als vorbildlicher wissenschaftlich Forschender Physiker gilt.[370]

Josef Stefan führt das Physikalische Institut seit dem 01. Oktober 1866 bis zu seinem Tod im Jänner 1893 sehr erfolgreich. Dieser Gelehrte blüht durch seine leitende und forschende Tätigkeit am Physikalischen Institut förmlich auf. Der aus Kärnten stammende Wissenschaft-

---

[370] Vgl. Bittner, Lotte 1949: Geschichte des Studienfaches Physik an der Universität Wien in den letzten hundert Jahren, S. 55f.

ler hat durch ein Zusammenwirken von experimenteller und mathematischer Physik, die Wiener und damit auch die österreichische physikalische Bildungs- und Forschungslandschaft nachhaltig geprägt. Die wissenschaftliche Forschung erfolgt bei Stefan im Kontext von „praktischer" und „theoretischer" Physik. Der überraschende Tod Josef Stefans bewirkt, dass die Lehrkanzel der mathematischen Physik durch seinen Schüler Ludwig Boltzmann besetzt wird. Auf Wunsch und Anregung des physikalischen Theorie Spezialisten Ludwig Boltzmann findet eine Trennung der praktischen und theoretischen Physik statt. Die Neubesetzung des „Stefan Physik Institutes" im Jahre 1894 hat zur Folge, dass Boltzmann von der Abhaltung praktischer Physikübungen befreit wird. Die selbsttätige und demonstrative Experimentalphysik wird von der reinen mathematischen, die zukünftig als theoretische Physik bezeichnet wird, getrennt. Der vornehmlich praktische Physikunterricht wird an Professor Franz Serafin Exner Junior 1849-1926 abgetreten. Dieser wird im Jahre 1891 Ordinarius und Nachfolger des „Chemisch-Physikalischen Instituts", da deren Leiter Josef Loschmidt verstorben ist. Josef Loschmidt wird ein Freund der „intellektuellen" Familie Exner.

> „Lernt später [Josef Loschmidt] den Professor der Philosophie an der Prager Universität, Franz Exner [Senior 1802-1853] kennen, der an einem Augenübel leidend, den jungen Loschmidt als Vorleser beschäftigte und ihm das Studium der Philosophie ermöglichte".[371]

Im Jahre 1902 kommt es zu einer entscheidenden Weiterentwicklung und Umorganisation der immer wichtiger werdenden Physik und damit ihrer Organisationsformen an der Universität Wien. Der gleichnamige Vater Franz Serafin Exner Senior hat von 1848-1851 durch seine Arbeit über das höhere „öffentliche Unterrichtswesen", die österreichische Bildungspolitik und das Schulsystem einer dualen Schule der Zehn- bis Vierzehnjährigen bis heute durch das 8-klassige Gymnasium beeinflusst. Exner nähert sich dadurch den deutschen Studienverhältnissen, die neuhumanistisch geprägt sind. Franz Exner Senior ist bereits seit dem Jahre 1844 Ratgeber der Studienkommission in Wien und er wird mit der Reform des höheren Unterrichts- und Hochschulwesens beauftragt. Josef Loschmidt hat sich nach dem frühen Tod der Eltern, um die Exner Kinder gekümmert, so auch um seinen späteren Nachfolger am „Chemisch-Physikalischen" Institut. Lochschmidt aus einfachen Verhältnissen kommend hat das Glück, dass er immer auf wohlmeinende Menschen stößt, die für sein berufliches und wissenschaftliches Fortkommen förderlich sind.

---

[371] Österreichische Akademie der Wissenschaften 1950 (Hrsg.): Österreichische Naturforscher und Techniker, S. 46.

Der Experimentalphysiker Franz Serafin Exner Junior 1849-1926, Leiter des II. Physikalischen Institut links der Universität Wien. Rechts der früh verstorbenen gleichnamigen Vater, dem universitären Philosophie Lehrenden Franz Serafin Exner Senior 1802-1853. Dieser ist ein Reformer der Mittelschulen und Universitäten von 1848-1851 unter dem liberalkatholischen Leo Graf Thun-Hohenstein.[372]

Der damalige Unterrichtsminister Graf Leo Thun-Hohenstein war ein Schüler und Anhänger der Reformgedanken von Exner in Bezug auf den Universitätsbetrieb mit der Lehr- und Lernfreiheit und einer Einheit von Forschung und Lehre. Das Prinzip der Einheit von Forschung und Lehre wird durch das „Physikalische Institut" in der Person von Josef Stefan besonders gut verkörpert. Stefan ist ein aktiver, vielseitiger und fruchtbarer Forscher am Institut. Stefan bringt seine laufend neuen Forschungsergebnisse in seine beeindruckende Lehre, unterstützt durch Versuche, ein. Exner Junior wird als vielseiger Physiker im Jahre 1891 als Nachfolger von Josef Lochschmidt zum Leiter des Chemisch-physikalischen Instituts an der Universität Wien ernannt.[373]

„Loschmidt wird geboren im Jahre 1821 als Sohn armer Bauersleute bei Karlsbad in Böhmen".[374]

Der spätere Nobelpreisträger der Physik Erwin Schrödinger wird ab dem Jahre 1911 bei Professor Exner am II. Physikinstitut ein „Hilfsassistent". Erwin Schrödinger habilitiert sich

---

[372] Fotoquelle: Österreichische Zentralbibliothek für Physik.
[373] Vgl. Österreichische Zentralbibliothek für Physik: Geschichte, Dokumente, Dienste, S. 14.
[374] Lenard, Philip 1930: Große Naturforscher. Eine Geschichte der Naturforschung in Lebensbeschreibungen, S. 260.

im Jahre 1914 mit der Studie „Kinetik der Dielektrika, dem Schmelzpunkt, der Pyro- und Piezoelektrizität".

Ludwig Boltzmann widmet sich gänzlich der theoretischen Physik. Die Direktorenstelle am Institut für theoretische Physik wird nicht mehr besetzt. Die ehemalige Natural-Wohnung am Institut ist anderswertig verwendet worden. Ludwig Boltzmann ist ein „reiner" mathematisch-physikalischer Theoretiker, wobei dieser experimentelle Demonstrationen grundsätzlich nicht für sehr fruchtbar hält. Die Reorganisation der Physikinstitute im Jahre 1902 hat auch eine Neustrukturierung des „Stefan-Institutes", dem Physikalischen Institut zur Folge. Diese physikalische Organisationseinheit nennt sich bei Ludwig Boltzmann „Institut für Theoretische Physik", das bis in die Gegenwart bedeutend bleibt.

> „In der gesamten von uns betrachteten Reihe der großen Naturforscher war er [Ludwig Boltzmann] damit der Erste, dem es so sehr wenig auf der Erde gefallen mochte. Körperliche Leiden und zeitweiliger Missmut können dies nicht allein bewirkt haben. […] Jedenfalls war Boltzmann der letzte hervorragende Forscher in Deutschland [Habsburgermonarchie], der im Kreise großer Versammlungen von Physikern noch erschien […]".[375]

Es werden zwei Physikinstitute neu organisiert, wobei deren langjährige Institutsvorstände Viktor von Lang und Franz Serafin Exner sind. Es erfolgt ein Neubau für die drei Physikalischen Institute, der im Jahre 1913 vollständig fertig wird. Das neue Physik-Gebäude enthält die Lehrkanzel für Theoretische Physik und die beiden Lehrkanzeln für Experimentalphysik.[376] Die Errichtung einer gemeinsamen Bibliothek aller Physikinstitute erfolgt im Jahre 1920. Neben dem Institut für Theoretische Physik gibt es noch drei Physikalische Institute.[377]

Der aufstrebende Student Wilhelm Josef Grailich 1829-1859 studiert am Polytechnischen Institut und an der Universität Wien Physik und höhere Mathematik. Grailich habilitiert sich am Physikalischen Institut. Der Tod des jungen und talentierten Physikers, der Assistent von Andreas von Ettingshausen am Physikalischen Institut wird, war ursprünglich als Nachfolger von Ettingshausen vorgesehen. Dieses „Glück" hat zur Folge, dass Josef Stefan am Physikalischen Institut eine Stelle bekommt. Stefan veröffentlicht im Jahre 1864 die Abhandlung „Natur des unpolarisirten Lichtes und die Doppelbrechung des Quarzes". Diese neue physika-

---

[375] Ebenda, S. 305.
[376] Vgl. Bittner, Lotte 1949: Geschichte des Studienfaches Physik an der Wiener Universität in den letzten hundert Jahren, S. 73-76.
[377] Vgl. Österreichische Zentralbibliothek für Physik 2004 (Hrsg.): Geschichte, Dokumente, Dienste, S. 28-30.

lische Erkenntnis hat für Josef Stefan die erstmalige Zuerkennung des österreichischen „Ignaz-Lieben-Preis"[378] am 27. April 1865 zur Folge.[379]

> „Als Josef Stefan in den 1860er Jahren eine ehrenvolle Berufung an das Polytechnikum Zürich erhielt, lehnte er diese aus Liebe zu seinem Vaterland ab. So wirkte er über dreißig Jahre zum Wohle der physikalischen Forschung an der Universität Wien. Es ist sein Verdienst und das seiner Schule, das Österreich in den letzten Jahrzehnten des 19. Jahrhunderts neben den großen Leistungen englischer und französischer Physiker in würdiger Weise vertreten war".[380]

Nach dem Tode des jungen und talentierten Physikers Josef Grailich, der auf der Gedenktafel der Fakultät für Philosophie an der Universität Wien festgehalten ist, erkrankt auch Andreas von Ettingshausen ernsthaft. Ettingshausen kann das Physikalische Institut aus gesundheitlichen Gründen nicht mehr führen und nimmt vorzeitig Abschied, von dieser beruflichen Funktion. Die Pensionierung von Ettingshausen bewirkt, dass Stefan am 1. Oktober 1866 zum Direktor des Physikalischen Instituts bestellt wird. Das Physikalische Institut wird in die Hand eines physikalischen Wissenschaftlers gegeben, der damals einflussreichen gesellschaftlichen Kreisen weitgehend unbekannt ist. Für die Bestellung von Josef Stefan ist wohl seine Wertschätzung in wissenschaftlichen Kreisen verantwortlich. Diese Anerkennung Stefans wird wohl durch die Wahl zum wirklichen Mitglied der kaiserlichen Akademie der Wissenschaften 1865 eindrucksvoll bestätigt. Dieses Physikalische Institut soll der physikalischen Wissenschaft im „Kaisertum Österreich" ein international anerkanntes Niveau ermöglichen.

> „Schon nach vierjährigem Studium begann die fast ununterbrochene Folge seiner wissenschaftlichen Veröffentlichungen, die allmählich alle Teile der Physik betrafen. Diese Vielseitigkeit und die tiefgreifende Gründlichkeit, mit der er alles anfasste, machten Stefan auch sehr erfolgreich in der naturwissenschaftlichen Ausbildung der Mittelschul-Lehrkräfte der damaligen Zeit. […] Seine Vorlesungen waren von seltener Klarheit und Vollendung. Von seinen experimentellen Arbeiten sind die schwierigen Untersuchungen über die Wärmeleitfähigkeit der Gase besonders hervorzuheben".[381]

Die wissenschaftliche Forschung in der Habsburgermonarchie soll durch dieses Institut befördert werden. Die physikalische Forschung soll nicht nur durch Frankreich und England

---

[378] Der österreichische „Ignaz-Lieben-Preis" wird an Josef Stefan im Jahre 1865 erstmals verliehen. Der testamentarisch gestiftete Preis wird abwechselnd Physikern und Chemikern vergeben und dieser beträgt 900 Gulden. Dieser Geldpreis entspricht 40% des Jahresgehaltes eines Universitätsprofessors.
[379] Obermayer, Albert 1893: Zur Erinnerung an Josef Stefan, S. 10.
[380] Bittner, Lotte 1949: Geschichte des Studienfaches Physik an der Wiener Universität in den letzten hundert Jahren, S. 117.
[381] Lenard, Philip 1930: Große Naturforscher. Eine Geschichte der Naturforschung in Lebensbeschreibungen, S. 304f.

geprägt werden. Einen großen Teil der Forschungsarbeit an diesem Institut wird von Stefan selbst übernommen. Josef Stefan verfolgt in seiner physikalischen Forschung eine Symbiose von Experiment und Theorie. Die Experimentalphysik spielt für Stefan eine entscheidende Rolle. Die experimentellen Naturerkenntnisse werden durch mathematische Gleichungen allgemein formuliert. Physikalische Thesen und auch mathematische Formulierungen sollen durch Experimente verifiziert oder falsifiziert werden.[382] Die insgesamt 88 Abhandlungen der Physik Stefans, können systematisch in vier Bereiche zusammengefasst werden:

> „Bewegung flüssiger Körper; Optik und Akustik; Dynamische Gastheorie, Diffusion, Wärmelehre; Magnetismus und Elektrizität".[383]

Nach dem großen Forscher Josef Stefan überblickt kaum ein Physiker noch so seine wissenschaftliche Disziplin wie dieser vielseitige physikalische Gelehrte. Stefans Forschungsarbeiten befruchten einen großen Bereich der Physik. Beim fünfzigjährigen Bestehen der Chemisch-physikalischen Gesellschaft 1869-1919 hält Felix Ehrenfried die Festrede: Dieser äußert sich, es gibt kaum noch einen Wissenschaftler, der dieses experimentelle Geschick und Interesse besitzt physikalische Versuche durchzuführen. Stefan versteht es vor allem auch die Theorie der Elektrizität in den Anwendungen der Elektrotechnik entsprechend umzusetzen.[384]

Das Physikalische Institut übersiedelt von Erdberg auf den Alsergrund im IX Stadtbezirk. Dieses Physikinstitut befindet sich von 1875 bis 1913 in der Türkenstraße 3. Stefan bewohnt da auch eine Natural-Wohnung der Universität Wien. An dem neuen Physikinstitut wirken u.a. Josef Stefan, Josef Loschmidt, Ludwig Boltzmann, Friedrich Hasenöhrl und Erwin Schrödinger.[385]

---

[382] Vgl. Mitschrift: Vorlesung Josef Stefans aus der Zentralbibliothek der Physik in Wien.
[383] Obermayer, Albert 1893: Zur Erinnerung an Josef Stefan, S. 10.
[384] Vgl. Ehrenhaft, Felix 1919: Festrede am 26. November zur 50-Jahrfeier der Chemisch-physikalischen Gesellschaft Wien.
[385] Fotoquellen: Österreichische Zentralbibliothek für Physik.

Im ersten Jahr befindet sich das **neue** „Physikalische Institut" im alten und beengten Universitätsviertel. In den Jahren von 1851-1875 wird das Physikalische Institut nach Erdberg, das sich im III. Stadtbezirk Landstraße befindet, verlegt. Die Physikinstitute übersiedeln in der Zeit von 1875 bis 1913 in die Türkengasse 3 am Alsergrund im IX. Wiener Stadtbezirk. Im Jahre 1913 werden die Physikalischen Institute in die Boltzmann-Gasse 5 verlegt, wo sich diese noch heute befinden.[386]

In der Türkengasse am Alsergrund IX. Bezirk in der Nähe des Hauptgebäudes der Universität Wien wird im Jahre 2000 eine Gedenktafel angebracht. Diese Gedenktafel wird zum 50-jährigen Bestehen der „Österreichischen Physikalischen Gesellschaft" angebracht. Die „Chemisch-physikalische Gesellschaft" gibt es seit 1869 und ist heute noch wirksam. Der mathematische Physiker Josef Stefan, der Molekularforscher Josef Loschmidt und der Mathematiker Joseph Petzval haben diese Gesellschaft mitbegründet. Diese Gesellschaft vertritt nach den Satzungen beide Disziplinen, die Physik und die Chemie in der Öffentlichkeit. Die Österreichische Physikalische Gesellschaft wird bei einer österreichischen Physiker-Tagung am 13. Dezember 1950 in Graz gegründet und dient zur

> „Förderung und Verbreitung der physikalischen Wissenschaft in Forschung und Unterricht, um die österreichischen Physiker näher zu bringen und deren Gesamtheit nach außen zu vertreten".[387]

Der Gedenktafel kann entnommen werden, dass im Hause Türkengasse 3 in der Zeit von 1875 bis 1913 die Physikalischen Institute der Universität Wien befinden. Unter anderen wirkt in diesen Räumlichkeiten Josef Loschmidt der Molekularforscher; Josef Stefan der Begründer des Strahlungsgesetzes und theoretischer Wegbereiter der Elektrotechnik; Friedrich Hasenöhrl ein Lehrmeister der theoretischen Physik, welcher die Beziehung von Masse und Energie herstellt; Erwin Schrödinger der spätere Nobelpreisträger formuliert mathematisch die Wellenmechanik.

> „Sowohl Stefan als nach ihm auch Boltzmann gerieten in `heftige` Auseinandersetzungen mit dem österreichischen Physiker und Philosophen Ernst Mach und seinen Anhängern [Wiener Kreis], die sich diesen Vorstellungen und Deutungen des Atoms widersetzen".[388]

---

[386] Vgl. Österreichische Zentralbibliothek für Physik 2004: Geschichte, Dokumente und Dienste, S. 8f.
[387] Http://www.oepg.at; Offizielle Homepage der Österreichischen Physikalischen Gesellschaft.
[388] Ottowitz, Niko 2011: Josef Stefan. Streiflichter aus seinem Leben und Werk – zum 175. Geburtstag, S. 55.

Der umtriebige Geist Ernst Mach Bildmitte 1838–1916 wird ein physikalischer und philosophischer Gegenspieler von Josef Stefan rechts und später auch von Ludwig Boltzmann links dargestellt.[389]

Der Wissenschaftstheoretiker Ernst Mach kann im Grenzebereich von Physik, Philosophie und Psychologie angesiedelt werden. Für Mach setzen sich jene Wahrheiten durch, die am stärksten ökonomischen und empirischen Überlegungen entsprechen. Das Fundament der Naturerkenntnisse sind die Erfahrungen, welche entweder direkt durch Sinneseindrücke oder indirekt durch Messinstrumente vermittelt werden. Die Grundlagen des Weltverständnisses sind für Mach das Zusammenwirken der Physik, der Sinnespsychologie und die Philosophie. Ernst Mach hat das „Doppler-Prinzip" durch das Experiment nachgewiesen. Die philosophische Grundhaltung ist positivistisch, sein Denken ist empirisch bestimmt. Die naturwissenschaftlichen Ergebnisse sollten messbar sein, wobei der Quantentheoretiker Max Planck zu einem vehementen Kritiker von Ernst Mach wird.[390]

Josef Stefan widmet sich sein ganzes Leben unermüdlich und nachahmungswürdig aufopfernd der physikalischen Wissenschaften. Stefan ist für seinen berühmten Schüler Ludwig Boltzmann ein hoch verdienter Lehrer der jüngeren Studentengeneration. Stefan wirkt oft ehrenamtlich in der Kaiserstadt Wien in diversen Institutionen wissenschaftlich mit. Stefan arbeitet unermüdlich als Funktionär in der Akademie der Wissenschaften, in gewerblich-technischen Vereinen und in wissenschaftlichen Kommissionen mit. Stefan wird am Höhepunkt seiner Schaffenskraft mit 57 Jahren durch einen plötzlichen Tod dem Leben entrissen. Stefan hat das große Glück, dass er 30

---

[389] Fotoquelle: Niko Ottowitz- Josef Stefan. Streiflichter aus seinem Leben und Werk – zum 175. Geburtstag.
[390] Österreich Lexikon 1995: Ernst Mach, S. 1.

Jahre forschend und leitend am Physikalischen Institut fruchtbar tätig sein kann. Er wird zu einem prägenden Physiker in der Geschichte des experimentell-mathematischen Physikalischen Instituts und dem reinen theoretischen Nachfolgeinstitut. Die vielfältigen und bleibenden wissenschaftlichen Leistungen werden in den Herzen seiner Schüler und der Nachwelt erhalten bleiben. Diese Aussagen macht sein Schüler und Freund Ludwig Boltzmann bei der Enthüllung des Denkmals für Stefan in der Säulenhalle der Universität Wien.[391]

Die Direktoren des „Physikalischen Instituts" von links Christian Doppler 1850-1852, 2 Jahre; Andreas Freiherr von Ettingshausen 1852 - 1863/66; 11/14 Jahre; Josef Stefan 1863/66–1893, 30/27 Jahre; Ludwig Boltzmann 1894–1902, 8 Jahre.[392]

Viele wissenschaftliche Persönlichkeiten der Theoretischen Physik wirken nachhaltig im Rahmen der „Wiener physikalischen Schule". In der angeführten Tabelle werden wichtige Vertreter der Physik an der Universität Wien angeführt.

1850 - 1902	Direktoren – Physikalisches Institut - Philosophische Fakultät der Universität Wien
1850 - 1852	Direktor Christian Doppler
1852 – 1866	Direktor Andreas von Ettingshausen Mitarbeiter-Josef Grailich

---

[391] Vgl. Boltzmann, Ludwig 1895: Josef Stefan- Rede gehalten bei der Stefan-Denkmal Enthüllung in der Säulenhalle der Universität Wien, S. 85.
[392] Fotoquellen: Doppler und Ettingshausen- Wikipedia die freie Enzyklopädie; Stefan und Boltzmann: Niko Ottowitz- Josef Stefan. Streiflichter aus seinem Leben und Werk – zum 175. Geburtstag.

1863 – 1866	Direktor Stellvertreter Josef Stefan
1866 - 1893	Direktor Josef Stefan
1866 - 1875	Selbstständiger Forscher – Josef Loschmidt
1894 – 1902	Direktor Ludwig Boltzmann
1902 - 1961	**Vorstände – Institut - Theoretische Physik**
1902 - 1906	Ludwig Boltzmann
1907 - 1915	Josef Hasenöhrl
1918- 1920	Gustav Jäger
1927 – 1938 1946 - 1956	Hans Thirring
1957 - 1961	Selbstständiger Forscher - Erwin Schrödinger - Nobelpreisträger 1933

5.6.1 Entdeckung des Strahlungsgesetzes

Josef Stefan legt am 20. März 1879 eine 38-seitige Abhandlung „über die Beziehung zwischen Wärmestrahlung und Temperatur" vor. Stefan wird ein wirkliches Mitglied dieser Gelehrtengesellschaft der kaiserlichen Akademie der Wissenschaften. Er entdeckt und formuliert ein bahnbrechendes physikalisches Grundgesetz der Wärmestrahlung. Durch dieses Naturgesetz kann auch die Temperatur an der Sonnenoberfläche bestimmt werden. Stefan liefert zahlreiche Abhandlungen auf verschiedenen Gebieten der Physik.

> „Unter dieser mannigfaltigen Reihe von wichtigen Arbeiten bietet uns Stefan im Jahre 1879 eine Schrift über die Beziehung zwischen Wärmestrahlung und Temperatur, discutirt den Strahlungsvorgang zwischen Erde und Weltraum und die Temperatur der Sonne auf Grund einer neuen Formel für die ausgestrahlte Wärmemenge".[393]

Beim „Stefan-Boltzmann" Strahlungsgesetz beträgt die Abhandlung von Josef Stefan aus dem Jahre 1879 insgesamt 38 Seiten. Die ergänzenden mathematischen Formulierungen von Ludwig Boltzmann aus dem Jahre 1884 betragen vier Seiten und dieser bestätigt mit der Lichttheorie das Stefan Strahlungsgesetz.[394]

---

[393] Suess, Eduard 1893: Josef Stefan, S. 255.
[394] Fotoquelle: Wikipedia die freie Enzyklopädie.

Ein strahlender Körper emittiert von seiner Oberfläche direkt proportional in der 4. Potenz zu seiner absoluten Temperatur. In einer mathematischen Formeln dargestellt: $P = C \cdot A \cdot T^4$

P... Die Strahlungsleistung beträgt Energie pro Zeit

C... Die „Naturkonstante" experimentell entdeckt und bestimmt, ist von extrem kleiner Größe.

A... Die Oberfläche des strahlenden Körpers.

T... Die Absolute Temperatur in Kelvin beträgt Temperatur in Celsius plus 273,...

Ludwig Boltzmann veröffentlicht im Jahre 1884 eine 4-seitige Abhandlung über die Ableitung des Stefan-Gesetzes. Die Abhängigkeit der Wärmestrahlung von der Temperatur wird von der elektromagnetischen Lichttheorie heraus entwickelt. Der theoretische Physiker Boltzmann hat die Experimente über das Strahlungsgesetz Stefans durch allgemeine mathematische Formulierungen erweitert. Josef Stefan ist auch ein führender Physik-Gelehrter auf dem Gebiet der Elektrizität mit Anwendung auf die Elektrotechnik in Österreich. In den Anfängen der Elektrotechnik hat die Grundlagenforschung der Physiker eine große Bedeutung. Stefan interessieren nicht nur neue wissenschaftliche Erkenntnisse, auch die praktische Anwendung physikalischer Erkenntnisse in der Elektrotechnik ist für ihn wichtig. Die Elektrizität ist in der zweiten Hälfte des 19. Jahrhundert für die praktische Anwendung noch ein physikalisches Wunder. Josef Stefan wird ein Mitbegründer des Elektrotechnischen Vereines. Er wird zum ersten Präsidenten des Elektrotechnischen Vereines im Jahre 1883 gewählt. Der Wissenschaftler Stefan gründet eine elektrotechnische Fachzeitschrift. In dieser können wissenschaftliche Experte und praktische Elektrotechniker zu Wort kommen. Das

Organisieren von Fachvorträgen des elektrotechnischen Vereins ist für Stefan ein großes Anliegen.[395]

5.6.2 Publikationen mathematisch-physikalisch vielfätig

Josef Stefan wird ein „positivistisch" denkender physikalisch-experimentierender und mathematisch- formulierender Forscher an der Philosophischen Fakultät der Universität Wien. Beim Physiker Stefan findet durchwegs eine Verbindung des praktischen Experimentierens und theoretisch mathematischen Formulierens der Abhandlungen statt. Der Theorie orientierte Nachfolger und Schüler Josef Stefans Ludwig Boltzmann macht das erste Physikalische Institut zu einen Institut der Theoretischen Physik. Stefans wichtigsten wissenschaftliche Publikationen werden als Sitzungsberichte der kaiserlichen Akademie der Wissenschaften vorgetragen:

- Bemerkungen zur Absorption der Gase, 1957.
- Über den Druck, den das fließende Wasser senkrecht zu seiner Stromrichtung ausübt, 1858.
- Über die Transversalschwingungen eines elastischen Stabes, 1858.
- Dulong-Petitsche Gesetz, 1859.
- Über ein neues Gesetz der lebendigen Kräfte in bewegten Flüssigkeiten 1859.
- Über die Bewegung flüssiger Körper, 1863.
- Bemerkungen zur Theorie der Gase, 1863.
- Über die Fortpflanzung der Wärme, 1863.
- Über die Dispersion des Lichtes durch Drehung der Polarisationsebene im Quarz, Theorie der doppelten Brechung des Lichtes, 1864.
- Versuche über die als Tabolt Linien benannten Interferenzerscheinungen im prismatischen Zentrum und Beugungszentrum, 1864.
- Über Interferenz des Lichtes bei großen Gangunterschieden, 1864.
- Über Farbenzerstreuung durch Drehung der Polarisationsebene in Zuckerlösungen, 1865.
- Über eine Erscheinung am Newtonschen Farbenglase, 1865.
- Einfluss der inneren Reibung der Luft auf die Schallbewegung, 1866.
- Über eine neue Methode, die Länge der Lichtwellen zu messen, 1866.
- Über Nebenringe an Newtons Farbenglase, 1868.

---

[395] Vgl. Wagner, Kurt 1991: Josef Stefan ein österreichischer Physiker, S. 311-314.

- Grundformeln der Elektrotechnik, 1869.
- Über die Erregung longitudinaler Schwingungen der Luft durch transversale, 1870.
- Über den Einfluss der Wärme auf die Brechung des Lichtes in festen Körpern, 1871.
- Über einen akustischen Versuch, 1871.
- Über das Gleichgewicht und die Bewegung, insbesondere die Diffusion von Gasen, 1871.
- Über die Gesetzte der elektrodynamischen Induktion, 1871.
- Anwendung des Chronoskops zur Bestimmung der Schallgeschwindigkeit im Kautschuk, 1872.
- Die Eigenschaft von Schwingungen eines Systems von Punkten, 1872.
- Über die Schichtungen in schwingenden Flüssigkeiten, 1872.
- Dynamische Theorie der Diffusion von Gasen,1872.
- Wärmeleitungsvermögen, 1872.
- Versuche über Verdampfung, 1873.
- Scheinbare Adhäsion, 1874.
- Über die Theorie der magnetischen Kräfte, 1874.
- Über die Gesetze der magnetischen und elektrischen Kräfte in magnetischen und dielektrischen Medien und ihre Beziehung zur Theorie des Lichtes, 1874.
- Bestimmung des Wärmeleitvermögens des Hartgummis, 1876.
- Die Diffusion der Flüssigkeiten. die optischen Beobachtungen, 1878.
- Versuche über die Diffusion der Kohlensäure durch Alkohol und Wasser, 1878.
- Über die Beziehung von Wärmestrahlung und Temperatur, 1879.
- Über die Abweichung der Amper Theorie der Magnetisierung von der Theorie der elektromagnetischen Kräfte, 1879.
- Versuche mit einem erdmagnetischen Induktor, 1880.
- Über die spezifische Wärme von Dampf, 1880.
- Über die Tragkraft der Magnete,1880.
- Über das Gleichgewicht eines festen elastischen Körpers von ungleicher oder veränderlicher Temperatur, 1881.
- Die Verdampfung eines kreisförmig oder elliptisch begrenzten Beckens,1881.
- Über die Kraftlinien eines um eine Achse symmetrischen Feldes, 1882.
- Induktionskoeffizienten von Drahtrollen, 1883.
- Beziehung zwischen den Theorien der Kapillarität und der Verdampfung, 1886.
- Über veränderliche Ströme in dicken Leitungsdrähten, 1887.

- Über Thermomagnetische Motoren, 1888.
- Über die Herstellung intensiver magnetischer Felder, 1888.
- Verdampfung und die Auflösung als Vorgänge der Diffusion, 1889.
- Über einige Probleme der Wärmeleitung, 1889.
- Theorie der Eisbildung, insbesondere am Polarmeere, 1889.
- Diffusion von Säuren und Basen gegeneinander, 1889.
- Über einige Thermoelemente von großer Wirksamkeit, 1889.
- Über Schwingungen in geraden Leitern, 1890.
- Über die Theorie der oscilatorischen Entladung, 1890.
- Über das Gleichgewicht der Elektrizität auf einer Scheibe und einer Ellipsoide, 1882.[396]

Am 15. Dezember des Jahres 1892 wird die letzte Abhandlung Stefans, die der kaiserlichen Akademie der Wissenschaften vorgelegt wird. Stefan stirbt nach 14- tägiger Bewusstlosigkeit am 7. Jänner 1893 in Wien. Die wissenschaftliche Bedeutung des physikalischen Werkes von Stefan hat sein Schüler Boltzmann bei der Festrede des Stefan-Denkmals Enthüllung geäußert. Boltzmann ist nicht nur ein physikalischer Standeskollege, sondern war auch Stefans Seelenfreund. Der Mathematiker und theoretische Physiker Boltzmann würdigt Stefan bei der Denkmal-Enthüllung am 8. Dezember 1885 im Arkadenhof der Universität Wien. Der Gelehrte Stefan hat unermessliche Leistungen für die physikalische Welt hinterlassen. Die zahlreiche Anwesenheit der vielfältigen wissenschaftlichen Gesellschaft bei dieser Gedenkfeier war beeindruckend: es erscheinen der Akademische Senat der Universität mit dem Rektor an der Spitze; der Präsident der kaiserlichen Akademie der Wissenschaften Alfred Ritter von Arneth; der Sektionschef in Vertretung des „Ministerium für Cultus und Unterricht" Paul Freiherr Gautsch von Frankenthurn; beinahe alle Professoren und Dozenten und viele Studenten der Universität Wien. Die Festansprache für den liebenswürdigen und bescheidenen Physiker und Lehrer Josef Stefan hält sein Schüler und Seelenfreund Ludwig Boltzmann:[397]

> „Stefan war vor allem ein theoretischer Physiker, denn schon die Fassung des Begriffes ist nicht ganz ohne Schwierigkeiten. Die Physik ist heute durch ihre vielen praktischen Anwendungen populär geworden. […] Aber was ist ein theoretischer Physiker? […] Der theoretische Physiker hat vielmehr, wie man früher sagte, die Grundursachen der Erscheinungen aufzusuchen oder wie man heute lieber sagt,

---

[396] Vgl. Šubic, Ivan 1902: Josef Stefan. Aufzeichnungen Fragmente aus dem Tagebuch,   S. 65-67.
[397] Vgl. Boltzmann, Ludwig 1895: Josef Stefan, S. 185.

sie hat die gewonnenen experimentellen Resultate unter einheitlichen Gesichtspunkten zusammenzufassen, übersichtlich zu ordnen und möglichst klar und einfach zu beschreiben, wodurch die Erfassung derselben in ihrer Mannigfaltigkeit erleichtert, ja erst ermöglicht wird. Deshalb wird sie in England auch `natural phylosphy` genannt".[398]

Der Wissenschaftler Stefan stellt als langjähriger Direktor des Physikalischen Instituts gerne Apparate und Geräte zum selbstständigen Experimentieren zur Verfügung, obwohl es oft Beschädigungen gibt. Dieser Gelehrte zeichnet sich dadurch aus, dass er durch seinen menschlichen Charakter zu einem Vorbild für die Studenten wird. Jeder kennt die Arbeitseinstellung und Pflichttreue des Forschers und Lehrers Stefan.[399] Ein Universitätslehrer hat nicht nur die Aufgabe durch Worte zu unterrichten. Dieser soll vor allem auch durch seinen Charakter den jungen Erwachsenen ein Muster und Vorbild sein. Diese Überlegungen finden bei Josef Stefan mehr, als bei so manch anderem Universitätslehrer Anwendung. Ludwig Boltzmann äußert sich bei der Stefan-Denkmal-Enthüllung:

„Jedermann kannte seine Pflichttreue und Arbeitseifer, welche nicht nachließ, auch wenn sie eine des körperlichen Unwohlseins durch eiserne Willenskraft erforderte".[400]

Der wissenschaftliche Forscher Stefan ist nicht nur ein umfassend gebildeter Physiker, sondern auch ein hervorragender und hingebungsvoller akademischer Lehrer. Stefan ist ein Vorbild für die Studenten. Die Vorlesungen Stefans sind wegen der klaren und einfachen Strukturierung weit und breit bekannt. Der Gelehrte versteht es, komplexe physikalische Zusammenhänge den Hörern, die vorwiegend Lehramtsstudenten sind, verständlich zu präsentieren und darzustellen. Den fleißigen und interessierten Studenten tritt er mit Wohlwollen und freundschaftlich gegenüber.

5.6.3 Experimental-Unterricht an Mittelschulen

Bei Josef Stefan ist zweifellos eine Einheit von Forschung und Lehre gegeben. Dieses akademische Bildungsprinzip geht auf den neuhumanistischen und liberalen Schulreformer Wilhelm von Humboldt zurück. Es wird der Inhalt der Vorlesungen und dazu gehörende Übungen vom Sommersemester 1859 bis zum Wintersemester 1892/93 angeführt:

---

[398] Ebenda, S. 187f.
[399] Vgl. Wagner, Kurt 1991: Josef Stefan ein großer österreichischer Physiker, S. 315f.
[400] Boltzmann, Ludwig 1895: Josef Stefan. Rede gehalten bei der Enthüllung des Stefan Denkmals, zur Jahrhundertfeier seines Geburtstags wiederholt, S. 188.

Josef Stefan - Vorlesungen, Anleitungen und Übungen im physikalischen Experimentieren an Mittelschulen

- Physik der Molekularkräfte.
- Theorie der Wärmeleitung; Wärmelehre.
- Theorie des Lichtes.
- Theorie der Elastizität.
- Elektrodynamik und Theorie der Induktion.
- Magnetismus und Elektromagnetismus.
- Interferenz, Beugung und Polarisation des Lichtes.
- Theorie des elektrischen Stromes.
- Theorie der Wärmeleitung.
- Theorie der Optik.
- Ausgewählte Kapitel der mathematischen Physik.
- Magnetismus und Elektrizität.
- Akustik und Optik.
- Licht und Wärme.
- Mechanik fester und flüssiger Körper.
- Schall und Licht: Akustik und Wärmetheorie.
- Theoretische Optik.
- Theoretische Akustik.
- Theorie der magnetischen und elektrischen Kräfte.
- Theoretische und Molekulare Physik.
- Theorien der magnetischen und elektrischen Erscheinungen.
- Optik und Wärmelehre.
- Theoretische Physik.
- Theoretische Physik, Mechanik und Wärmelehre.
- Akustik und Theorie der Wärme, Optik, Mechanik, Akustik.
- Anleitungen zum physikalischen Experimentieren.
- Übungen zum physikalischen Experimentieren.[401]

---

[401] Bittner, Lotte 1949: Geschichte des Studienfaches der Physik an der Universität Wien, S. 321-323.

5.6.4 Tätigkeiten ehrenamtlich-wissenschaftlich vielseitig

Josef Stefan ist vielfältig gemeinnützig-ehrenamtlich in wissenschaftlichen Institutionen, Gesellschaften und Kommissionen aktiv tätig. Stefans Leben wird nach dem Tod des letzten Elternteiles im Jahre 1872 durch eine besonders intensive wissenschaftliche Arbeit ausgefüllt. Dies zeigen auch seine vielen weiteren experimentell-wissenschaftlichen Abhandlungen in den nächsten 20 Jahren. Stefan wird nicht nur im Jahre 1879 der Schöpfer des wichtigen Strahlungsgesetzes, das in der Wärmelehre eine bedeutende Rolle spielen wird. Der forschende Physiker Stefan ist für die Anwendungen in der Elektrotechnik von besonderer Bedeutung. Stefan ist jener Wissenschaftler, der eine Verbindung der Grundlagen liefernden Physik und den wichtiger werden Anwendungen in der Elektrotechnik herstellt. Die unzähligen Abhandlungen zeigen auf, dass Stefan ein sehr wichtiger Physiker für die praktische Elektrotechnik ist.

Stefan ein Mitbegründer der Chemisch-physikalischen Gesellschaft

Die Chemisch-physikalische Gesellschaft wird von Heinrich Hlasiwetz 1825-1878 im Jahre 1869 in Wien gegründet. Die Wissenschaftler Josef Stefan, Josef Lochschmidt und Josef Petzval sind Mitbegründer dieser noch heute bestehenden wissenschaftlichen Gesellschaft. Hlasiwetz ist ein Professor der Technischen Chemie am Polytechnischen Institut, der späteren Technischen Hochschule in Wien. Er bekleidet im Studienjahr 1872/73 die ehrenvolle Funktion eines Rektors an der Technischen Hochschule. Bei der Gründungsversammlung der Chemisch-physikalischen Gesellschaft im Jahre 1869 richtet Heinrich Hlasiwetz an die anwesenden Gäste folgende Botschaft:

> „Wir stellen uns an dieser Stätte als erste Aufgabe, die Naturwissenschaften kennenzulernen und die Methoden uns anzueignen, nach denen man wissenschaftliche Tatsachen findet und sie zum Baue eines Systems verwendet, in welchem jede dieser Tatsachen notwendig ihre Stelle finden muss vermöge der letzten Gründe, auf die wir sie zurückführen können. Als zweite Aufgabe betrachten wir die praktische Anwendung und Nutzbarmachung der wissenschaftlichen Resultate und Entdeckungen der Chemie und Physik für die Zwecke des Lebens, der Ausbeutung dieser Tatsachen, die Methoden der Versuche für die Zivilisation und Kultur. Die wissenschaftlichen Gedanken geben der Epoche, in der sie entstanden sind, ein besonderes Gepräge, wodurch sie sich vor anderen Zeiträumen im Völkerleben unterscheidet"'.[402]

---

[402] Vgl. Ehrenhaft, Felix 1919: Auszug aus der Rede des 50-jährigen Bestandes der Chemisch-physikalischen Gesellschaft in Wien.

Felix Ehrenhaft äußert sich bei der Festrede zum 50-jährigen Bestehen der Chemisch-physikalischen Gesellschaft im Jahre 1919 entsprechend. Die Experimente der Chemie und Physik vereinfachen Tatsachen und Erscheinungen. Es werden komplizierte Prozesse in ihre Bestandteile zerlegt. Nicht nur die philosophischen Ideen genialer Köpfe, sondern auch die naturwissenschaftlichen Erkenntnisse sind die Basis unseres Weltbildes. Der Verstand und die Vernunft des Rationalismus und die Sinne des Empirismus müssen zusammenwirken. Es sollen dadurch neue Erkenntnisse entstehen.

Clerk Maxwell links und Josef Stefan rechts, wobei beiden das Modell „Maxwell-Stefan-Diffusion" zugeschrieben wird.[403]

Der Kärntner Physiker Josef Stefan kann als Vordenker der elektromagnetischen Feldtheorie des Schotten James Clerk Maxwell 1831-1879 gesehen werden.[404] Maxwell äußert sich in einem Brief sehr respektvoll über Stefan. Maxwell entwickelt grundlegende Gleichungen zur Elektrizität und zum Magnetismus. Maxwell hat auf die Physik in der zweiten Hälfte des 19. Jahrhundert einen großen Einfluss. Das „Maxwell-Stefan-Diffusion" Modell dient zur Beschreibung der Diffusion von Multikomponenten-Systemen. Die Maxwell-Stefan Gleichung haben Clerk Maxwell für verdünnte Gase und Josef Stefan für Flüssigkeit unabhängig voneinander entwickelt. Die Abhandlung der Stefan-Gleichung wird im Sitzungsbericht der Kaiserlichen Akademie der Wissenschaften Wien mit folgendem Thema festgehalten:

---

[403] Fotoquelle in: Niko Ottowitz: Josef Stefan. Streiflichter aus seinem Leben und Werk – zum 175. Geburtstag.
[404] Vgl. Broda E. / Karlik B. / Lintner, K. 1969: Aus der Geschichte der Chemisch-physikalischen Gesellschaft. Sonderdruck anlässlich des 100-jährigen Bestandes.

"Über das Gleichgewicht und Bewegung, insbesondere die Diffusion von Gasgemengen"[405]

Das „Physikalische Institut" wird unter der Leitung von Josef Stefan zu einer Stätte intensiver und fruchtbarer experimentaler physikalischer Forschung. Stefan hat das „Strahlungsgesetz" entscheidend experimentell entdeckt und mathematisch formuliert. Er stellt eine Beziehung zwischen Wärmestrahlung und Temperatur her. Boltzmann untersucht das Stefan Strahlungsgesetz mit Hilfe der Lichttheorie ergänzend theoretisch. Josef Loschmidt wird ein zeitweiliger selbstständiger Mitarbeite am Physikalischen Institut. Dieser gilt als Pionier der Molekularforschung und hat als erster Gelehrter die Größe eines Atoms abgeschätzt. Die Verbindung von Makro- und Mikrowelt kann dadurch zahlenmäßig hergestellt werden.[406]

Stefan wird erster Präsident des Elektrotechnischen Vereines

Der „Elektrotechnische Verein" wird nach den entsprechenden Vorbereitungsarbeiten, an denen auch Josef Stefan bereits teilnimmt, am 5. März 1883 gegründet. In der Gründungsversammlung wird Stefan, der betont kein Elektrotechniker zu sein, zum ersten Präsidenten dieser Gesellschaft gewählt. Die erste Tätigkeit als Vereinspräsident war es, eine elektrotechnische Fachzeitschrift ins Leben zu rufen. In diesem Druckwerk können sich Wissenschaftler und Elektrotechniker zu aktuellen Fragen in diesem Fachbereich zu Wort melden. Diese Zeitschrift soll nicht nur ein Vereinsorgan, sondern diese dient auch der Weiterbildung, der in der Berufspraxis stehenden Elektrotechniker. Im Jahre 1906 erfolgt eine Umbenennung der Zeitschrift in „Elektrotechnik und Maschinenbau".

> „Die Arbeitskraft muss geradezu unheimlich gewesen sein. In der Zeit seiner [dreijährigen] Präsidentschaft beim `Elektrotechnischen Verein` bekleidete er noch zehn [sic!] andere [gemeinnützig] ehrenamtliche Tätigkeiten. Aus den Berichten kann man ersehen, dass er trotzdem selten bei der Sitzung fehlte. Der letzten Sitzung in seiner Amtszeit blieb er fern, wahrscheinlich um der Dankesrede auszuweichen".[407]

Ein Anliegen von Stefan in seiner 3-jährigen Amtszeit ist die Organisation von Fachvorträgen. Ein Vortrag von Stefan beschäftigt sich mit der elektrischen Energie für Beleuchtungszwecke,

---

[405] Sitzungsberichte der Kaiserlichen Akademie der Wissenschaften Wien, 2. Abteilung a, 63, S. 63-124.
[406] Vgl. Österreichische Akademie der Wissenschaften 1950 (Hrsg.): Österreichische Naturforscher und Techniker, S. 44-48.
[407] Wagner, Kurt 1991: Josef Stefan ein österreichischer Physiker, S. 314.

nachdem diese Frage eigentlich gelöst wurde. Bei der Wiener Weltausstellung im Jahre 1873 wird der Versuch eines Ingenieurs behandelt, der ein beträchtliches Aufsehen erregte.

„Zur 75-Jahrfeier des Elektrotechnischen Vereines wird die ´Goldene Stefan-Ehrenmedaille des EVÖ [Österreichischer Verband für Elektrotechnik]´ gestiftet. Diese Ehrenmedaille wird an Personen des In- und Auslandes verliehen. Diese Menschen haben sich um die Elektrotechnik, den angewandten Naturwissenschaften oder der Elektrizitätswirtschaft besondere Verdienste erworben haben".[408]

Bei diesem Versuch treibt ein Gasmotor eine Dynamomaschine an, mit welcher die elektrische Energie erzeugt wird. Diese elektrische Energie wird über einen Kilometer „fern" übertragen. Dort treibt ein Elektromotor durch die umgewandelte mechanische Energie eine Zentrifugalpumpe an. Die mechanische Arbeit bewirkt eine Druckerhöhung eines Mediums. Das sind die Anfänge der Fernübertragung der elektrischen Energie und damit des Stromes.[409]

Internationale Elektrische Ausstellung mit Stefan als vielfältiger Versuchs- Präsident der technisch-wissenschaftlichen Kommission

Die Internationale Elektrische Ausstellung in Wien beruft Stefan als Präsidenten in die „Technisch-wissenschaftliche Kommission". Stefan ist schon damals eine physikalische Autorität. Diese wissenschaftliche Fachgröße bringt sich im Zusammenhang mit der Internationalen Elektrischen Ausstellung 1883 sehr fruchtbar und vielfältig in diese ein. Die rasch vor sich gehende Erforschung der Elektrizität bringt eine rasante Entwicklung der Elektrotechnik mit immer mehr Anwendung mit sich.

Die Internationale Elektrische Weltausstellung in Wien 1883 stellt als Anwendung der Elektrizität, die elektrische Straßenbahn auf einer Versuchsstrecke vor. Dies bringt allmählich den öffentlichen Verkehr nach Wien. Das offizielle Werbeplakat zur internationalen Elektrischen Ausstellung in Wien wird in der Mitte dargestellt.[410]

---

[408] Boncelj, Josef 1958: Josef Stefan und seine Tätigkeit auf dem Gebiete der Elektrotechnik, S. 674.
[409] Vgl. Wagner, Kurt 1991: Josef Stefan ein österreichischer Physiker, S. 308-310.
[410] Fotoquelle in: Niko Ottowitz: Josef Stefan. Streiflichter aus seinem Leben und Werk – zum 175. Geburtstag.

Die Wiener Ausstellung im Jahre 1883 wird ein großer Erfolg. Diese Ausstellung ist in der Rotunde im Prater untergebracht. Diese elektrotechnische Ausstellung zeigt alles was die neue Technik zu bieten hat. Stefan wird damals wohl ein Präsident des größten elektrotechnischen Labors der Welt. In diesem Laboratorium werden von Stefan selbst, oder man führt unter seiner Leitung wissenschaftliche technisch-physikalische Forschungen durch. Stefan führt auch eine große Zahl Studien über den Magnetismus durch. Diese Arbeiten werden als Abhandlungen in wissenschaftlichen Zeitschriften veröffentlicht.

> „Im Jahre 1883 war Stefan der Vorsitzende der internationalen elektrischen Ausstellung in Wien; seine bei dieser Gelegenheit durchgeführten Versuche haben schrittweise zu Ergebnissen von hoher technischer Bedeutung geführt; man darf sagen, dass durch dieselben die Grundlage zu der heutigen Messung der Wechselstrom-Maschinen gelegt worden ist. […] Die Arbeiten und die Erfolge der elektrischen Ausstellung haben für längere Zeit hinaus die Richtung seiner Untersuchungen bestimmt".[411]

Dieser Ausstellung wird eine wichtige begleitende technisch-wissenschaftliche Kommission beigegeben. Namen wie Lord Kelvin, Werner von Siemens, Ludwig Boltzmann und Wilhelm Helmholtz gehören dieser berühmten Kommission der internationalen elektrischen Ausstellung in Wien an. Diese Kommission steht unter dem ehrenvollen Vorsitz des Physik-Gelehrten Josef Stefan. Die eifrige Kommission der Ausstellung arbeitet nach der Ausstellung noch einige Monate weiter. Die Ergebnisse werden von Stefan durch einen entsprechenden Bericht zusammengefasst. Ein Drittel des Berichtes beinhalten Originalarbeiten von Stefan selbst. Die messtechnischen Grundlagen für die Gleichstrom- und die Wechselstrommaschinen werden gelegt. Stefan selbst trägt einiges zur Weiterentwicklung der immer wichtiger werdenden Elektrotechnik bei. Die Entwicklungsprozesse gehen von der Elektrotechnik, der Elektronik bis zur Mikroelektronik heute. Die elektrische Ausstellung hat die

---

[411] Suess, Eduard 1893: Josef Stefan, S. 255.

Forschungen auf dem Gebiet der Elektrizität und deren Anwendungen zusätzlich beflügelt. Ein wesentlicher Teil der Arbeit der Akademie ist die Bildung von wissenschaftlichen Kommissionen, wobei auch Berichte verfasst werden müssen.

> „Die von den ständigen Kommissionen herausgegeben Werke und periodischen Schriften werden in der Regel von den Obmännern oder Berichterstattern der Kommissionen redigiert".[412]

Die internationale elektrische Ausstellung in Wien hat einen Bericht der Technischwissenschaftlichen „Commission" zur Folge. Im Bericht verfasst von Stefan im Jahre 1886, werden über Messungen an Dynamomaschinen und elektrischen Lampen folgende Versuche und Abhandlungen geschrieben:

> Beobachtungen über die Vibrationen des Stromes in einer Dynamomaschine; Über die Anwendung des Elektrodynamometers zur Arbeitsmessung; Das Wattmeter von Sir Williams Siemens; Über die Berechnung der Versuche an der Wechselstrommaschine von Ganz & Co; Über die Versuche mit der Wechselstrommaschine von Klimenko; Über die Charakteristik einer Wechselstrommaschine.[413]

Die Publikationen der wissenschaftlichen Fachgröße Stefan, reichen im Bereich der Elektrizität und Elektrotechnik zeitlich von 1869 bis 1892. Die letzte Abhandlung „Über das Gleichgewicht der Elektrizität auf einer Scheibe und auf dem Ellipsoid" überreicht Stefan der Akademie der Wissenschaften einige Tage vor seiner schweren Erkrankung. Fast drei Wochen später stirbt Stefan aufgrund einer tödlichen Nierenerkrankung am 7. Jänner 1893. Dem erfolgreichen Schaffen dieser physikalischen Geistesgröße wird früh ein Ende bereitet.[414] Stefan bezeichnet sich selbst immer als Physiker und nicht als Elektrotechniker und nicht als Ingenieur. Josef Stefan wird in der zweiten Hälfte des 19. Jahrhundert wissenschaftlich forschend sehr fruchtbar für die Elektrizitätslehre, wobei viele Abhandlungen auf diesem Gebiet stattfinden. In dieser Zeit haben die Physiker auf die Elektrotechnik noch einen unmittelbaren Einfluss.

Josef Stefan kann in seiner wissenschaftlich wirkenden Zeit, als großer europäischer Naturforscher, neben Joule, Helmholtz, Clausius, Kerlvin, Darwin, Kirchhoff, Maxwell, Boltzmann, Hertz, Hasenöhrl… angesehen werden. Stefan arbeitet vor allem auf dem physikalisch-theoretischen Gebiet der Elektrizität und der physikalisch-praktischen Elektrotechnik.[415] Das

---

[412] Meister, Richard 1947: Geschichte der Akademie der Wissenschaften in Wien 1847-1947, S. 249.
[413] Vgl. Ottowitz, Niko: Josef Stefan. Streiflichter aus seinem Leben und Werk- zum 175 Geburtstag, S. 77.
[414] Vgl. Wagner, Kurt 1991: Josef Stefan ein österreichischer Physiker, S. S. 310f.
[415] Vgl. Lenard, Philip 1930: Große Naturforscher. Eine Geschichte der Naturforschung in Lebensbeschreibungen, S. 13.

Weltbild und die Weltanschauung werden durch die Philosophie, die Religion und der Naturwissenschaft geprägt. Die Naturforscher bringen neue Erkenntnisse aus der Natur für das Weltbild ein, und positionieren die Stellung des Menschen in der Natur wesentlich.

Stefan wirkt in der von der Akademie der Wissenschaften am 31. Jänner 1867 eingesetzten Kommission, als Obmann und Mitglied mit. Diese wissenschaftliche „Commission [dient] zur Erforschung der physikalischen Verhältnisse des Adriatischen Meeres".[416] Er arbeitet auch in der „Normal Aichungs- und Schlagwettercommission" mit. Stefan betätigt sich auch als Präsident der internationalen Stimmkonferenz. Er wird ordentliches Mitglied der königlichen Gesellschaft der Wissenschaften in Upsala. Josef Stefan wird ein korrespondierendes Mitglied der königlichen Akademie der Wissenschaften München. Dieser wird ferner korrespondierendes Mitglied der physikalisch-medizinischen Gesellschaft Würzburg.[417]

5.6.5 Physikanwendung in der aufstrebenden Elektrotechnik

Josef Stefan ist zu seiner Zeit ein führender Physiker, mit einem Blick der Anwendung dieser in der Elektrotechnik. Diese Tatsache ist für die Geschichte der Elektrotechnik von besonderer Bedeutung. In der zweiten Hälfte des 19. Jahrhundert werden nicht Praktiker der Elektrotechnik, sondern als führende Persönlichkeiten werden Wissenschaftler und hohe Staatsbeamte betrachtet. Stefan veröffentlicht seit dem Jahre 1869 Arbeiten aus der theoretischen und praktischen Elektrotechnik. Die letzte Arbeit von Stefan wird einige Wochen vor seinem Tod bei der Akademie der Wissenschaften eingereicht. Auf dem Gebiet der praktischen Elektrotechnik wird Stefan, vornehmlich in den Jahren 1883 bis 1886 nach der Internationalen Ausstellung äußerst aktiv. Josef Stefan verfasst namhafte physikalische Forschungen in wissenschaftliche Arbeiten, meist auf dem Gebiete der theoretischen und der praktischen Elektrotechnik.

Josef Stefans theoretischen Arbeiten der Elektrizität für die Elektrotechnik

- Über die Grundformeln der Elektrotechnik, 1869.
- Über die Gesetze der elektrodynamischen Induktion, 1871.
- Über die dynamische Induktion, 1871.
- Zur Theorie der magnetischen Kräfte, 1874.

---

[416] Meister, Richard 1947: Geschichte der Akademie der Wissenschaften in Wien 1847-1947, S. 291.
[417] Vgl. Šubic, Ivan 1902: Josef Stefan: Aufzeichnungen der Fragmente von Tagebucheintragungen, S. 64f.

- Über die Gesetze der magnetischen und elektrischen Kräfte in magnetischen und elektrischen Medien und ihre Beziehung zur Theorie des Lichtes, 1874.
- Über die Abweichung der Amper Theorie des Magnetismus von der Theorie der elektrischen Kräfte, 1879.
- Über einige Versuche mit dem Erdinduktor, 1880.
- Über die Kraftlinien eines um die Achse symmetrischen Feldes, 1882. Über die Herstellung intensiver magnetischer Felder, 1888.
- Über die Theorie der oszillatorischen Entladung, 1890.
- Über die Weatstonesche Bestimmung der Geschwindigkeit der Elektrizität, 1891.
- Über das Gleichgewicht der Elektrizität auf einer Scheibe und auf einem Ellipsoid, 1892.

Josef Stefans praktischen Arbeiten für die Elektrotechnik

- Die Verwendung des Elektrodynamometers für die Messung elektrischer Arbeit, 1866.
- Über die Tragfähigkeit der Magnete, 1880.
- Über die magnetische Schirmwirkung des Eisens, 1882.
- Dynamobau und Messinstrumente, 1883.
- Vortrag über die elektrische Fernübertragung, 1883.
- Die Berechnung der Induktionskoeffizienten von Drahtrollen, 1883.
- Vortrag über die historische Entwicklung des elektromagnetischen Maßsystems, 1884.
- Das Wattmeter von Sir Williams Siemens, 1886.
- Genaue Strommessung, unabhängig von der Änderung der horizontalen Komponente des Erdmagnetismus, 1886.
- Messungen an den Wechselstrom-Maschinen von Ganz & Co. und Ing. Klimenko, 1886.
- Die Charakteristik der Wechselstrommaschine, 1886.
- Vibrationen des Stromes einer Gleichstrommaschine, 1886.
- Bericht der wissenschaftlichen Kommission der Internationalen Elektrischen Ausstellung 1883 in Wien, 1886.
- Veränderliche elektrische Ströme in dicken Leitungsdrähten, 1887.
- Über thermomagnetische Motoren, 1888.
- Über elektrische Schwingungen in geraden Leitern, 1890.

Josef Stefan hat gute Beziehungen zu Ingenieurkreisen vor allem der Elektrotechnik. Stefans bester Freund und Trauzeuge Emil Lukesch ist ebenfalls ein Ingenieur. Die Ironie des Schicksal wollte es, dass Stefan bei einem Besuch bei seinem Freund Lukesch am 18.

Dezember 1892 einen schweren Schlagfall erlitt. Stefan hat als Physiker viel für die Wechselstromtechnik geleistet.[418]

5.6.6 Loschmidt ein Weg weisender Atom- und Molekularforscher

Nach der Lehramtsprüfung erhält Josef Loschmidt im Jahre 1856 eine bescheidene Lehrerstelle an einer Volks- und Unterrealschule in Wien. Damals hat der an der Universität studierte Chemiker kaum Zeit sich mit wissenschaftlichen Arbeiten zu betätigen. Loschmidt schreibt trotzdem die Abhandlung „Zur Größe der Luftmoleküle". Diese Arbeit ruft das Interesse und die Förderung wissenschaftlicher Kreise in Wien hervor. Der noch junge Stefan ist tief von Loschmidt beeindruckt. Die wissenschaftlichen Leistungen von Loschmidt werden vom Direktor des Physikalischen Instituts Josef Stefan entsprechend gewürdigt. Loschmidt entstammt einer Kleinhäusler Familie in Böhmen und ist ein Angehöriger der deutschen Volksgruppe. Der wissenschaftlich aufstiegsorientierte Loschmidt erwirbt sich zunehmend die Freundschaft Stefans. Beide wissenschaftlich aufstrebenden Männer, entstammen ähnlich bescheidenen sozialen Verhältnissen. Direktor Josef Stefan stellt das Physikalische Institut mit seinen Laboreinrichtungen Loschmidt für eigenständige Forschungen zur Verfügung. Der Weg an die Universität wird durch Stefan für Lochschmidt im Jahre 1866 als selbstständiger Instituts-Mitarbeiter geebnet. Friedrich Hasenöhrl wird Nachfolger als Institutsvorstand, des auf tragische Weise durch Freitod verstorbene theoretische Physiker Ludwig Boltzmann. Der Meister der Theoretischen Physik Hasenöhrl stirbt wegen einer Tuberkulosekrankheit früh. Hasenöhrl sammelt viele Theorie interessierte Physik Studenten um sich, so auch den späteren Nobelpreisträger der Physik Erwin Schrödinger. Loschmidt wird im Jahre 1867 außerordentlicher Professor für Physikalische Chemie. Die Berufung zum ordentlichen Professor erfolgt im Jahre 1872.

Einige Professoren der Universität haben erkannt, dass die Physikalische Chemie zunehmend wichtiger wird. Josef Loschmidt wird im Jahre 1875 neuer Institutsvorstand, dieser naturwissenschaftlichen Disziplin.[419] Ludwig Boltzmann äußert sich als Assistent am Physikalischen Institut über das Beziehungsverhältnis von Stefan und Lochschmidt:

---

[418] Vgl. Boncelj, Josef 1958: Josef Stefan und seine Tätigkeit auf dem Gebiet der Elektrotechnik, S. 666-674.
[419] Vgl. Bittner, Lotte 1949: Geschichte des Studienfaches Physik an der Universität Wien in den letzten hundert Jahren, S. 134f.

„Beide waren in vielen Dingen 'ungleich'. Stefan war universell und behandelte alle Kapitel der Physik mit gleicher Liebe; Lochschmidt war einseitig, wenn er über einen Gegenstand Tag und Nacht grübelte, verlor er fast ganz den Sinn für alles andere. Stefan war praktisch, er behandelte gerne und mit Geschick die Anwendung seiner Wissenschaft zu technischen und gewerblichen Zwecken; Lochschmidt war, obwohl einst selbst in Fabriken tätig, doch der Prototyp des unpraktischen Gelehrten. Stefan errang sich so mehr allgemeine Anerkennung"[420].

Josef Stefan wird in die Ehrenfunktionen eines Dekans und Rektors der Universität Wien gewählt. Der Gelehrte entwickelt bereits in jungen Jahren eine wichtige Beziehungsstruktur zur Akademie der Wissenschaften als korrespondierendes und später wirkliches Mitglied. Stefan verdankt der Akademie der Wissenschaften viel, bei seinem wissenschaftlichen Aufstieg. Stefan wird Sekretär uns später Vizepräsident der k. k. Akademie der Wissenschaften in Wien. Das Präsidentenamt der Akademie bleibt Stefan allerdings verwehrt. Er scheidet plötzlich und unerwartet bereits mit 57 Jahren aus einem erfolgreichen wissenschaftlichen und beruflichen Leben. Josef Lochschmidt bleibt in seiner forschenden Zeit beinahe unbekannt. Dies hat sich heute nach über 100 Jahren, in der physikalischen Welt geändert. Die „Loschmidt-Konstante" ermöglicht das Gewicht der Atome verschiedener Stoffe zu ermitteln. Der physikalische und der philosophische „Atomismus" muss unterschieden werden. Josef Loschmidt wird zu einem Pionier der klassischen Atomforschung. Die Quantentheorie liefert zusätzlich neue Erkenntnisse. Die klassische Theorie besagt, dass die Atome aus Protonen und Neutronen bestehen und diese werden gemeinsam von Elektronen umkreist. Durch die Arbeit über „Luftmoleküle" hat Loschmidt mit einem Schlag das Interesse der naturwissenschaftlichen Welt hervorgerufen. Der junge Direktor des Physikalischen Instituts Josef Stefan fördert zunehmend den aufstrebenden Wissenschaftler Josef Loschmidt.[421]

Josef Stefan und Josef Loschmidt haben eine ähnliche Herkunft und den gleichen Charakter. Beide wissenschaftlichen Kapazitäten sind mit einer „unendlichen" Bedürfnislosigkeit, Einfachheit und Schlichtheit ihres Wesens ausgestattet. Die geistige Überlegenheit versuchen beide nicht durch Äußerlichkeiten zum Ausdruck bringen. Ludwig Boltzmann hört zuerst als Student und später als Assistent nur Worte von Freund zu Freund. Beide sind in ihren Begegnungen sehr humorvoll, wobei selbst schwierige Diskussionen zu einer unterhaltsamen Kommunikation

---

[420] Boltzmann, Ludwig 1895: Josef Stefan. Gedenkrede zur Stefan-Denkmal Enthüllung im Arkadenhof der Universität Wien zum 100. Geburtstag 1935 wieder veröffentlicht, S. 188.
[421] Vgl. Österreichische Akademie der Wissenschaften 1950 (Hrsg.): Österreichische Naturforscher und Techniker, S. 44-46.

werden. Weder Stefan noch Lochschmidt machen jemals eine Reise über das österreichische Vaterland hinaus. Eine ausländische Naturforscherversammlung wird von beiden nie besucht. Mit der Gelehrtengesellschaft gibt es persönlich keine Berührungspunkte. Die Abgeschiedenheit dieser Geistesgrößen ist sicher ein enormer Nachteil für beide. Bei mehr Aufgeschlossenheit den anderen Wissenschaftlern gegenüber, hätten Stefan und Loschmidt ihre naturwissenschaftlichen Leistungen, vor allem fruchtbringender international verbreiten können.[422]

Josef Loschmidt kommt als Student an der Universität Prag mit dem liberalen Philosophieprofessor Franz Serafin Exner Senior in Berührung. Der Sohn gleichen Namens des Prager Philosophieprofessors wird im Jahre 1891 Nachfolger von Loschmidt als Vorstand des Chemisch-Physikalischen Instituts. Loschmidt heiratet im Jahre 1887 mit 66 Jahren spät seine Haushälterin. Josef Stefan heiratet auch einige Jahre später seine Haushälterin, Namens Marie Neumann, gebürtig aus Friesach in Kärnten.[423]

5.6.7 Boltzmann und eine würdige Festrede für Stefan bei der Denkmal-Enthüllung an der Universität Wien

Ludwig Boltzmann studiert an der Universität Wien Physik und Mathematik vorwiegend bei Josef Stefan. Boltzmann wird im Jahre 1867 Assistent bei Josef Stefan. Boltzmann folgt dem langjährigen Direktor des Physikalischen Instituts Stefan im Jahre 1894 nach. Boltzmann wird eine physikalische Kapazität mit einem klingenden Namen in der großen Habsburgermonarchie. Boltzmann schließt am Physikalischen Institut auch eine innige Freundschaft mit Loschmidt. Diese Freundschaft überträgt sich auch auf den privaten Bereich. Das inzwischen beengte Institut in Erdberg im III. Stadtbezirk Landstraße versprüht einen schöpferischen Geist. Ludwig Boltzmann nennt diese physikalische Forschungsstätte auch „Stefan-Institut". Boltzmann wird sich der angesehenen Stellung in der Gesellschaft voll bewusst. Er ist von dem Ehrgeiz beseelt, in der allgemeinen Gelehrtenwelt volle Anerkennung zu gewinnen. Er wird im Jahre 1894 mit zweijähriger Unterbrechung bis zu seinem schmerzhaften freiwilligen Tod Nachfolger von Josef Stefan. Stefan wird zu einem langjährigen und legendären forschenden Direktor am Physikalischen Institut der Fakultät für Philosophie der Universität Wien.[424]

---

[422] Vgl. Boltzmann, Ludwig 189: Gedenkrede zur Stefan-Denkmal Enthüllung, wird bei der Jahrhundertfeier wieder publiziert, S. 188.
[423] Josef Loschmidt: Wikipedia die freie Enzyklopädie.
[424] Vgl. Bittner, Lotte 1849: Geschichte des Studienfaches Physik an der Universität Wien in den letzten hundert Jahren, S. 160f.

Ludwig Boltzmann ein Seelenfreund Josef Stefans. Er hält seine berühmte Gedenkrede in der Säulenhalle der Universität. Stefan erhält von seinen zahlreichen Freunden und Verehrern ein **würdiges** Denkmal im Arkadenhof der Universität Wien gestiftet.[425]

Ein Denkmal für Josef Stefan darf in der Ruhmesgalerie der Universität Wien sicher nicht fehlen. Freunde, Schüler, Verehrer, aber auch vom Ausland, sowie die private Wiener Chemisch-physikalische Gesellschaft tragen Geld zusammen. Die Errichtung einer Gedenkstätte in der eindrucksvollen Arkaden-Säulenhalle der Universität wird dadurch ermöglicht. Die Universität und die staatliche Unterrichtsverwaltung kann dafür kaum Mittel zur Verfügung stellen.[426] Der bekannteste und wirkungsmächtigste Schüler Stefans ist der berühmte theoretische Physiker und Philosoph Ludwig Boltzmann. Boltzmann ist heute noch durch die verschiedenen Boltzmann Institute allgegenwärtig.

Der Initiative seiner ehemaligen Schüler ist zu verdanken, dass ein Denkmal für den langjährigen wissenschaftlichen Mitarbeiter der Universität Wien Josef Stefan in der Säulenhalle entsteht. Der verdiente Forscher und Lehrer der Universität wird in der „Ruhmesgalerie des Arkadenhofes" verewigt. Stefan zeichnet sich durch seine physikalische Vielseitigkeit aus, wie es nur wenige in dieser Zeit waren. Die Denkmal-Enthüllungsrede hält sein berühmter Schüler Ludwig Boltzmann, wobei dieser Stefan als einen theoretischen Physiker bezeichnet. Die Entdeckung von Naturkräften durch Beobachtung kann experimentell bestätigt oder

---

[425] Fotoquelle: Ludwig Boltzmann in: Österreichische Akademie der Wissenschaften 1950: Österreichische Naturforscher und Techniker, S. 49; Stefan-Denkmal: Quelle Karl Josef Westritschnig.
[426] Vgl. Boltzmann, Ludwig 1895: Rede gehalten bei der Stefan-Denkmal Enthüllung, S. 92.

erweitert werden. Die experimentellen Ergebnisse werden mathematisch formuliert und entsprechend in Abhandlungen zusammengefasst. [427]

> „Die Nachwelt wird seine wissenschaftlichen Leistungen nennen, in den Herzen seiner zahlreichen Schüler wird die Erinnerung an das, was er getan hat, nicht verblassen; soll daher die Ruhmesgalerie des Arkaden-Hofes nicht ganz unvollständig sein, so durfte dort ein Denkmal Professor Stefans nicht fehlen". [428]

Die Erinnerungskultur der Wiener Universität äußert sich in den Denkmalen berühmter Forscher und Gelehrter der zentralen universitären Bildungsstätte der Habsburgermonarchie. Ein edler akademisch Lehrender, ein physikalisch außergewöhnlich vielfältiger hat nach den Worten von Ludwig Boltzmann allzu früh die Welt verlassen. Die aufopferungsvollen Charakterzüge bedeutender Männer der Universität sind der Nachwelt aufzubewahren. Boltzmann äußert sich bei der Denkmal-Enthüllung:

> „Ein solcher, der ihr in nachahmungswürdiger Aufopferung sein ganzes Leben widmete, hervorragend durch seine wissenschaftlichen Leistungen, hochverdient als Lehrer der jüngeren Generation, sowie als tätiger Mitarbeiter aller wissenschaftlicher Institute unserer Kaiserstadt, von der Akademie der Wissenschaften, bis zu den technischen und gewerblichen Vereinen". [429]

Der wissenschaftliche Experte Stefan verkörpert eine Symbiose von experimenteller und theoretischer Physik. Stefan hat einen besonderen Hang zur praktischen Anwendung, vor allem im Bereich der immer wichtiger werdenden Elektrotechnik. Er versucht die Naturkräfte wenn möglich auch experimentell zu entdecken. Die physikalischen Gesetzmäßigkeiten werden mathematisch formuliert. Die „klassische" theoretische Physik setzt komplizierte experimentelle Ergebnisse durch schwierige Berechnungen um. Die physikalischen Erkenntnisse dienen der Anwendung, indem dadurch technische Probleme gelöst werden. Ludwig Boltzmann sagt in seiner Gedenkrede beim Stefan-Denkmal an der Universität auch:

> „Die `Theoretische Physik` hat vielmehr, wie man früher sagte, die Grundursachen der Erscheinungen aufzusuchen oder wie man heute lieber sagt, sie hat die gewonnenen Resultate unter einheitlichen Gesichtspunkten zusammenzufassen, übersichtlich zu ordnen und möglichst klar und einfach zu beschreiben, wodurch die Erfassung derselben in ihrer ganzen Mannigfaltigkeit erleichtert, ja eigentlich erst ermöglicht wird. Deshalb wird sie in England auch `natural philosophy` genannt". [430]

---

[427] Vgl. Boltzmann, Ludwig 1905: Josef Stefan: In: Populäre Schriften, S. 92-95.
[428] Boltzmann, Ludwig 1895: Rede gehalten bei der Stefan-Denkmal Enthüllung, S. 92.
[429] Ebenda, S. 92.
[430] Boltzmann, Ludwig 1895: Rede gehalten bei der Stefan-Denkmal Enthüllung, S. 94.

Erkenntnisse die aus der Natur vom Forscher Stefan gewonnen werden, sind in seinen 88 physikalischen Arbeiten in Form von Aufsätzen und Abhandlungen in wissenschaftlichen Fachzeitschriften veröffentlicht. Stefan verknüpft mit einer Vorliebe die eigene experimentelle Forschung mit mathematischen Formulierungen, der damals klassischen physikalischen Naturgesetze. Diese wissenschaftliche Kapazität ist Experimental- und theoretischer Physiker in einer Person. Erst dadurch ist für Stefan eine umfassende Naturerkenntnis gegeben. Das ganze berufliche Leben wird der Lehre und Forschung an der Universität Wien gewidmet. Die „Stefan-Schule" wird dadurch nicht unbegründet zur „Wiener Physikalischen Schule" und darüber hinaus. Stefan hat eine große Wirkung in der Habsburgermonarchie, aber auch in Deutschland, England und Frankreich wird er wahrgenommen.

> „Wo es zur Erreichung der größten Schärfe der Gedanken erforderlich war, benutzte er in seinen Vorlesungen die Hilfsmittel der höchsten Gebiete der Mathematik und wusste die schwierigsten Entwicklungen in der Physik in der klarsten und übersichtlichsten Form darzustellen, ohne je in den mathematischen Formalismus zu verfallen. Vielmehr betonte er scharf den physikalischen Sinn und die praktische Anwendung der Rechnung. Aber Josef Stefan las auch mustergültige Kollegien über Experimentalphysik. […] Stefan war praktisch, er behandelte gerne und mit Geschick die Anwendung seiner Wissenschaft zu technischen und gewerblichen Zwecken".[431]

Josef Stefan forscht am Physikalischen Institut auf vielen Gebieten der Physik: der Mechanik, der Akustik, der Theorie der Flüssigkeiten und Gase, der Thermodynamik, der Optik, der Elektrizität und des Magnetismus. Das klassische physikalische Weltbild, das noch von Stefan vertreten wird, ändert sich im 20. Jahrhundert beträchtlich. Die Weltanschauung der klassischen Physik kommt durch die moderne Physik, wie der Relativitäts- und Quantentheorie und Nanophysik, zunehmend ins Wanken. Stefan ist noch ein universal Gelehrter und Forschender der Physik. Dies wird bei der Denkmal-Enthüllung in der Rede von seinem berühmten Schüler Ludwig Boltzmann bestätigt.

5.6.8 Doppler erster Direktor des neuen Physikalischen Instituts der Universität Wien

Mit der realistischen Wende durch die fortschrittsgläubige bürgerlich-liberale Revolution 1848 kommt es an der Philosophischen Fakultät der Universität Wien zur Gründung des Praxis orientierten Physikalischen Instituts in Erdberg im III. Wiener Stadtbezirk Landstraße. In der Vergangenheit gibt es im Physikbereich vor allem „reine" Theorie orientierte Lehrkanzeln.

---

[431] Boltzmann, Ludwig 1895: Rede gehalten bei der Stefan-Denkmal Enthüllung, S. 99 und 101f.

Christian Doppler und „Doppler Effekt" durch Ernst Mach bestätigt

Christian Doppler wird ein österreichischer Mathematiker und Physiker. Doppler wird im Jahre 1850 von Kaiser Franz Joseph I. zum Direktor des neu errichteten „Physikalischen Instituts" ernannt. Dieser stirbt bereits mit 49 Jahren an einer Staublungenerkrankung. Die Physik wird in der ersten Hälfte des 19. Jahrhundert zunehmend bedeutungsvoller. Die liberal-aufgeklärte Revolution ruft bei den empirischen Wissenschaften, damit auch in der Physik eine zunehmende Bedeutung hervor. Doppler genießt den Ruf eines hervorragenden Gelehrten, so wird er erster Direktor dieses zukünftig physikalischen Spitzeninstituts der Habsburgermonarchie. In der Zukunft wird vor allem durch Stefan ein einzigartiger Stellenwert der Physik in der Habsburgermonarchie erreicht. Die Forschungen und Entdeckungen der Wiener physikalischen Schule werden über die Habsburgermonarchie hinaus, in alle Welt getragen.[432]

Im Jahre 1849 wird Doppler als Professor der praktischen Geometrie an das Wiener Polytechnische Institut, anstelle seines Lehrers Simon Stampfers 1792-1864, berufen. Stampfer ist ein Pionier der praktischen Geometrie und dieser tritt im Jahre 1848 vorzeitig in den Ruhestand.[433] Die Forschungsbereiche von Doppler sind die reine Mathematik, die praktische Geometrie, die Physik und die Astronomie. Vor der Berufung an die Universität Wien lehrt Doppler auch an der Bergakademie Schemnitz Mathematik, Physik und Mechanik. Doppler stirbt mit fünfzig Jahren an einer Lungenkrankheit. Im Jahre 1901 entsteht im Arkadenhof der Wiener Universität ein Denkmal für Christian Doppler. Das Prinzip von Doppler, der Doppler-Effekt, hat die Kenntnisse über den Weltraum erweitert. Die „Entdeckung der Spektralanalyse" bringt eine Bestätigung dieses Prinzips. Dadurch wird es möglich die Bahnen der Himmelskörper zu bestimmen.[434] Doppler liefert auch wesentliche Erkenntnisse für die Astrophysik. Die Astronomen können Vorgänge im Universum genauer ergründen. Die Theorie des „Dopplereffektes" wird durch Ernst Mach experimentell bestätigt.[435]

Rechts erster Direktor des Physikalischen Instituts Christian Doppler 1850-1853 und dessen Nachfolger Andreas von Ettingshausen 1853-1866.[436]

---

[432] Vgl. Bittner Lotte 1949: Geschichte des Studienfaches Physik an der Universität in den letzten hundert Jahren, S. 83f.
[433] Vgl. Gollob, Hedwig 1965: Zur Frühgeschichte der Technischen Hochschule in Wien, S. 210-213.
[434] Vgl. Bittner, Lotte 1949: Geschichte des Studienfaches Physik an der Wiener Universität vor hundert Jahren, S. 85-88.
[435] Vgl. Österreichische Akademie der Wissenschaften 1950 (Hrsg.): Österreichische Naturforscher und Techniker, S. 41-43.
[436] Fotoquelle: Wikipedia die freie Enzyklopädie.

Gustav Jäger hält im Studienjahr 1915/16 als Rektor eine Inaugurationsrede an der Universität Wien. Diese Gedenkrede findet zum 100. Geburtstag des „Polytechnischen Instituts" am 6. November statt. Jäger gedenkt der Gelehrten Christian Doppler und Josef Loschmidt. Beide sind wissenschaftliche Kapazitäten, die hervorragende Leistungen für die österreichische Physik erbringen. Gustav Jäger erinnert in dieser Rede aber auch an die beiden einmaligen Physiker Josef Stefan und Ludwig Boltzmann.[437] Beide Wissenschaftler gehen zum Erkenntnisgewinn mit unterschiedlichen Methoden mit der Physik um. Josef Stefan versucht das Experiment und Theorie beim suchen von neuen Erkenntnissen in Einklang zu bringen. Für Ludwig Boltzmann ist die Methode des Erkenntnisgewinnes vor allem die reine theoretische Physik mit ihren mathematischen Formulierungen. Boltzmann betrachtet das Experiment als eine zusätzliche Belastung für einen theoretischen Physiker. Stefan hat experimentell das Strahlungsgesetz bestimmt und Boltzmann hat dieses mathematisch mit der Lichttheorie ergänzt. In der physikalischen Welt bürgert sich die Bezeichnung „Stefan-Boltzmann" Wärmestrahlungs-Gesetz ein.

Andreas Ettingshausen und eine experimentelle und theoretische Physikvermittlung an Mittelschulen

Andreas Freiherr von Ettingshausen wird im Jahre 1852 Direktor des „Physikalischen Instituts" der Universität Wien. Dieses Institut wird für die damalige Zeit immer forschungsintensiver. In der Vergangenheit ist die Physik vor allem von der Lehrkanzel herab, theoretisch vermittelt worden. Andreas Ettingshausen hat auf die Methode der „Physikvermittlung"

---

[437] Vgl. Lechner, Alfred 1915: Geschichte der Technischen Hochschule in Wien 1815-1915, S. 233.

für Lehramtskandidaten an Gymnasien und Realschulen im Unterricht, den Mittelschulen einen entsprechenden Einfluss. Ettingshausen legt einen großen Wert darauf, die räumliche Situation und die Forschungsausstattung des Physikalischen Instituts auf den neuesten Stand eines Laborunterrichts zu bringen. Dieser erkrankt im Jahre 1862 sehr schwer und Ettingshausen wünscht sich einen geschäftsführenden Vizedirektor an seiner Seite. Josef Stefan der bereits einige experimentell-physikalische Abhandlungen vorweisen kann, wird für Ettingshausen eine geeignete Person. Stefan wirkt bereits als Privatdozent für mathematische Physik an der Universität. Stefan wird im Jänner 1863 zum ordentlichen Professor für höhere Mathematik und Physik berufen. Stefan wird zur aktiven Mitwirkung am Physikalischen Institut als Vizedirektor betraut. Er erhält in dieser Zeit einen Ruf an das Wiener Polytechnische Institut. Stefan wird dadurch bereits im Jahre 1866 zum Direktor des Physikalischen Instituts bestellt. Ettingshausen ist damit einverstanden und wird in den dauernden Ruhestand versetzt. Ettingshausen ist ein Experimentalphysiker und ein erfolgreicher akademischer Lehrer in der mathematischen Physik.[438]

Friedrich Hasenöhrl ein wirkungsmächtiger Lehrmeister der theoretischen Physik

Friedrich Hasenöhrl studiert wegen des frühen Todes Stefans bei diesem nur eine kurze Zeit. Dafür aber länger bei Ludwig Boltzmann. Ein Schüler Hasenöhrls wird der spätere Nobelpreisträger für Physik Erwin Schrödinger. Der Student Hasenöhl wendet sich zunehmend den Fragestellungen der theoretischen Physik zu. Mit bereits 32 Jahren wird Hasenöhrl mit der Leitung des Instituts für „Theoretische Physik" an der Universität Wien betraut.

Links Friedrich Hasenöhrl dargestellt, der ein wirkungsmächtiger Lehrer der Theoretischen Physik mit seinem Promovenden Erwin Schrödinger wird, welcher im Jahre 1933 den Nobelpreis für Physik erhält.[439]

---

[438] Vgl. Bittner, Lotte 1949: Geschichte des Studienfaches Physik an der Universität Wien in den letzten hundert Jahren, S. 87-100.
[439] Fotoquellen: Friedrich Hasenöhrl: Foto in Österreichische Akademie der Wissenschaften 1950 (Hrsg.): Österreichische Naturforscher und Techniker, S. 52; Erwin Schrödinger: Foto in Österreichische Zentralbibliothek für Physik, S. 29.

Friedrich Hasenöhrls Vorgänger als Institutsvorstand, ist der auf tragische Weise durch Freitod verstorbene Boltzmann. Der Physiktheoretiker Hasenöhrl stirbt wegen einer Tuberkulosekrankheit bereits früh.

Friedrich Hasenöhl wirkt dadurch nur acht Jahre als Institutsvorstand der theoretischen Physik. Der Theoretiker Hasenöhrl wird auch zu einem Wegweiser der modernen Physik. Ferner sind dies Albert Einstein mit den Relativitätstheorien und Max Planck mit der Quantentheorie. Einen entscheidenden Einfluss als Lehrer auf Hasenöhrl hat Boltzmann. Boltzmann weist oft auf die Tüchtigkeit von Hasenöhrl hin und auch dieser wendet sich zunehmend der theoretischen Physik zu. Hasenöhrl wird mit 33 Jahren Instituts-Nachfolger von Boltzmann und führt das Werk seines Lehrers Ludwig Boltzmann erfolgreich fort. Hasenöhrl gelingt es bei seinen Studenten ein besonderes Interesse für die Physik zu wecken. Schüler Hasenöhrls werden die späteren Institutsvorstände der Theoretischen Physik Hans Thirring und Nobelpreisträger der Physik Erwin Schrödinger.[440] Hasenöhrl entfaltet sich zu einem pädagogisch-didaktischen Meister in der akademischen Lehre. Er zeichnet sich auch durch sein geistiges Streben nach einer selbstständigen Forschung aus.[441]

---

[440] Vgl. Bittner, Lotte 1949: Geschichte des Studienfaches Physik an der Universität Wien in den letzten hundert Jahren, S. 197f.
[441] Vgl. Österreichische Akademie der Wissenschaften 1950 (Hrsg.): Österreichische Naturforscher und Techniker, S. 50-55.

Gustav Jäger ein experimentierender theoretischer Physiker

Gustav Jäger wirkt als experimenteller und theoretischer Physiker an der Universität Wien. Jäger wird Schüler und Assistent bei dem praktisch-theoretischen Physiker Stefan. Der plötzliche Tod von Stefan mit 57 Jahren durch eine tödliche Nierenerkrankung, ermöglicht Jäger Assistent und Mitarbeiter des theoretischen Physikers Ludwig Boltzmann zu werden. Boltzmann wird ein Schüler von Stefan und folgt als Direktor des Physikalischen Instituts diesem nach. Jäger übernimmt im Jahre 1918 das Institut für theoretische Physik. Dieser übersiedelt bereits im Jahre 1920 an das II. Physikalische Institut der Universität Wien. Jäger wird ein Schüler von Stefan, Boltzmann und Loschmidt. Jäger wird wie Stefan ein physikalischer Theoretiker und Experimentierer. Bei Jäger wird die Theorie auf keinem Fall nur zum Selbstzweck. Jäger setzt die Tradition Stefans in der Verflechtung von Theorie und Praxis fort. Jäger ist ein individueller Forscher, welcher kaum Anregungen von außen benötigt. Er wird zu einem sehr produktiven Wissenschaftler der Universität Wien. Gustav Jäger beschäftigt sich unter anderen mit der Kinetischen Gastheorie, der Reibung in langen Rohrleitungen der Chemischen Industrie, mit der Schallausbreitung und dem Strömungswiderstand von Körpern durch Flüssigkeiten und Gase. Jäger verfasst auch ein mehrbändiges Lehrbuch über die Theoretische Physik.[442]

Hans Thirring ein Friedens bewegter Mensch und hervorragender Wissenschaftler der theoretischen Physik

Hans Thirring wird als Sohn eines Bürgerschullehrers in Wien geboren. Er wird ein Studien-Kollege von Erwin Schrödinger. Thirring ein gelernter Physiker wird Assistent bei Friedrich Hasenöhrl am Institut für „Theoretische Physik". Thirring promoviert bei Hasenöhrl mit einer Arbeit „Über einige thermodynamische Beziehungen in der Umgebung des Kritischen- und des Tripelpunktes" und habilitiert sich auch an diesem Institut.[443] Thirring wird auch zu einem Sozial- und Friedensbestimmten politisch widerständigen Menschen. Er wird im Jahre 1927 Institutsvorstand für Theoretische Physik und bleibt dies bis zum Anschlussjahr 1938. Thirring wird von den Nationalsozialisten in den Zwangs-Ruhestand versetzt. Nach dem Spuk

---

[442] Vgl. Bittner, Lotte 1949: Geschichte des Studienfaches Physik an der Universität Wien in den letzten hundert Jahren, S. 210f.
[443] Vgl. Beim „Tripelpunkt" sind alle drei Phasen fest, flüssig und gasförmig im Gleichgewicht. Der „Kritische Punkt" ist dadurch gekennzeichnet, dass es bei den Zustandsgrößen Temperatur, Druck und Volumen keine Differenz gibt. In: Langeheinecke, Klaus / Jany, Peter / Thieleke, Gerd 2011: Thermodynamik für Ingenieure, S. 48f, S. 37f.

der nationalen Katastrophe des Zweiten Weltkriegs wird Thirring wieder Institutsvorstand für „Theoretische Physik" an der Philosophischen Fakultät der Universität Wien. Hans Thirring ist damit ein ehrenwerter Nachfolger von Josef Stefan, Ludwig Boltzmann, Gustav Jäger und Friedrich Hasenöhrl am Theoretischen Physikalischen Institut.[444]

Hans Thirrings Sohn Walter Thirring wird ebenfalls ein bekannter österreichischer theoretischer Physike. Walter Thirring ist nach dem Zweiten Weltkrieg in der Republik Irland ein Mitarbeiter des Nobelpreisträgers der Physik Erwin Schrödinger. Es wird am „Institute for Advanced Study" in der Hauptstadt von Irland Dublin geforscht. Walter Thirring betreibt vor allem auch Forschungen im Bereich der Quantenfeldtheorie.[445] Hans Thirring hielt eine Rede in Vertretung der Universität Wien am Geburtsort von Josef Stefan. Diese Festrede findet bei der Enthüllung einer Gedenktafel am Geburtshaus von Josef Stefan im Jahre 1835 statt. Es finden sich viele Personen aus dem schulischen und öffentlichen Leben an der Geburtsstätte Stefans ein.

Erwin Schrödinger ein Nobelpreisträger mit einer eigenständigen Theoretischen Physik

Erwin Schrödinger wird ein Physiker und Wissenschaftstheoretiker, welcher mit den „Schrödinger-Gleichungen" die Wellenmechanik begründet hat.[446] Schrödinger habilitiert sich am umgewandelten Physikalischen Institut, das zum Institut für „Theoretische Physik" der Universität Wien wird. Dieses theoretische Physikinstitut leitet zu dieser Zeit der Physiker Friedrich Hasenöhrl. Der Nobelpreisträger Erwin Schrödinger wird ein wichtiger Vertreter der Quantenphysik. Schrödinger tritt die Nachfolge des Quantenphysikers Max Planck an der Friedrich-Wilhelm Universität in Berlin im Jahre 1927 an. Im Jahre 1933 wird Schrödinger der Nobelpreis für Physik verliehen. Erwin Schrödinger kommt im Jahre 1957 wieder an die Universität Wien zurück. Dieser lehrt am traditionsreichen und zusätzlich aufgewerteten Institut für „Theoretische Physik" in der Boltzmann Gasse Nr 5. Schrödinger stirbt im Jahre 1961 an Tuberkulose. Der Physiker und Wissenschaftstheoretiker Schrödinger ist für seine freie Denkungsart bekannt. Erwin Schrödinger wird auf eigenem Wunsch im Bergdorf Alpach in Tirol zu Grabe getragen. Die Beisetzung des „gottlosen" atheistischen Physikers wird vom zuständigen Pfarrer vorerst verweigert.

---

[444] Vgl. Bittner, Lotte 1949: Geschichte des Studienfaches an der Universität Wien in den letzten hundert Jahren, S. 212.
[445] Vgl. Walter Thirring: Wikipedia die freie Enzyklopädie.
[446] Vgl. Erwin Schrödinger: Wikipedia die freie Enzyklopädie.

6 STEFAN und eine verwandtschaftliche Beziehungsstruktur zu Kärnten

Alexius Stefan, im Jahre 1805 geboren, Vater des berühmten Kärntner Physikers Josef Stefan, hat mit sehr hoher Wahrscheinlichkeit keine Grundschule besucht. Die Trivialschule befindet sich in Eberndorf seit dem Jahre 1777. Diese Schule wäre eine gute Stunde beziehungsweise 4 km von Lanzendorf entfernt. Die Bewohner von Lanzendorf sind vorwiegend an der Pfarre St. Kanzian orientiert. Die Pfarrschule St. Kanzian wird nach einem längeren Anlauf im Jahre 1819 eröffnet. **Alexius Stefan,** Vater von Josef Stefan, ist zu dieser Zeit nicht mehr schulpflichtig. Dieser dürfte **keine** Schulpflicht und damit auch keine **Volksbildung** genossen haben.

Der Taglöhner Michael Stefan und Barbara Jarz haben den unehelichen Knaben Simon geboren. Simon verliert durch Tod bereits mit acht Jahren seine Mutter Barbara Jarz. Mein Urgroßvater Simon Jarz heiratet zur Skrutlkeusche in Eberndorf ein, wobei aus dem Nachlass von Josef Stefan, das heute noch bestehende, renovierte und sanierte Wohnhaus der Habsburgermonarchie dazu gebaut wird. Dies war eine wahre **Wohltat,** und auch ich verbrachte bei der Tante Sophie Kolman und Cousine Dorothea Schaffer geb. Kolman viele Zeit meiner Ferien.

Michael **STEFAN** 1802-1864 – Barbara **JARZ** 1807-1850

- Simon JARZ geb. 1842 wird **unehelich** als Sohn des Taglöhners Michael Stefan in Lanzendorf Pfarre St. Kanzian geboren. Der Knabe Simon verliert die Mutter Barbara Jarz bereits sehr früh und sein leiblicher Vater Michael Stefan heiratet bereits im Jahre 1847 Ursula Lassnig 1819-1896 in Lauchenholz. Der uneheliche Sohn Simon Jarz dürfte eine schwierige Kindheit und Jugend gehabt haben, da die sorgende Mutter meine UUrgroßmutter Barbara Jarz früh stirbt, als der Knabe das zarte Alter von **acht Jahren** hat. Barbara Jarz wird in Schreckendorf geboren und stirbt in Seelach, unweit von der Ortschaft St. Kanzian entfernt. Die mehr vermutlich Wissenden, meine Mutter Maria 1967 und Tante Sophie im Jahre 1982 verstorben sind.

Simon **JARZ** geb. 1842-1912 – Anna **JARZ** 1858-1892 geborene Rigelnik.

- Simon Jarz heiratet am 14. Jänner 1883 zur **Skrutlkeusche** am Kreuzberglweg 13 in Eberndorf.
- Anna Jarz, die Besitzerin des vulgo SKRUTL, stirbt bereits im Jahre 1892 mit 34 Jahren.

- Simon Jarz wird aufgrund der Einantwortungsurkunde vom 26. Mai 1893, Z. 1799, das Eigentumsrecht einverleibt.
- Das Substitutionsband besagt, dass Simon Jarz nur einem mit Anna Jarz, gestorben 1892 erzeugten Kinde, das sind die minderjährige **Maria** Jarz, geb. 1883, Juliana Jarz, geb. 1887, Anna Jarz, geb. 1889 und Simon Jarz, geb. 1891, den Nachlass zu übergeben ist.[447]
- Der Nachlass des am 7. Jänner 1893 in Wien verstorbenen **Physikpioniers** Josef Stefan bewirkt, dass ein Wohngebäude an die hölzernen Keuschen in Eberndorf dazu gebaut wird.
- Der unehelich geborene **Simon Jarz** heiratet zur Skrutlkeusche und Barbara Hobel geb. Stefan heiratet in die Meisterlekeusche ein.
- Diese beiden Eberndorfer Cousins werden im Nachlass vom **Wohltäter** und **Physikpionier Josef Stefan,** dem Physikpionier der Wiener Universität bedacht.

Lambert **KOLLMANN** 1883–1851 - Maria **KOLLMANN** 1883-1923, geborene Jarz

- Lambert Kolman heiratet zum vulgo SKRUTL in Eberndorf ein.
- Dieser Ehe gehen die Kinder Sophie, **Maria** und Friedrich Kollmann hervor.

Ferdinand **WESTRITSCHNIG** 1898-1989 - Maria **WESTRITSCHIG** 1914-1967, geb. Kollmann

- Dieser Ehe gehen die Kinder Ferdinand, Ingrid, Irene und **Karl Josef** Westritschnig hervor.

Alexius **STEFAN** 1805-1872 – Maria **STARTINICK/STEFAN** 1815-1863

- Der Knabe Josef Startinick wird am 24. März 1835 nicht ehelich in der südlichen Ortschaft St. Peter, südöstlich des Umlandes von Klagenfurt-Stadt geboren.
- Die Heirat erfolgt am 24. August 1844, und der Jugendliche erhält den lang ersehnten Namen des Vaters, Stefan.
- Ein Zugang in das Benediktiner-Gymnasium in Klagenfurt wird dadurch möglich.

Josef Stefan bringt seinen Eltern eine große Liebe entgegen. Er besucht diese meist zwei Monate in den Sommerferien in Kärnten. Stefan besucht diese auch noch in diesem Umfang,

---

[447] Vgl. Kärntner Landesarchiv: Skrutlkeusche in Eberndorf, Kreuzberglweg, Grundbuch Eberndorf im Gerichtsbezirk Eberndorf.

als er bereits ein angesehener Gelehrter an der Universität Wien war. Ein unermüdlicher Arbeitseifer hindert vermutlich diesen forschenden Physiker und hervorragenden Menschen, in jüngeren Jahren eine Familie zu gründen. Stefan geht vollkommen in der Forschung und Lehre an der Universität und bei den vielen wissenschaftlichen ehrenamtlichen Tätigkeiten auf. Die vielen experimentell begründeten und mathematisch formulierten Abhandlungen in wissenschaftlichen Fachzeitschriften zeigen von seinem Fleiß. Im letzten Lebensjahr heiratet Stefan eine Frau aus Friesach in Kärnten. Stefan hat in seiner kargen, aber fröhlichen Kindheit keinen eigenen Christbaum gesehen. Der Wissenschaftler Stefan trägt sich mit dem Gedanken den Stiefenkeln seiner Frau den Christbaum herzurichten. Eine heimtückische plötzliche Krankheit bewirkt, dass Stefan das Weihnachtsfest nicht mehr bei vollem Bewusstsein erleben kann. Er stirbt am 7. Jänner 1893 an einer Nierenentzündung mit tödlichem Ausgang in Wien. Stefan wird am Zentralfriedhof in Wien begraben.

6.1 Lebensende vom Schicksal geprägt

Im Alter von 56 Jahren heiratet Josef Stefan das erste Mal, nämlich Maria Neumann die Witwe eines „Staatsbahndirektors", wobei das Eheglücklich nur ein zirka Jahr dauert.[448] Der überraschende Tod des Gelehrten Stefan ist im Totenbeschauprotokoll des „Totenbeschreibamtes" aus dem Jahre 1893 dokumentiert:

> „Dr. Josef Stefan Universitätsprofessor verstarb am 07.01.1893 im Alter von 58 Jahren an der `Brightschen Krankheit,` einer Nierenentzündung mit tödlichem Ausgang. Der letzte Wohnsitz von Josef Stefan war Wien 9 Türkenstraße 3. Zum Personenstand und Religion ist ´verheiratet` und `katholisch` angegeben".[449]

Eine Verlassenschaft Abhandlung, die gemäß Gerichtssprengel vor dem Bezirksgericht Alsergrund im IX. Bezirk abgehandelt werden musste, und in der die Erbschaft geregelt wird, ist nicht überliefert. Das Bezirksgericht Alsergrund hat aus dieser Zeit generell keine erhalten gebliebene Verlassenschaft Abhandlungen.[450] Die Kaiserstadt Wien hat acht Vorstädte, die zwischen der Stadtmauer und dem Linienwall gelegen sind. Es ist dies der Bereich zwischen

---

[448] Vgl. Bittner, Lotte 1949: Geschichte des Studienfaches Physik an der Wiener Universität in den letzten hundert Jahren, S. 118.
[449] Magistrat der Stadt Wien, Magistratsabteilung 8, Wiener Stadt- und Landesarchiv.
[450] Vgl. ebenda.

dem Ring und dem Gürtel. Eine solche Vorstadt im Nordwesten von Wien ist der Alsergrund im IX. Stadtbezirk von Wien.[451]

Eine entbehrungsreiche Kindheit und Jugend prägte das Wesen der Persönlichkeit des Wissenschaftlers Stefan. Er lebt sehr zurückgezogen in einer Natural-Wohnung in der Türkenstraße 3 der Universität, wobei Stefan als sehr schweigsam gilt. Es kann nur so gestaunt werden, wenn Stefan bei Reden vor einer großen Versammlung aus sich herausgeht. Dieser verschlossene Mann bietet auch einiges an Humor. Stefan geht in der Forschung und Wissenschaft vollkommen auf. Er kann somit in jüngeren Jahren aus Zeitgründen keine Familie gründen. Erst kurz vor seinem Tod geht der Wunsch eine Familie ins Leben zu rufen in Erfüllung.

> „Im Jahre 1891 verehelichte Stefan sich zu Friesach [Wien] in Kärnten mit Frau Marie Neumann, Witwe des `Staatsbahn-Inspektors´ Adolf Neumann, und diese Ehe ist ihm eine Quelle späten und kurzen überaus tiefen und innigen Familienglücks geworden. Seine Kindheit war so kalt und leer gewesen, dass er, wie er selbst gestand, niemals einen Christbaum gesehen hat, ausser durch fremde Fensterscheiben hindurch. Im December des vergangenen Jahres [1892] war er von dem Gedanken beschäftigt, den Enkeln seiner Frau einen großen Christbaum zu beschaffen. Das war ihm neu und machte den großen Physiker glücklich".[452]

Josef Stefan entwickelt eine leidenschaftliche Liebe zu dieser „liebenswürdigen" Dame Marie Neumann. Der „neue" und nur kurz dauernde Hausstand Stefans besteht aus seiner Ehefrau Marie Neumann, die eine Witwe des verstorbenen Eisenbahnbeamten Adolf Neumann ist. Dem „neuen" Hausstand vermutlich in der Türkenstraße 3 gehören ferner die [Stief-]Schwiegertochter Marie Rohm geborene Neumann, mit dem [Stief-] Schwiegersohn Theodor Rohm und dessen Kindern Walther und Erwin. Die Ehe dauert kaum ein Jahr. Stefan stattet seinem „besten" Freund und Trauzeugen Ingenieur Luksch am 18. December einen Besuch ab,

> „werde er in dessen Wohnung von einer Gehirnblutung heimgesucht, die ihm aufs Krankenlager warf, von dem er sich nie mehr erheben konnte, Dank der aufopfernden Pflege, die ihm seitens seiner Gattin zu Theil wurde, sowie der Kunst der behandelnden Ärzte, gelang es, den Kranken so lange am Leben zu erhalten. Seit zwei Wochen war das Bewusstsein, bis auf einzelne lichte Momente völlig geschwunden".[453]

---

[451] Vgl. Szegö, Johann 2004: Vorstadt Spaziergänge, S. 7 - 8.
[452] Suess, Eduard 1893: Nekrolog auf Josef Stefan, S. 257.
[453] Schriftstück ohne Autor: zum Tode Josef Stefans: Archiv der Akademie der Wissenschaften in Wien.

Josef Stefan sucht als Physiker und fruchtbarer Theoretiker auf dem Gebiet der Elektrotechniker, den Kontakt zu praktischen Elektrotechnikern, wie es die Ingenieure im Allgemeinen sind. Es darf daher nicht wundern, dass sein Trauzeuge ein Ingenieur ist. In seiner Jugendzeit hat Stefan sehr viel in slowenischer Sprache literarisch und populärwissenschaftlich geschrieben. Stefan hat in den Jahren 1852-1859 zirka zwanzig slowenische populärwissenschaftliche und andere Artikel in Zeitschriften und Zeitungen veröffentlicht. Er publiziert dreißig slowenische Gedichte im Zeitrahmen von 1850-1858, wobei einige Artikel erst nach seinem Tod veröffentlicht werden.[454]

Stefan wird nach dem Zweiten Weltkrieg von den Slowenen und damit dem damaligen Jugoslawien sehr verehrt. Der zunehmende Nationalismus in der zweiten Hälfte des 19. Jahrhundert hat die Kärntner immer mehr in Slowenen und Deutsche getrennt. Die slowenisch sprechend geborenen Slowenen werden zunehmend in nationale Slowenen und deutsch bzw. österreichfreundliche Slowenen getrennt. Die letztgenannten Slowenen werden sprachlich und sogar ethnisch zum fragwürdigen Konstrukt der „Windischen" umgedeutet. Diese „Windischen" haben mit den Windischen vor der nationalen Ära nichts zu tun. Die Ortstafelbefriedung ist eine Wohltat für die Kärntner beider Zungen. Im Jahre 1859 bricht der Privatdozent Josef Stefan schlagartig seine literarischen und populärwissenschaftlichen Veröffentlichungen ab. Stefan bricht auch das publizieren in slowenischer Sprache ab. Josef Stefan ist in jungen Jahren auch sehr vom Klassiker Goethe und dem Biedermeierdichter Adalbert Stifter angetan. Die mündliche Überlieferung der Tochter des Mitarbeiters von Stefan Albert von Obermayer[455] ist zu entnehmen, dass Stefan sein noch nicht unveröffentlichtes Material"

> „seinem Freund, dem bekannten Dichter und Volksliederkomponisten Thomas Koschat, zur Verwendung. Sein [Stefan] Wunsch war nur, dass sein Name nirgends genannt wird [!]".[456]

Thomas Koschat wird im Jahre 1845 in bescheidenen materiellen Verhältnissen in Viktring, einem Vorort von Klagenfurt geboren. Sein Vater ist Färbermeister in der Tuchfabrik Moro, wobei dieser noch drei Kinder aus erster Ehe zu versorgen hat. Auf Empfehlung des Viktringer Pfarrers darf der Knabe das Benediktiner Gymnasium in Klagenfurt besuchen. Eine besondere Begabung und Interesse zeigt der junge Thomas Koschat in den Lehrfächern Physik, Chemie,

---

[454] Vgl. Ottowitz, Niko 1911: Streiflichter aus seinen Leben und Werk- zum 175. Geburtstag, S. 66-70.
[455] Albert von Obermayer hat bereits im Jahre 1893, einige Monate nach dem Tod Stefans, eine Druckschrift über diesen großen Physiker verfasst.
[456] Boncelj, Josef 1958: Josef Stefan und seine Tätigkeit auf dem Gebiet der Elektrotechnik, S. 674.

Deutsch und vor allem in der Musik. Er sollte Textilchemiker werden, daher studiert er am Polytechnischen Institut Wien, seit dem Jahre 1872 an der Technischen Hochschule, Chemie. Koschat vernachlässigt in dieser Zeit nicht die Musik, seine Lieblingsbegabung. Da sein Vater früh stirbt, ist die finanzielle Situation des Studenten Koschat in Wien nicht besonders rosig. Koschat wird ein großer Komponist von Kärntnerliedern, wobei ein chemischer Brotberuf nicht mehr ins Auge gefasst wird. Nach der Studienzeit verlässt Koschat nicht mehr die Kaiserstadt Wien. Die Kärntner Kompositionen von Koschat werden anfänglich nicht besonders positiv aufgenommen und er beginnt sich mit der Harmonielehre zu beschäftigen:

> „Da war die Harmonie zu eintönig. […] Bei Entstehen seines ersten Liedes [Kärntnerliab] kam es besonders darauf an, die genannten Mängel zu vermeiden: Willst doch einmal versuchen, ein Liedchen in Charakter und in der Art des Kärntner Liedes selbst zu ersinnen, dacht ich mir und ging auch gleich ans Werk".[457]

Josef Stefan übergibt seinem Freund Thomas Koschat links das noch unveröffentlichte musisch-literarische Material. Diese Übergabe wird mit der Bitte verbunden, diese Werke nur anonym zu verwenden.[458]

Der Kärntner Liederfürst Thomas Koschat wird Solist im Chor der Wiener Hofoper und bekommt eine Anstellung als „Domkapellsänger" am Stephansdom. Der Volksliederdichter schreibt Gedichte, aber diese sind nicht von einem besonderen Erfolg gekrönt. Es werden bereits über 600 Kompositionen von Koschat aufgeführt. In Kärnten sieht man allmählich ein, dass seine Lieder eine glühende Heimatliebe verkünden. Thomas Koschat gründet erfolgreich

---

[457] Schmid, Otto: Thomas Koschat der Sänger des Kärntner Volksliedes, S. 15.
[458] Fotoquelle: Wikipedia die freie Enzyklopädie.

Quartette und Quintette für Männer[459] Die bescheidene Herkunft und die Musikalität beider dürften Stefan veranlasst haben, seine unveröffentlichten musisch-literarischen Werke dem Kärntner Liederfürsten Thomas Koschat anzuvertrauen.

6.2 Wohltäter in der Südkärntner Ortschaft Eberndorf

Das Stift Eberndorf ist nicht nur für die heutige Gemeinde, sondern war für die ganze Region Unterkärnten von Bedeutung. Das Augustiner Chorherrenstift wird um das Jahr 1150 gegründet, und damals wird dieser riesige, sakrale Gebäudekomplex entsprechend gebaut. Das für weite Teile des Jauntales wichtige Chorherrenstift wird im Zuge der Gegenreformation aufgelöst. Die Jesuiten kommen ins Land, und dieses Stift wird eine wichtige Residenz dieses höheren Bildungsordens. Im Jahre 1773 wird der Jesuitenorden aufgelöst. Das Stift kommt mit dem gesamten Grundbesitz zum Benediktinerstift St. Paul im Lavanttal. Die Benediktiner sind heute noch die Besitzer des Stiftes mit seinen Gründen. Im Jahre 1850 entsteht die Ortsgemeinde Eberndorf. Die Gemeinde wächst bis zum Jahre 1866 flächenmäßig enorm. Eberndorf wird flächenmäßig zur größten Gemeinde Kärntens. Bis zum Jahre 1876 werden Katastralgemeinden wieder von Eberndorf getrennt. Im Jahre 1952 wird Eberndorf zur Marktgemeinde. Die Schmalspurbahn Kühnsdorf – Eberndorf - Eisenkappel ist in der Zeit von 1902 bis 1971 in Betrieb. Nach der Fertigstellung der Neben- oder Flügelstrecke der k.k. Südbahn Marburg-Villach ist man Ende des 19. Jahrhunderts bestrebt, Regionen und Täler abseits der Hauptlinien mit einem Streckennetz zu verbinden. Im Jahre 1901 wird die „Aktiengesellschaft Kühnsdorf-Eisenkappel" gegründet. Die Eisenbahnstrecke wird bereits am 1. November 1902 seiner öffentlichen Bestimmung übergeben. Nach dem zweiten Weltkrieg führt der zunehmende Straßenverkehr zu einem stetigen Rückgang des Personenverkehrs mit der Bahn. Im Jahre 1971 wird der Gütertransport vom Zellstoffwerk Rechberg nach Kühnsdorf auch endgültig eingestellt. Die Bahnstrecke wird noch im Jahre 1971 gänzlich abgetragen. Die Straße wird vollkommen neu ausgebaut.[460] [461] [462]

---

[459] Vgl. Brodnig, Melanie 1991: Thomas Koschat der Vater des Kärntnerliedes, S. 319f.
[460] Vgl. Reiterer 2000: Lebenswelt Muttersprache. Das Slowenische und seine heutige Wahrnehmung. In: K. Anderwald / P. Karpf / H. Valentin (Hrsg.): Kärntner Jahrbuch für Politik, S. 340-362.
[461] Vgl. Reiterer 2004: Minderheiten wegzählen? Methodische und inhaltliche Probleme amtlicher Sprachzählung. In: M. Panel u. a (Hrsg.): Ortstafelkonflikt in Kärnten – Krise oder Chance? S. 25-38.
[462] Vgl. Singer, Stephan 1979: Kultur- und Kirchengeschichte des Jauntales: Dekanat Eberndorf.

Familienbild aus den 1930er Jahren vor dem Wohnhaus des Nachlasses von Josef Stefan. Dies ist eine **Wohltat** für seinen ledig geborenen Cousin Simon Jarz: links vorne sitzend **Großvater Lambert** Kollmann und rechts **Tante Sophie** Kollmann; vorne von links meine damals kindlichen **Cousins Robert** Kollmann, **Dori** Schaffer geb. Kollmann und **Rudi** Kollmann. Dieses Haus befindet sich Kreuzberglweg 13 bzw. "Skrutlhügel" in Eberndorf.[463]

Das Eltern-Wohnhaus meiner Mutter befindet sich am Kreuzberglweg in Eberndorf[464]. Dieses Wohngebäude wird an das Anwesen der „Skrutlkeusche" aus dem Nachlass des Physikers Josef Stefan 1835-1893 angebaut. Eine prächtige Linde schmückt den Vorbereich, und so manchen Lindenblühtentee habe ich in meiner Jugendzeit von der Frucht dieses Baumes getrunken. In Eberndorf verbringe ich bei meiner Tante Sophie viel Zeit meiner Ferien. Josef Stefan ist ein Cousin 4. Grades vor mir. Mein Urgroßvater, Simon Jarz, wird als unehelicher Sohn des Taglöhners Michael Stefan und der Barbara Jarz in der Pfarre St. Kanzian geboren. Diese Stefans stammen von der Stefanhube in Lanzendorf Nr. 5, in der Pfarre St. Kanzian, ab. Urgroßvater Michael Stefan ist ein Onkel und mein Urgroßvater Simon Jarz ist ein Cousin des Physikers Josef Stefan. Ururgroßvater Michael Stefan ist ein Bruder von Alexius Stefan, dem Vater von Josef Stefan. Dieser hat weder Kinder noch Geschwister, noch Nichten und

---

[463] Bildquelle: Privatarchiv des Verfassers.
[464] Eberndorf heißt eigentlich richtiger „Öberndorf", Schriftslowenisch „Doberla Vas" und Slowenisch mundartlich „Dóbrilja Vês". In: Kranzmayer, Eberhard 1958: Ortsnamen von Kärnten. Teil II, S. 58.

Neffen, daher wird die Cousin-Ebene von Josef Stefan im Nachlass sozial bedacht. Der Nachlass und ein etwaiges Testament existieren leider nicht mehr. Es gibt diese Dokumente weder am zuständigen Bezirksgericht Alsergrund, noch im Wiener Stadt- und Landesarchiv und auch nicht im Staatsarchiv. In den Archiven wird mir mitgeteilt, dass Nachlässe aus der fraglichen Zeit verschwunden sind. Josef Stefans einzige Ehe mit der Haushälterin, der Witwe eines Eisenbahnbeamten aus Friesach in Kärnten, dauert an seinem tragischen und frühen Lebensende nur ein gutes Jahr. Aus dieser Kurzzeitehe gehen keine Nachkommen hervor.

Johann **STEFAN** – Elisabeth **STEFAN** geb. Starmisch

- Johann STEFAN Besitzer der Stefanhube in Lanzendorf Nr. 5.
- Johann STEFAN ist der Vater von Michael und Alexius STEFAN
- Johann STEFAN ist am 14. Jänner 1810 in Lanzendorf verstorben.
- Elisabeth STEFAN ist am 14. August 1848 in Lanzendorf verstorben.

Michael **STEFAN** – Barbara **JARZ**

- Michael STEFAN wird am 29. September 1802 in Lanzendorf geboren.
- Barbara JARZ wird am 12. Mai 1807 in Schreckendorf, Pfarre St. Kanzian geboren.
- Barbara JARZ verstirbt am 23. Juli 1850 in Seelach, Pfarre St. Kanzian.
- Simon JARZ wird am 3. April 1942 unehelich in Lanzendorf geboren.
- Die Eltern vom Knaben Simon sind Michael **STEFAN** und Barbara **JARZ.**
- Der uneheliche Knabe Simon Jarz verliert 8- jährig im Jahre 1850 durch Tod seine Mutter Barbara Jarz.
- Simon JARZ heiratet am 14. Jänner 1883 am Kreuzberglweg in Eberndorf ein.

Michael **STEFAN** – Ursula **STEFAN,** geb. Lassnig

- Michael STEFAN wird am 29. September 1802 in Lanzendorf Pfarre St. Kanzian geboren.
- Ursula LASSNIG wird am 6. Jänner 1819 in St. Veit im Jauntal geboren.
- Die Hochzeit findet am 13. Februar 1847 in der Pfarrkirche St. Veit im Jauntal statt.
- Michael und Ursula STEFAN wohnen in der Lauchenholz mit zuständiger Pfarre St. Veit im Jauntal.
- Michael STEFAN wird am 28. Juni 1864 und Ursula, am 5. Juli 1896 am Friedhof der Pfarrkirche St. Veit im Jauntal beerdigt.

Alexius **STEFAN** – Maria **STEFAN,** geb. STARTINICK

- Alexius STEFAN wird am 16. Juli 1805 in Lanzendorf geboren.
- Maria STARTINICK wird ehelich am 3. August 1814 in Gleinach bei Ferlach geboren.
- Der Knabe Josef STARTINICK wird unehelich am 24. März 1835 südlich der Ortschaft St. Peter bei der Ebenthaler Linden-Allee geboren.
- Die vorerst getrennt lebenden Eltern des Knaben Josef verehelichen sich im Jahre 1844.
- Der Knabe Josef erhält im Jahre 1845 den lange ersehnten Namen des Vaters, STEFAN.

Simon **JARZ** – Anna **JARZ,** geb. Rigelnik

- Simon JARZ und Anna JARZ geb. Rigilnik heiraten am 14. Jänner 1883 in Eberndorf.
- Simon JARZ ist ein Cousin des Kärntner Physikers Josef STEFAN.
- Simon JARZ, unehelich am 3. April 1842 in der Pfarre St. Kanzian zur Welt gekommen, Sohn eines Taglöhners wird vom unehelich geborenen Josef STEFAN im Nachlass bedacht.
- Urgroßvater Simon Jarz verliert bereits als 8- jähriges Kind durch Tod seine Mutter Jarz. Die Versorgung des Knaben Simon ist unklar.
- Anna JARZ geb. Rigilnik wird am 25. Juli 1858 in Eberdorf geboren und stirbt am 25. Mai 1892 dort selbst.
- Im Archiv der Philosophischen Fakultät der Universität kann ich einem handschriftlichen Vermerk entnehmen, dass Josef STEFAN vor seinem Ableben vorübergehend aus Krankheitsgründen außer Dienst gestellt wird.
- Josef STEFAN hat vermutlich bereits etwas geahnt und seinen Nachlass entsprechend geordnet?
- Josef STEFAN erleidet bald darauf einem schweren Hirnschlag und verstirbt nach knapp drei Wochen, ohne sein Bewusstsein wiedererlangt zu haben.
- Dieser Nachlass bewirkt, dass das Wohnhaus an die Skrutlkeusche am Kreuzberglweg in Eberndorf großzügig angebaut wird. Mündlich überliefert ist dies mit einer großen Aufregung verbunden. Bei der Skrutlkeusche ensteht ein ansehnliches Wohnhaus, damit werden menschenwürdige Wohnverhältnisse geschaffen. Ich kenne die bauliche Situation und „Wohltat" noch persönlich in den 1950er Jahren.
- In diesem Nachlass-Wohnhaus von Josef Stefan verbringe ich einige Zeit meiner Ferien.
- Josef STEFAN ist ein sparsamer Mensch und hat neben dem Professorengehalt noch

- den damals gut dotierten Direktorengehalt des „Physikalischen Instituts" erhalten.
- Josef STEFAN hat als unehelich geborenes Kind seine damals schwierige Lebenssituation offenbar nicht vergessen.
- Unehelich Geborene haben damals praktisch kaum Aufstiegschancen.
- Josef STARTINICK belastet mit dem Älterwerden die uneheliche Trennung der Eltern sehr.
- Josef STARTINICK und später STEFAN blüht durch die Heirat der Eltern im Jahre 1844 als 9-Jähriger förmlich auf.
- Dem vielseitig begabten und interessierten Knaben Josef steht somit einem Zugang in das Benediktiner-Gymnasium in Klagenfurt, auch auf **besonderer** Empfehlung der Musterhauptschule im Jahre 1845 nichts mehr im Wege.

Lambert **KOLLMANN** – Maria **KOLMAN**, geb. Jarz

- Maria Jarz wird beim vulgo Skrutl in Eberndorf im Jahre 1883 geboren.
- Maria JARZ, meine früh verstorbene Großmutter, ist eine Großcousine des Physikers Josef STEFAN, wobei dieser weder Kinder noch Geschwister, somit auch keine Nichten und Neffen.
- Die Cousins sind dadurch die nächsten, nachkommenden Verwandten von Josef STEFAN.
  - KINDER von Lambert und Maria KOLLMANN, geb. Jarz
- **Sophie, Maria** und **Friedrich** sind Cousins 3. Grades des Physikers Josef Stefan.
  - ENKELKINDER von Lambert und Maria KOLLMANN, geb. Jarz
- Rudolf und Robert **Kollmann,** Dorothea **Schaffer** geb. **Kollmann;** Karl Josef **Westritschnig** der Autor dieses Werkes u.a. sind Cousins 4. Grades von Josef Stefan.
  - UR-ENKELKINDER von Lambert und Maria KOLLMANN, geb. Jarz
- Peter-, Fredi- und Kathrin **Schaffer; Katrin Westritsching** ist die Tochter des Verfassers u.a. sind Cousins 5. Grades vom Physikpionier Josef Stefan.

Ferdinand **WESTRITSCHNIG** – Maria **WESTRISCHNIG,** geb. Kollmann

- Vulgo Schmid in Althofen Nr. 5, Gemeinde Grafenstein.
- Maria JARZ wird am 2. Juni 1883 geboren, ist die Mutter von Maria WESTRITSCHNIG, geborene Kollmann.
- Maria WESTRITSCHNIG wird am 5. Juli 1914 in Eberndorf geboren und stirbt im Jahre 1967 in Althofen Gemeinde Grafenstein.

Karl Josef **WESTRITSCHNIG** – Sigrid **WESTRITSCHNIG** geb. Kömmetter

- Karl Josef WESTRITSCHNIG wird am 13. März 1947 in Althofen bei Grafenstein geboren.

Simon **RIEGELNIK** – Eva **RIEGELNIK,** geb. Wukounig

- Der Kaufvertrag vom 16. Juni 1852 wird zwischen Maria SKRUTL und Simon RIEGELNIK abgeschlossen. Das Eigentumsrecht über die verkaufte Realität geht mit einem Betrag von 875 Gulden auf den Käufer, Simon RIEGELNIK, über.

Eva **RIEGELNIK** 1821-1890, geb. Wukounig

- Das Eigentumsrecht über die Skrutl Realität geht am 24. Juli 1882 auf Eva RIEGELNIK über.

Simon **JARZ,** geb. 1842 – Anna **JARZ** 1858-1892, geb. Riegelnik

- Hochzeit am 14. Jänner 1883 in Eberndorf
- Anna JARZ wird am 5. Mai 1890 das Eigentumsrecht übertragen.
- Simon JARZ wird am 26. Mai 1893 das Eigentumsrecht am vulgo Skrutl Anwesen übertragen, mit der Verpflichtung, es einem mit Anna JARZ gezeugten Kinde – das sind die minderjährigen **Maria-**, Anna- und Simon JARZ – im Nachlass zu übergeben.

Lambert **KOLLMANN** 1883-1951 – Maria **KOLLMANN** 1883-1923, geb. Jarz

- Maria JARZ wird aufgrund des Kaufvertrages vom 3. Oktober 1912 das Eigentumsrecht am vulgo Skrutl Anwesen übertragen.
- Lambert KOLLMANN wird aufgrund des Erbübereinkommens vom 5. Dezember 1923 aufgetragen, die Liegenschaft vulgo Skrutl bei Lebzeiten oder im Todesfall einem minderjährigen, erblichen Kind, wie Sophie-, Friedrich- oder Maria KOLLMANN, zu übertragen.[465]

In meinen Ferien verbringe ich viel Zeit in Eberndorf. In der heute fast rein deutschen Gemeinde Grafenstein wachse ich auf. Die ältere bäuerliche Generation spricht in meiner

---

[465] Kärntner Landesarchiv: Einlagenzahl 47 des Grundbuches Eberndorf, Gerichtsbezirk Eberndorf; Diözesan-Archiv Kärnten: Pfarrbücher Eberndorf.

Kindheit und Jugend im Grenzbereich von Grafenstein und der ehemaligen Gemeinde Tainach vielfach noch den Rosentaler und Jauntaler slowenischen Mischdialekt. Dieser wird in der Öffentlichkeit meist nicht mehr verwendet. Die Kinder zweisprachig aufwachsen zu lassen, ist für viele Eltern nach dem Zweiten Weltkrieg fast undenkbar. Die ältere bäuerliche Bevölkerung kann oft noch beide Kärntner Landessprachen sprechen. Meine Tante Sophie versucht, mir in Eberndorf so manches slowenische Wort aus dem ländlichen Bereich zu vermitteln. Ich verstehe noch heute so manches Wort aus dem bäuerlichen slowenischen Dialekt, aber reden und schreiben kann ich praktisch nichts mehr. Ich bin bereits das letzte Glied in dieser Assimilationskette. Das Eberndorfer und Grafensteiner Ergebnis der Volksabstimmung aus dem Jahre 1920 wird mit der Umgangssprachenerhebung der Volkszählung dieser Gemeinden aus dem Jahre 1910 verglichen:

Gemeinde	Umgangssprache 1910		Volksabstimmung 1920	
Eberndorf	Deutsch 21,4 %	Slowenisch 78,6 %	Österreich 66,1 %	Jugoslawien 33,9 %
Grafenstein	Deutsch 50,1 %	Slowenisch 49,9 %	Österreich 88,1 %	Jugoslawien 11,9 %

Einen jungen Menschen nach dem Zweiten Weltkrieg in meiner Herkunftsgegend zweisprachig zu sozialisieren, war in vielen Familien nicht üblich. Die „Partisanenproblematik" dürfte dazu einiges beigetragen haben, dass mir die Zweisprachigkeit verweigert wird. In der Volksschule Grafenstein versucht Direktor Ignaz Willitsch, die Schüler in Slowenisch zu unterweisen. Die Siedlungssituation der Slowenen wird innerhalb der deutschsprachigen Mehrheit in Kärnten oft als Streulage bezeichnet. Im slowenischen Sprachgebiet Kärntens ist in der Vergangenheit ein enormer Sprachenwechsel, eine sogenannte Assimilation gegeben. Der deutsch-slowenische Sprachkontakt findet in Kärnten vornehmlich im gemischtsprachigen Gebiet statt. Bei der Volkszählung im Jahre 1991 bekennen sich 14.580 Personen als Slowenen oder Windische. Das entspricht in etwa drei Prozent der Kärntner Bevölkerung. Die tatsächliche Zahl slowenischsprachiger Kärntner liegt vermutlich weit höher. Es will so mancher Minderheitenangehöriger – aus welchen Gründen auch immer – sich in der Öffentlichkeit nicht deklarieren. Autoren geben bis zu 50.000 slowenisch sprechende Mitbürger in

Kärnten an. Das Slowenische in Kärnten wird traditionell vier Dialekten zugeordnet: dem Gailtaler-, dem Rosentaler-, dem Jauntaler-. dem Remschenig- und Obir-Dialekt.[466]

> „Dass es in Kärnten Menschen gibt, die sich als Windische bezeichnen, ist allgemein bekannt. Daraus wird die Ansicht abgeleitet, deren Sprache Windisch sei eine deutsch-slowenische Mischsprache, die mit der eigentlichen Slowenischen Schriftsprache nichts zu tun habe. Doch in zweisprachigen Regionen und Gesellschaften ist die Regel, dass die bodenständige Volkssprache, also die lokale Mundart von der überregionalen Staats- und/oder Verkehrssprache, in unserem Falle also aus dem Deutschen, massenhaft Lehnwörter und Einflüsse bezieht. Entscheidend aber ist die Grammatik: die Grammatik des Windischen ist die typisch slowenische, identisch sind auch Hilfswörter und Grundwortschatz. Daher kann man Windisch nicht als eigene Sprache sehen, auch nicht als Mischsprache".[467]

Der Begriff „Windisch" ist ursprünglich eine alte deutsche Benennung für „Slawisch". Im Norden des deutschen Sprachraumes begegnen wir der Bezeichnung „Wendisch", wobei mit diesem Namen auch die Sorben gemeint sind. Hinter dem Windischen steht auch der alte Name unseres südlichen Nachbarn. Die Slowenen bezeichneten früher, wenn sie deutsch schrieben, ihre Sprache auch als Windisch. Der bekannte Jesuit und Slawist, Oswald Gutsmann, nennt diese in seinem „Deutsch-Windischen" Wörterbuch. Dieses Wörterbuch ist im Jahre 1789 in Klagenfurt erschienen. Das erste slowenisch geschriebene Buch ist der Katechismus von Primus/Primož Trubar. Dieses slowenische Buch ist im Jahre 1550, während der Reformation, erschienenen. Der Katechismus hat den deutschen Titel „Catechismus in der windischen Sprach". Der Name „Slowenisch" kommt erst nach der bürgerlich-liberalen Revolution 1848, mit einem zunehmenden nationalen Bewusstwerden, auf. Dadurch wird der Name „Slowenisch" in der deutschen Gemeinsprache als sprachlicher Fachausdruck zunehmend allgemein üblich. Das Wort „Slowenisch" findet allmählich Eingang in die Amtssprache, wobei das Windische als Umgangssprache bestehen bleibt. Das Wort „Windisch" hat im Laufe der Zeit einige assoziative Bedeutungen angenommen. Diese haben mit der ursprünglichen Bedeutung „Windisch" kaum etwas zu tun.[468].

Das Milchholen in der Nachbarschaft ist mir noch in guter Erinnerung. Diese ist in der Vergangenheit ein Symbol der Besitzenden einer Keuschen-Realität. Diese Keuschen-Besitzer haben hauptsächlich Kleinvieh, einen Garten und maximal ein paar Joch Grund und Boden. Wenn ein Keuschler bereits auch eine Milchkuh hat, so steht trotzdem Milch als

---

[466] Vgl. Pohl, Heinz Dieter 2000: Kärnten deutsche und slowenische Namen, S. 135.
[467] Pohl, Dieter Heinz 2013: Windisch – ein interessanter historischer Begriff. Manuskript.
[468] Vgl. Pohl, Dieter Heinz 2013: Windisch – ein interessanter historischer Begriff. Manuskript.

wichtiges Lebensmittel dem Haushalt nicht das ganze Jahr hindurch zur Verfügung. Milch holte ich in der Nachbarschaft bei Paul Rohrmeister oder bei Frau Gojer. Ihr Sohn, Adolf Gojer, wird als Unternehmer in der Müllentsorgung sehr erfolgreich. Die Firma Adolf Gojer beginnt im Jahre 1965 als örtlicher Fäkalienentsorger. Kommerzialrat Adolf Gojer, ein Honorarkonsul, wird im Laufe der Jahre zu einem in Kärnten bekannten Müllentsorger.

6.3 Erbe für Cousin Simon Jarz in Eberndorf

Das Eltern-Wohnhaus meiner Mutter am Kreuzberglweg in der Pfarre Eberndorf wird in den 1930er-Jahren fotografiert. Das Wohnhaus wird an das kleinbäuerliche Anwesen des vulgo Skrutl aus dem Nachlass von Josef Stefan angebaut. Hier verbringe ich bei meiner Tante Sophie und Cousine Dori viele Zeit meiner Ferien. Der Physiker Josef Stefan 1835-1893 ist ein Cousin 4. Grades von mir. Der Urgroßvater, Simon Jarz aus Eberndorf, ist ein unehelicher Sohn des Taglöhners Michael Stefan in Lanzendorf, Pfarre St. Kanzian.

Der Nachlass von Stefan bewirkt, dass in Eberndorf in Kärnten zwei Wohnhäuser gebaut werden: das Wohnhaus beim kleinbäuerlichen Anwesen der „Skrutelkeusche" am Kreuzberglweg 13, auch Skrutlhügel genannt. Ferner das Wohnhaus der „Meisterlekeusche" und später integrierte Gasthaus Hobel, wobei Barbara Hobel eine geborene Stefan ist. Alexius Stefan Vater von Josef Stefan wächst bei der „Stefanhube" in der Ortschaft Lanzendorf Nr. 5 auf. Der Ort Lanzendorf gehört zum Pfarrsprengel St. Kanzian.

Von links das renovierte Eltern-Wohnhaus meiner Mutter aus seiner übernationalen Habsburgermonarchie, der Josef Stefan Zeit seines Lebens sehr dankbar war. Diese ermöglicht Josef Stefan beruflich sehr viel. Dieses Haus in der Mitte positioniert, wird in den 1930er Jahre am Kreuzberglweg in der Pfarre Eberndorf fotografiert. Das Wohnhaus wird an das Kleinhäusler Anwesen der „Skrutlkeusche" aus dem Nachlass von Josef Stefan dazu gebaut. Durch diese Wohltät des Cousins Josef Stefan, werden die Wohnverhältnisse entscheidend verbessert. Ich verbringe hier bei meiner Tante Sophie viele Zeit meiner Ferien. Der Physiker Josef Stefan ist ein „Cousin" von mir. Mein Urgroßvater Simon Jarz ist ein unehelicher Sohn der Barbara Jarz aus Schreckendorf und des Taglöhners Michael Stefan aus Lanzendorf. Mein UrUrgroßvater Michael Stefan ist ein Onkel und Urgroßvater Simon Jarz ist ein Cousin des Kärntner Physikers Josef Stefan, der weder Kinder noch Geschwister und wenige nähere Verwandte hat. Der Knabe Simon verliert mit acht Jahren in Seelach am Klopeiner See die Mutter, wobei sein Vater bereits mit fünf Jahren in Lauchenholz einheiratet. Im Nachlass wird auch der sozial

Bedürftige Cousin Simon Jarz vom wohltätigen Physiker Josef Stefan bedacht. Der Nachlass und ein etwaiges Testament existiert nicht mehr. Es gibt dieses weder am zuständigen Bezirksgericht Alsergrund, Wiener Landes- und Stadtarchiv und auch nicht im Staatsarchiv. Seine einzige Ehe am Lebensende mit der Haushälterin eine Witwe eines Eisenbahnbeamten aus Friesach in Kärnten dauert nur ein gutes Jahr und bleibt kinderlos.[469]

Josef Stefan hat in den ersten Studienjahren an der Universität Wien fragmentarische schriftliche Selbstzeugnisse hinterlassen. Stefan macht Tagebucheintragungen über sein angestrebtes wissenschaftliches Fortkommen. Er beschreibt seine Erlebnisse in der Studien- und Ferienzeit. Stefan studiert an der Universität Wien während des Studienjahres sehr fleißig. Die Ferien im Sommer verbringt er ausreichend bei seinen Eltern in Kärnten. Die Eltern führen eine harmonische Ehe und Stefan fühlt sich bei diesen zu Hause sehr wohl. Der Gegensatz zwischen der Kaiserstadt Wien als mitteleuropäische Metropole und der Heimat Kärnten wird für den Studenten Stefan immer spürbarer. Er schreibt in seinen Aufzeichnungen vor Beendigung seines Studiums mit der Habilitation im Jahre 1858.[470]:

> „Bin zu Hause recht lustig gewesen, weil Kärnten mein Augapfel. Haben auch die Eltern Freude gehabt mit mir, weil ich gar so anspruchslos gewesen, so einfach und gutmüthig, wie sie gesagt. Bin auch in Ferlach wieder gewesen und im Rosenthale an mehr Orten und auch im Bären- und Bodenthale und habe mich erbaut an der großartigen Natur des lieben Vaterlandes. […] Musste dann ein schweres Herz mit herausnehmen nach Wien und hier mich wieder gewöhnen an die Einsamkeit und vergessen auf Sang und Lust. Hatte mich auch schwer nur wieder eingelebt in das Treiben und Getrieben werden, möchte es auch jetzt noch gerne anders haben".[471]

---

[469] Fotoquelle: Karl Josef Westritschnig- privates Archiv
[470] Vgl. Stefan, Josef 1902: Aufzeichnungen, S. 82f.
[471] Ebenda, S. 83.

Josef Stefan gedenkt zeitlebens verehrend seiner Eltern und dieser ist stets in Liebe mit dem Heimatland Kärnten verbunden.[472] Der Geologe Eduard Suess ein Wegbegleiter Stefans an der kaiserlichen Akademie der Wissenschaften in Wien. Eduard Suess schreibt in einem Bericht der Akademie der Wissenschaften zum frühen Ableben im Jahre 1893: Stefan hängt mit einer großen Innigkeit an seinen Eltern und er besucht diese solange diese leben alljährlich in den Ferien in Klagenfurt. Er versucht dadurch auch der unpersönlichen Großstadt Wien etwas zu entfliehen.[473]

„Die harten Zeiten der frühen Jugend und sein eiserner Fleiss brachten eine Läuterung des ganzen inneren Wesens seiner Persönlichkeit herbei, welche, je näher die Berührung war, umso deutlicher und umso fesselnder sich bemerkbar machte. Stefan war von großer Schweigsamkeit und hat stets die Zurückgezogenheit geliebt".[474]

Der Geologe und Generalsekretär der Akademie der Wissenschaften Eduard Sues, verabschiedet sich nach dem Tod des verdienstvollen Vizepräsidenten der Akademie vom **Physikforscher** Stefan würdig, in schriftlicher Form.[475]

Stefan beklagt in seinen Tagebuchaufzeichnungen, dass in dieser Zeit so manche Bekanntschaft gegeben ist, aber an echten Freunden fehlt es allerdings sehr. Ich versuche es inzwischen selbst im Hochdeutschen, in der mir früher nicht vorgezeichneten literarischen Laufbahn. Das Literarische sollte sich doch ursprünglich nur auf das slowenische beschränken. Stefan schreibt, dass er im Sommer des Jahres 1857 in Kärnten eine sehr fröhliche Zeit

---

[472] Ottomayer, Albert von 1893: Zur Erinnerung an Josef Stefan, S. 7f.
[473] Vgl. Suess, Eduard 1893: Bericht der Gesammt-Akademie und der mathematisch-naturwissenschaftlichen Classe, S. 252f.
[474] Suess, Eduard 1893: Josef Stefan, S. 256.
[475] Fotoquelle in: Niko Ottowitz- Streiflichter aus dem Leben und Werk – zum 175. Geburtstag.

verbrachte. Die Eltern haben mit mir eine große Freude, weil ich sehr anspruchslos bin. Ich war so einfach und so gutmütig. Im seinem Tagebuchfragment hält er fest:

> „Hab auch die erste größere Fußreise unternommen von Judenburg über den Zirbitzkogel nach Hüttenberg, von da durch den Knappenberg in die Lölling, von da über die Saualpe nach Wolfsberg und über Griffen und Völkermarkt nach Hause".[476]

Josef Stefan schreibt am 6. Oktober 1859, die Studien einschließlich der Habilitation habe ich bereits abgeschlossen. Es gibt für mich momentan keine Möglichkeit wissenschaftlich zu arbeiten. Es mangelt bei mir auch an einem dichterischen Eifer. Es ist schlimm, wenn jemand wissenschaftlich arbeiten will, dieser Wunsch kann aber nicht umgesetzt werden. Der Drang zum wissenschaftlichen Arbeiten ist bei Stefan schon früh erwacht und ist bei ihm schon lange lebendig.

> „Er [Josef Stefan] hat aus seinen ersten Universitätsjahren 1855, 1856 und 1857 Aufzeichnungen hinterlassen, die er am letzten des Jahres verfasste und in welchen er sein wissenschaftliches streben, die Erlebnisse der Studien- und Ferialzeit bespricht, mit warmer Verehrung seiner Eltern gedenkt und einer glühenden Liebe zu seinem Heimatlande, Kärnthen in dessen deutscher und slovenischer Mundart er dichtet, Ausdruck gibt. Auch der Plan eines Werkes über Kärnthen, welches dessen Geschichte, Geographie, Topographie, Naturgeschichte, Statistik und dessen physikalischen Verhältnisse, umfassen sollte, reifte in ihm. Andere wissenschaftliche Aufgaben jedoch gaben seinen Gedanken und seiner Beschäftigung eine andere Richtung".[477]

Die dichterische Ader in seinem Leben hat Johann Wolfgang Goethe mit seinem autobiographischen Werk „Dichtung und Wahrheit" geweckt. Stefan ist von diesem Werk Goethes sehr angetan. Stefan hat mit einem großem Interesse und Eifer diesen Text in sich aufgesogen. Er bedauert es, dass in Wien nicht eine solche Gesellschaft gefunden werden kann, wie Goethe diese in Leipzig oder Straßburg vorfindet. Johann Wolfgang Goethe führt Josef Stefan zur Literatur. Stefan ist auch von Adalbert Stifter 1805-1868, einem Dichter des Biedermeier angetan. Stifter beeindruckt mit der Sehnsucht nach einem stillen Familienglück und nach Berg und „Thal". Der enorme Wissenschaftsdrang verlangt für Stefan eine rauschende Stadt.[478] Im Winter 1857/58 hat auch er seine „slavischen" Studien beendet. Damit werden

---

[476] Šubic, Ivan 1902: Josef Stefan. Aufzeichnungen und Fragmente der Tagebuchaufzeichnungen, S. 83.
[477] Obermayer, Albert v. 1893: Zur Erinnerung an Josef Stefan. K.k. Hofrath und Professor der Physik an der Universität in Wien. Wien/Leipzig.
[478] Vgl. ebenda, S. 76f.

Stefans Tätigkeiten auf diesem Gebiet ganz beendet und er entsagt sich nun endgültig dem Gebiet der heimischen Literatur,

> „ich schuf nichts und beachtete auch nichts von dem geschaffenen, zum Theile war es lächerlicher Stolz, indem ich in der Wissenschaft Ruhm zu suchen es allein für werth befand, zum Theil war es die Überzeugung, daß mich eine solche Beschäftigung von dem eigentlichen Thema meines Studiums und dem wenigsten eingebildeten Zweck meines Lebens zu weit seitwärts führt. Doch will ich keineswegs für immer von diesem Felde Abschied genommen haben".[479]

Josef Stefan lebt in Wien einfach und zurückgezogen und er spricht kaum etwas Privates und wird zu einem verschlossenen Mensch. Er tritt kaum bei öffentlichen gesellschaftlichen Anlässen auf. Stefan ist es unangenehm in der Zeitungs-Presse genannt zu werden. Bei der wissenschaftlichen Arbeit findet er seine ganze Erfüllung und er widmet sein weiteres Leben der Forschung und Lehre. Stefan meidet den gesellschaftlichen Verkehr und findet dadurch viel Muse für die beruflichen und ehrenamtlichen Tätigkeiten. Er bringt dadurch sein äußerst reichhaltiges und vielfältiges wissenschaftliches Werk zustande. Es scheint so zu sein, dass Stefan seine bescheidene und einfache Herkunft nicht verleugnen kann und auch nicht will. Stefan findet sich in der Gesellschaft von engeren Kärntner Landsleuten im Allgemeinen sehr wohl. Die Wiener Großstadtgesellschaft behagt diesen bescheidenen und einfachen Menschen nicht besonders.[480]

> „Viele Jahre scheint er schwer an einem unlösbaren Geschick getragen zu haben, worüber er übrigens nie ein Wort verlor. Erst im vorigen Jahr [1892] sollte er finden, was er vielleicht sein ganzes Leben vermisste, eine ihm treu und liebevoll ergebene Lebensgefährtin. Leider war es ihm nicht vergönnt, sich lange des Glückes zu erfreuen, welches ihn ganz zu verwandeln schien. Er lachte, scherzte und war witzig, wie ihn vorher niemand sah. [...] Seine Frau hat ihm in der kurzen Zeit der Ehe die letzten Tage des Lebens verklärt und ihm mit Aufopferung bis zum letzten Atemzuge gepflegt. [...] So ist denn mit ihm nicht nur einer der hervorragendsten Geisteshelden, sondern auch ein edel veranlagter Mensch für immer dahin gegangen".[481]

Das Jahr 1891 bringt für Stefan eine wohltuende Umkehr in seinem privaten Leben. Er wird wieder lebhaft, lacht und macht Späße, was vorher bei ihm nicht beobachtet werden kann. Doch diese freundliche Zeit seines Lebens währt nicht lange.[482]

---

[479] Ebenda, S. 80.
[480] Vgl. Obermayer, Albert von 1893: Zur Erinnerung an Josef Stefan, S. 79f.
[481] Ebenda, S. 71.
[482] Vgl. Šubic, Ivan 1902: Josef Stefan. Aufzeichnungen und Fragmente im Tagebuch, S. 63.

6.4 Vergessen und verwahrlost am Zentralfriedhof Wien

Dem „Partezettel" kann entnommen werden, dass Josef Stefan mit den Sterbesakramenten versehen, am 7. Jänner 1893 nach einem kurzem schmerzvollem Leiden, um ein Uhr mittags, ruhig und sanft entschlafen ist.[483] Die Votivkirche am Alsergrund im III. Stadtbezirk ist vornehmlich eine Pfarrkirche bis in die Gegenwart. Dies ist auch der zuständige Pfarrsprengel von Josef Stefan. Der wissenschaftliche Physik-Forscher Josef Stefan arbeitet und wohnt in unmittelbarer Nachbarschaft zur Votivkirche in der Türkenstraße 3.

Der Totenzettel anlässlich des Ablebens des Physikers Josef Stefan verfasst von seiner Kurzzeit-Ehefrau Marie Stefan.

„Im Totenbeschauprotokoll ist Dr. Josef Stefan wie folgt bezeichnet: Dr. Josef Stefan, gestorben 7. Jänner 1893; k. k. Hofrat und o. ö. Universitätsprofessor, 58 Jahre, geboren in St. Peter - Kärnten".[484]

Zum Personenstand und Religion wird bei Stefan „verheiratet" und „katholisch" angeführt.[485] In der Zeit von 1875 bis 1913 wirken und studieren namhafte Physiker in den Physikinstituten der Türkenstraße 3. Die Votivkirche eine prächtige gotische Kirche wird aus Dank gebaut, da

---

[483] Partezettel: zum Tode Josef Stefans, Archiv der Akademie der Wissenschaften in Wien.
[484] Wiener Stadt- und Landesarchiv, Totenbeschreibamt, B1 – Totenbeschauprotokolle, Bd. 465, fol. 530.
[485] Vgl. Wiener Stadt- und Landesarchiv, Magistratsabteilung 8, Magistrat der Stadt Wien.

Kaiser Joseph I. am 18. Februar 1853 ein Attentat des fanatischen Ungarn Johann Libeny übersteht.[486]

„Marie Stefan, verwitwete Neumann, gibt in ihrem eigenen und im Namen der Unterzeichneten die tiefbetrübende Nachricht von dem Hinscheiden ihres theuren, edlen Gatten, bzw. [Stief-] Vaters, [Stief-] Schwieger- und [Stief-] Großvaters, des Hochwohlgeborenen Herrn Dr. Josef Stefan. [...] Die irdische Hülle des theuren Verblichenen wird am Montag den 9. dieses Monats , präcise 3 Uhr nachmittags, vom Trauerhause: 9. Bez., Türkenstraße Nr. 3, in die Votivkirche, Heilandskirche geführt, daselbst feierlich eingesegnet und sodann auf dem Central-Friedhofe im eigenen Grabe zur ewigen Ruhe bestattet werden. Die heil. Seelenmesse wird den 10. d. M., um 9 Uhr vormittags, in obengenannter Pfarrkirche gelesen werden. Wien am 7. Jänner 1893. Theodor Rohm, Marie Rohm geb. Neumann, Walther und Erwin Rohm".[487]

Die Ehefrau von Josef Stefan errichtet nach eigenen Angaben am Wiener Zentralfriedhof ein bescheidenes Einzelgrab, wobei dieses mit einem Relief geschmückt wird. Dieses Grab befindet sich in der Gruppe 46 mit Erweiterung D, Reihe 1, Grab Nummer 30. Das Grab wird derzeit [1958] von Josef Stefans [Stief-] Enkelin Aloisia Rohm, so gut wie möglich im Stande gehalten. Aloisia Rohm geboren 1897 wird in dieser Grabstätte an 11. April 1969 mit 72 Jahren beerdigt.[488] Die Beerdigung von Rudolf Munk geboren 1907 erfolgt mit 75 Jahren am 2. Juni 1982. Die letzte Bestattung erfolgt am 28. Februar 1995 durch den 75-jährigen Rudolfine Munk.[489]

„Im Jahre 1891 verehelichte sich Stefan zu Friesach in Kärnthen mit Frau Marie Neumann, Witwe des Staatsbahn-Inspectors Adolf Neumann, und diese Ehe ist ihm eine Quelle späten und kurzen, aber, wie aus der Veränderung seines ganzen Wesens sich ergab, überaus tiefen und innigen Familienglückes geworden. [...] Am 18. December 1892, bei dem Besuch eines Freundes, wurde er im fremden Hause von einem Schlaganfall niedergestreckt. Die ersehnten Weihnachten brachte er in Bewusstlosigkeit zu und am 7. Jänner entschlief er für immer".[490]

Josef Stefan hat weder Kinder noch Geschwister. Seine Kurzzeit-Ehefrau Maria Karoline Stefan stammt aus Friesach in Kärnten. Maria Stefan wird im Jahre 1929 im hohen Alter von 90 Jahren in diesem Grab beerdigt. Die im Jahre 1897 geborene [Stief-] Enkelin Aloisia Rohm von Josef Stefan findet im Alter von 72 Jahren ebenfalls hier ihre Ruhestätte. Das Grabnutzungsrecht auf Friedhofsdauer ist seit dem Tode Josef Stefans gegeben. In der

---

[486] Vgl. Propstei-Pfarramt 1990 (Hrsg.): Votivkirche in Wien, S. 4.
[487] Partezettel: zum Tode Josef Stefans, Archiv der Akademie der Wissenschaften in Wien.
[488] Vgl. Boncelj, Josef 1958: Josef Stefan und seine Tätigkeit auf dem Gebiete der Elektrotechnik, S. 647,
[489] http://www.friedhoefewien.at [16.09. 2012].
[490] Suess, Eduard 1893: Josef Stefan, S. 257.

Friedhofsverwaltung ist die Grabstelle als Familiengrab Stefan-Munk festgehalten. Auf der neuen aufwendigen gestalteten Ruhestätte ist nur mehr die Familie Munk eingemeißelt. Der Name dieses großen Kärntner Gelehrten Josef Stefan ist somit sichtbar am Grab verschwunden.[491]

Einem Schriftstück im Archiv der Universität Wien aufliegend, kann folgendes entnommen werden: der Geschichteprofessor an der Universität Graz Walter Höflechner wendet sich am 27. Februar 2008 schriftlich an den Leiter des Archivs der Universität Wien Kurt Mühlberger mit der Äußerung,

> „wenn ich mich recht erinnere hat er ja [Josef Stefan] in späteren Jahren seine `Haushälterin´ geheiratet".[492]

Der Wiener Zentralfriedhof wird um 1870 von einem Gartenarchitekt geplant. Die Einweihung des Friedhofes erfolgt am 30. Oktober 1874, wobei dieser bis 1921 sieben Mal erweitert wird.[493] Einem Schreiben aufgrund meiner Anfrage an den „Info-Point" des Wiener Zentralfriedhofes wird folgendes entnommen: das Familiengrab „Stefan-Munk" ist auch weiterhin auf „Friedhofdauer" bezahlt. Am neuen Grabstein sind „nur" die Namen Rudolf und Rudolfine Munk eingemeißelt.[494]

> „Infolge seiner hohen Stellung [Josef Stefan] in der Wissenschaft, seine Bedeutung als Lehrer und seines edlen Charakters stand Stefan bei seinen Collegen in großem Ansehen und besaß die ungeteilte Liebe und Verehrung aller seiner Schüler".[495]

Josef Stefan war ein schlichter und wohlwollender Mensch. Er hielt sich vom alltäglichen politischen und gesellschaftlichen Leben fern. Stefan widmet seine ganze Kraft der wissenschaftlichen Forschung und dem universitären Lehramte. Als Forscher stellt Stefan sich mit einer langen Reihe glänzender Arbeiten aus unterschiedlichen Gebieten der Physik, unter die hervorragendsten Vertreter dieser Wissenschaft in seiner Zeit. In der akademischen Lehre steht Stefan wohl unübertroffen da. Die Vorlesungen Stefans sind durch Klarheit und einfacher Gestaltung und ihrem reichen Inhalt zu Meisterwerken geworden.[496]

---

[491] Verwaltung des Zentralfriedhofes in Wien.
[492] Personalakt Josef Stefan: Philosophischer Dekanats Akt der Universität Wien 1892/93, Archiv der Universität Wien.
[493] Vgl. Informationsblatt zur Geschichte des Wiener Zentralfriedhofes.
[494] Vgl. Ruppitsch, Helga: Schreiben des Info-Points des Wiener Zentralfriedhofes am 17. September 2012.
[495] Feierliche Inauguration 1892/93 an der Universität Wien.
[496] Vgl. Ebenda.

Das ehemalige Bezirksgericht Alsergrund hat dem Stadt- und Landesarchiv Wien keine Akten übergeben. Es ist weder eine Verlassenschaft Abhandlung noch ein Testament von Josef Stefan erhalten geblieben. Auch ein Nachlass als solcher ist von Stefan nicht vorhanden.[497]

6.5 Gedenktafel auf Initiative der Kärntner Landsmannschaft am Geburtsort enthüllt

Der 100. Geburtstag von Josef Stefan am 24. März 1935 wird unter wesentlicher Initiative des Traditionsvereines „Die Kärntner Landsmannschaft" gestaltet. Eine Gedenktafel wird beim Geburtsort der einfachen ebenerdigen „Franzlkeusche", einem Nebengebäude der Landwirtschaft Geiger vulgo Franzl, befestigt. Das Geburtshaus Stefans liegt im östlichen Grenzbereich der Katastralgemeinde St. Ruprecht an der Ebenthaler-Lindenallee, die zum Schloss Ebenthal führt. Im zu Ende gehenden Zweiten Weltkrieg wird durch Bombenangriffe der Alliierten das Geburtshaus von Josef Stefan zerstört. Die Gedenktafel kann wie ein Wunder völlig unversehrt unter dem Trümmerhaufen wieder gefunden werden. Am einstöckig vergrößerten Neubau des Geburtshauses wird durch Hindernisse die Gedenktafel erst im Jahre 1953 in der Ebenthalerstraße Nr. 88 wieder angebracht.[498]

Eine große Wertschätzung erfährt der Physik-Gelehrte Stefan durch den Traditionsverein „Kärntner Landsmannschaft". Der Höhepunkt der Besinnung an Stefan ist die von der Kärntner Landsmannschaft organisierte Enthüllung der Gedenktafel. Die Gedenkfeier erfolgt aus Anlass des 100. Geburtstages von Stefan am 24. März 1935. Die Feier erfolgt vor dem Geburtsort der einfachen und ebenerdigen „Franzlkeusche" in der Katastralgemeinde St. Ruprecht, am südlichen Rande der Ortschaft St. Peter bei Klagenfurt. Die Wiener Universität stiftet für ihren großen Sohn die Gedenktafel. Der Gedenkfeier wohnen viel Prominenz des öffentlichen Lebens Klagenfurts und Kärntens bei. Auch viele Vertreter des Schulbereichs sind anwesend. In Vertretung der Universität Wien erscheinen die Professoren Gustav Jäger und Hans Thirring, wobei letzterer ein anerkannter Physik-Professor die Festrede bei der Enthüllung der Gedenktafel für den Physiker Stefan hält. Zu dieser Zeit existiert noch die ebenerdige Geburtskeusche an der Ebenthaler Allee.[499]

---

[497] Vgl. Wiener Stadt- und Landesarchiv: Nachlässe und private Sammlungen.
[498] Vgl. Vereinszeitschrift „Die Kärntner Landsmannschaft" 1982, Heft 10, S. 60-64.
[499] Vgl. Ogris, Alfred 1982: Josef Stefan- ein berühmter Physiker aus Kärnten, S. 60f.

Hans Thirring 1888-1976 studiert Physik an der Universität Wien. Die Vorlesungen von Friedrich Hasenöhrl interessieren den Studenten so sehr, dass Thirring die theoretische Physik bald in den Mittelpunkt seiner Studien stellt. Hans Thirring wird Assistent beim Physiktheoretiker Hasenöhrl am Institut für Theoretische Physik. Erwin Schrödinger ein Nobelpreisträger der Physik animiert Thirring, sich durch theoretische Untersuchungen über die spezifische Wärme von Kristallen zu habilitieren.

Der pazifistisch eingestellte theoretische Physiker Hans Thirring in der Mitte dargestellt, hält zur Enthüllung der Gedenktafel am 24. März 1935 in Vertretung der Universität Wien die Festansprache. Diese findet vor dem Geburtsort Josef Stefans an der Lindenalle in der Ebenthalerstraße, südlich der Ortschaft St. Peter statt. Stefans Schüler Gustav Jäger ein emeritierter Physikprofessor der Universität ist ebenfalls bei der Gedenkveranstaltung anwesend.[500]

Hans Thirring ein friedensbewegter Mensch wird durch die Nationalsozialisten in den Ruhestand zwangsversetzt, allerding wird dieser nach dem Zweiten Weltkrieg wieder reaktiviert.[501] Gustav Jäger 1865-1938 studiert Physik, Mathematik und Philosophie an der Universität Wien. Josef Stefan und Josef Loschmidt sind Lehrer von Gustav Jäger. Dieser wird Assistent beim Professor der mathematischen Physik und Direktor des Physikalischen Instituts Josef Stefan. Friedrich Hasenöhrl fällt als Soldat im Ersten Weltkrieg, daher wird Jäger vorübergehend Ordinarius für Theoretische Physik an der Fakultät für Philosophie der Universität Wien. Aufgrund seines herzlichen und angenehmen Wesens ist Gustav Jäger überall gesellschaftlich beliebt, aber auch ein allseits geschätzter Hochschullehrer.[502]

Der Besitzer der „Franzlkeusche" Landwirt Franz Geiger vulgo Franzl baut das Kriegsbomben zerstörte kleine Keusche, vergrößert und einstöckig um. Die Gedenktafel wird unmittel-

---

[500] Fotoquelle: Österreichische Zentralbibliothek für Physik.
[501] Vgl. Österreichische Zentralbibliothek für Physik 2004 (Hrsg.): Geschichte, Dokumente, Dienste, S. 26.
[502] Vgl. Österreichische Zentralbibliothek für Physik 2004 (Hrsg.): Geschichte, Dokumente, Dienste, S. 31.

bar nach dem Krieg nicht am Geburtshaus angebracht. Das Fehlen der Gedenktafel fällt dem aufmerksamen und pensionierten Gewerbeschuldirektor Karl Treven auf. Dieser tritt in einem Schreiben von 26. Mai 1949 mit einer Bitte an die Kärntner Landmannschaft, die Gedenktafel für Josef Stefan wieder anzubringen.

> „Auf dem Haus ist nun ein Stockwerk aufgesetzt worden und die Gedenktafel ist verschwunden. Es wird angeregt Nachforschungen über den Verbleib der Tafel zu pflegen und dafür zu sorgen, dass sie wieder an ihren Platz zurückkommt".[503]

Die Nachforschungen der Kärntner Landsmannschaft ergeben, dass der Hausbesitzer nach wie vor die Familie Geiger ist, nämlich der Landwirt Franz Geiger. Durch einen Bombenangriff wird die Keusche schwer beschädigt, allerdings bleiben die Gedenktafel und dieser Bereich des kleinen Gebäudes wie ein Wunder unversehrt. Die Gedenktafel wird abgenommen und sollte nach dem Wiederaufbau an der alten Stelle wieder angebracht werden. In einem Antwortbrief teilt die Kärntner Landsmannschaft dem Gewerbeschuldirektor Karl Treven mit, dass diese die Anbringung der Gedenktafel im Auge behalten wird.[504] Ein Funktionär der Kärntner Landsmannschaft schreibt am 8. August 1953 dem Landwirt Franz Geiger mit.

Stefans Geburtshaus heute, die renovierte und erweiterte „Franzlkeusche" wird im Jahre 1835 zum 100. Geburtstag im katholischen Ständestaat mit einer Gedenktafel versehen, welche von der Universität Wien finanziert wird.[505]

---

[503] Treven, Karl 1949: Brief an die Kärntner Landsmannschaft am 16. Juli.
[504] Vgl. Kärntner Landsmannschaft 1949: Brief an Karl Treven am 16. Juli.
[505] Fotoquelle: Karl Josef Westritschnig.

„Es kommen fortwährend Leute zur `Kärntner Landsmannschaft´ und beschweren sich, dass diese Gedenktafel noch immer nicht angebracht wurde, obzwar das Haus wieder aufgebaut wurde. Ich bitte Dich daher, damit diese Tafel geordnet wird, diese Gedenktafel ehestens an deinem Hause anbringen zu lassen. Damit Dir nicht welche Auslagen erwachsen, ist die `Kärntner Landsmannschaft` bereit, die anlaufenden Kosten für die Anbringung der Tafel zu bezahlen".[506]

Es wird der Eindruck gewonnen, dass der Hausbesitzer Franz Geiger vulgo Franzl an einer Wiederanbringung der Gedenktafel eigentlich gar nicht interessiert ist. Die Gedenktafel für Josef Stefan wird durch Hindernisse erst im Jahre 1953 am Geburtshaus wieder angebracht.

„Im Einvernehmen mit dem damaligen Besitzer Franz Geiger vulgo Franzl und den `Erben` Josef Stefans der Familie Jandl aus St. Ruprecht, wurde über Initiative der Kärntner Landsmannschaft die Tafel wieder angebracht".[507]

In den nächsten Jahren wird die Gedenktafel witterungsbedingt stark mitgenommen, dadurch sollte eine Restaurierung erfolgen. Diese Gedenktafel wird 1976 durch Initiative der Kärntner Landsmannschaft zum Gedenkjahr 1000 Jahre selbständiges Herzogtum Kärnten auf Hochglanz gebracht, damit sich diese des großen Kärntner Sohnes würdig erweist. Mit Wirkungsbeginn am 17. 3. 1955 geht das Eigentum von der Realität „Franzl in St. Ruprecht" von der Landwirtsfamilie Geiger, die seit der ersten Hälfte des 19. Jahrhundert dieses Anwesen besitzt, je zur Hälfte zu Maria Robitsch geborene Geiger und Jakob Robitsch über. Die Hälfte des Besitzes von Frau Maria Robitsch geht am 17. 10. 1977 zu Jakob Robitsch über.[508] Der jetzige 1953 geborene Besitzer des Geburtshauses Jakob Robitsch, hat erfreulicherweise ein ausgesprochen wohlwollendes Interesse an der Gedenktafel für Stefan. Dieser große Sohn der Kärntner Heimat, verbringt seine Kindheit im Bereich der Ebenthaler-Lindenalle.[509]

Links Briefmarke der österreichischen Post anlässlich des 150. Geburtstages von Josef Stefan. Rechts Briefmarke der slowenischen Post zum 100. Todestag von Stefan: Porträtplastik von Josef Stefan, ein Denkmal vor dem Stefan Institut der Akademie der Wissenschaften in Laibach. Diese Plastik ist eine Arbeit des Bildhauers Jakob Savinšek 1922-1961.[510]

---

[506] Kärntner Landsmannschaft 1953: Brief an Franz Geiger am 8. August.
[507] Ogris, Alfred 1982: Josef Stefan- ein berühmter Physiker aus Kärnten, S. 64.
[508] Grundbuchauszug: „Franzl in St. Ruprecht", Einlagenzahl 60, Katastralgemeinde St. Ruprecht.
[509] Weiß, Ida 1976: Der große Gelehrte aus der Franzlkeusche, S. 3.
[510] Fotoquelle: Niko Ottowitz 2011: Streiflichter aus seinem Leben und Werk- zum 175. Geburtstag.

Josef Stefan ist noch so etwas wie ein physikalisch klassisch forschender Enzyklopädist. Die fachliche Spezialisierung wird zunehmend wichtiger. Stefan hat auf verschiedenen Gebieten der Physik Experimente durchgeführt. Er hat oft die entsprechenden Apparate selbst dafür gebaut. Der Erkenntnisgewinn durch physikalische Experimente und die daraus gewonnenen Gesetzmäßigkeiten werden von Stefan auch mathematisch formuliert. Das Strahlengesetz Stefans hat in der Thermodynamik eine große wissenschaftliche Bedeutung erlangt. Sein Schüler Boltzmann hat dazu ergänzend theoretisch-mathematische formuliert. Das als Stefan-Boltzmann bezeichnete Wärmestrahlungsgesetz nimmt in der Thermodynamik einen gebührenden Platz ein. Stefan ist einer der letzten großen Vertreter der klassischen Physik in der zweiten Hälfte des 19. Jahrhundert. Die moderne Physik nimmt im Makrobereich durch die Relativitätstheorie eines Albert Einstein an Bedeutung zu. In Gegensatz dazu wird im Mikrobereich die Quantenphysik durch Max Planck entwickelt. Die moderne Physik wird dadurch mit ganz anderen Vorstellungen in Verbindung gebracht. Die Gesetzmäßigkeiten der klassischen Physik werden zu Wahrscheinlichkeiten und Zufälligkeiten in der modernen Physik des 20. Jahrhundert. Die Erkenntnisse der klassischen Physik haben nach wie vor auch ihre Gültigkeit.

6.6 Verehrung durch Slowenen auf Grund vieler muttersprachlicher Publikationen als junger Mensch

Josef Stefan wird als Lehrer an der Philosophischen Fakultät der Universität Wien von Studenten aus Slowenien sehr verehrt. Die Universität Wien ist damals eine Zentraluniversität der Habsburgermonarchie. Stefan fragt oft seinen slowenischen Studenten wie es mit der Heimat wohl geht. Stefan wird nach der Revolution 1848 als Zeichen des Bewusstwerden seines Volkes, verfasst mit nationaler Begeisterung etliche slowenische Lyrik und populärwissenschaftliche Texte.

Stefan schreibt als Gymnasiast in Klagenfurt und als Student in Wien viele slowenische Gedichte und populärwissenschaftliche Texte. Daher verehren die Slowenen Josef Stefan sehr. Diese Plastik wird nach dem Zweiten Weltkrieg vor dem „Institut Josip Stefan" in Laibach angebracht.[511]

Mit dem Aufkommen des Nationalismus zieht sich Stefan zunehmend von der Öffentlichkeit zurück. Der Nationalismus bringt in der zweiten Hälfte des 19. Jahrhundert zunehmend eine Spaltung der „einerlei" Kärntner Bevölkerung in „Deutsche" und „Slowenen". Nach einer Phase des Liberalismus, bestärkt durch die aufgeklärte Revolution kommt es zu einer politischen Spaltung in „Deutschnationale", „Christlich-soziale" und „Sozialdemokraten". Stefan zieht sich in seinen drei letzten Lebensjahrzehnten von politischen und sprachlich-ethnischen öffentlichen Äußerungen vollkommen zurück.

Das **Josef Stefan Institut** ist die größte Forschungsinstitution der Republik Slowenien. Dieses Institut deckt eine große Bandbreite von Grundlagen- wie auch angewandter Forschung ab, wobei die Schwerpunkte die Natur-, Lebens- und Ingenieurwissenschaften sind. Diese Forschungseinrichtung wird ursprünglich im Jahre 1949 als Institut für Physik innerhalb der Akademie der Wissenschaften gegründet. Dieses Institut gehört in der Gegenwart zu den forschenden wissenschaftlichen Aushängeschildern Sloweniens. In den letzten Jahrzehnten sind aus diesem Institut eine Reihe bedeutender Institutionen hervorgegangen.

---

[511] Fotoquelle: Niko Ottowitz- Streiflichter aus dem Leben und Werk– zum 175. Geburtstag.

7 Zeittafel

1804

16. Juli Geburt des Vaters des Knaben Josef, des Müllergehilfen Alexius Stefan in Lanzendorf 5 in der Pfarre St. Kanzian.

1815

3. August Geburt der Mutter des Jünglings Josef, der Magd Maria Startinick in Gleinach bei Ferlach.

1835

24. März Geburt von Josef Startinick südlich des Ortes St. Peter bei Klagenfurt.

1841-1845

Besuch der Normal- Hauptschule in der Kleinen Schulhausgasse in Klagenfurt

1844

25. August Heirat der Eltern des Knaben Josef Maria Startinik und Alexius Stefan in der Stadtpfarrkirche St. Egid in Klagenfurt.

1845-1853

Besuch des Gymnasiums der Benediktiner in der Großen Schulhausgasse in Klagenfurt

1847

Gründung der Akademie der Wissenschaften in Wien, wo Josef Stefan ein aktiver Funktionär wird.

1848

Anton Janežič und Matthias Meyer und eine zunehmende nationale Bewusstwerdung der Slowenen erfolgt.

1849

Gymnasial- und Universitätsreform unter dem liberal-katholischen Unterrichtsminister Leo Graf Thun–Hohenstein von 1849 – 1860.

Reorganisation der Gymnasien und Realschulen in Österreich durch Ministerialrat Franz Exner, Gymnasiallehrer Hermann Bonitz und anderen Fachleuten.

Reorganisation der Universitäten und die Institutionalisierung von Hochschulen und Akademien.

Gründung des „Physikalischen Instituts" an der Philosophischen Fakultät der Universität Wien.

Gründung mit Gymnasial Mitschülern eines literarischen Kreises.

1850

Christian Doppler Gründungs-Direktor des Physikalischen Instituts.

Stefan veröffentlicht erste slowenische Gedichte.

Stefan und ein Interesse an der Altphilologie wie Latein und Griechisch, Musik und Literatur, Mathematik und Physik.

Karel Robida ist für Stefan ein kritisches Vorbild als Physiklehrer und Benediktinerpater.

1852

Stefan studiert autodidaktisch als Gymnasiast Lehrbücher der Physik.

Stefan ist weiterhin an der Oberstufe literarisch tätig.

1852-1858

Stefan publiziert viele slowenische Gedichte und populärwissenschaftliche Artikeln

1853

Stefan maturiert mit Auszeichnung als Primus am k. k. Staatsgymnasium.

Stefan belegt das Lehramtsstudium der Mathematik und Physik an der Philosophischen Fakultät der Universität Wien.

1854

Stefans Lehrer an der Universität sind vor allem Franz Moth u. August Kunzek.

1855

Stefan Lehrer sind Josef Petzval, Josef Grailich und Andreas Ettingshausen.

1857

Stefan absolviert die Lehramtsprüfung in der Mathematik und Physik.

Stefan berichtet am 4. Juni über die „Land- und Forstwirtschaftsausstellung" in Wien.

Stefan absolviert Erstes Rigorosum am 9. Juli in den Fachbereichen Mathematik und Physik.

Stefan veröffentlicht die erste Abhandlung in den Poggendorffs Annalen der Physik.

Stefans erster Vortrag am 10. Dezember über die „Absorption der Gase" bei einer Sitzung der Akademie der Wissenschaften.

1858

Stefan legt das zweite Rigorosum am 4. Februar in der Philosophie ab.

Stefan absolviert das dritte Rigorosum am 10. Juni in Allgemeiner und Österreichischer Geschichte.

Stefan promoviert am 18. Juni zum Doktor der Philosophie.

Stefan habilitiert zum Privatdozenten für mathematische Physik.

Stefans erste Stelle als Reallehrer an der Ober-Realschule am Bauernmarkt.

Stefans gemeinsame Arbeit mit Carl Ludwig über den „ Druck im fließenden Wasser".

Stefans literarische Tätigkeiten werden überraschend abgebrochen.

Stefans slowenische Veröffentlichungen finden nicht mehr statt.

1860

Stefan wird mit 25 Jahren bereits korrespondierendes Mitglied der Akademie.

1863

Stefan wird jüngster Universitätsprofessor des Kaisertums Österreich

Stefan wird zum Direktor-Stellvertreter am Physikalischen Institut bestellt.

Stefans Mutter Maria Stefan stirbt am 23. Oktober mit 48 Jahren in Klagenfurt.

1865

Stefan wird der Ignaz-Lieben-Preis am 27. April erstmals verliehen.

Stefan wird am 20. Juni wirkliches Mitglied der kaiserlichen Akademie der Wissenschaften.

1866

Stefan wird am 1. Oktober zum Direktor des Physikalischen Instituts bestellt.

1869

Stefan wird Mitbegründer der Chemisch-physikalischen Gesellschaft Wien.

1869/70

Stefan bekleidet die Ehren-Funktion eines Dekans an der Fakultät für Philosophie der Universität Wien.

1869-1892

Stefan publiziert im Bereich der theoretischen und der praktischen Elektrotechnik

1876/77

Stefan nimmt die Ehren-Funktion eines Rektors an der Universität Wien ein.

1872

Stefans Vater Alexius Stefan stirbt am 8. Dezember mit 68 Jahren in Klagenfurt.

1875-1885

Stefan wird Sekretär der mathematisch-naturwissenschaftlichen Klasse

1879

Stefan formuliert experimentell und mathematisch das „Strahlungsgesetzes".

1881

Die erste Elektrotechnische Ausstellung findet in Paris statt.

1883-1885

Stefan wird erster Präsident des Elektrotechnischen Vereins in Wien.

1883

Stefan wird Präsident der technisch-wissenschaftlichen Kommission der Internationalen Elektrischen Ausstellung in Wien.

1884

Boltzmann bestimmt mathematisch ergänzend das Stefan Strahlungsgesetz.

1885

Stefan wird Präsident der internationalen Stimmtonkonferenz in Wien.

Stefan wird am 14. Juni Vizepräsident der Akademie der Wissenschaften bis zum Lebensende, wobei Stefan die vorgesehene Präsidentschaft nicht erlebt.

1892

Stefan ehelicht Marie Neumann die Witwe eines Eisenbahners aus Friesach.

1893

Stefan erliegt einem Gehirnschlag am 19. Dezember und bleibt bewusstlos.

Stefan stirbt am 7. Jänner an der Brightschen Krankheit, einer tödlichen Nierenerkrankung.

Stefan wird am Wiener Zentralfriedhof begraben, mit Nutzung der Ruhestätte bis zum Friedhofsende. Die Kurzzeit-Witwe bringt im einfachen Grab ein Relief an.

Stefan Ruhestätte ist heute aufwendig und Gruft ähnlich, mit der Grabstein-Aufschrift Rudolf und Josefine Munk, gestaltet. Der Name Josef Stefan ist in der neuen Grabgestaltung nicht mehr angebracht, obwohl eine Benützung seit 1893 auf Friedhofsdauer gegeben ist.

1895

Ludwig Boltzmann hält als Schüler Stefans bei der Enthüllung des würdigen Stefan-Denkmals eine eindrucksvolle Rede. Dieses Denkmal wird von seinen Verehrern gespendet. Es befindet sich im Arkadenhof der Säulenhalle der Universität Wien.

1935

Diese Rede Hermann Thirrings findet bei der Gedenktafel-Enthüllung am Geburtshaus von Josef Stefan statt. Bei dieser Gedenkfeier sind viele Menschen des öffentlichen Lebens versammelt. Ein noch lebender Schüler Stefans, der emeritierte Universitätsprofessor Gustav Jäger ist auch zugegen.

8 Quellen- und Literaturverzeichnis

8.1 Quellen ungedruckt

Archiv der Diözese Gurk
- Pfarrarchiv Klagenfurt – St. Lorenzen, Hs. 5, fol. 54.
- Parrarchiv Klagenfurt – St. Egid, Hs. 31, fol. 244.

Stadt- und Landesarchiv Wien
- Totenbeschreibamt, B1 – Totenbeschauprotokolle, Bd. 465, fol. 530.
- Nachlässe und private Sammlungen.

Archiv der Universität Wien

Josef Stefan
- Philosophischer Dekanatsakt 1892/93: Personalakt.
- Prüfungsprotokoll.
- Feierliche Inauguration 1892/93 an der Universität.

Landesarchiv Kärnten

Franziszeischer Kataster
- Faszikel 72127 / K 322: Klagenfurt-St. Peter.
- Faszikel 72127 / K 183: Klagenfurt.
- Faszikel 72175 / K 385: St. Ruprecht bei Klagenfurt.

Grundbuchauszug- Katastralgemeinden
- St. Peter bei Ebenthal, Gerichtsbezirk Klagenfurt.
- Eberndorf, Gerichtsbezirk Eberndorf.
- Grabelsdorf, Gerichtsbezirk Eberndorf.
- St. Ruprecht, Gerichtsbezirk Klagenfurt.

Kärntner Landtafel
- Rathausgrundstücke, Katastralgemeinde und Gerichtsbezirk Klagenfurt.

Boltzmann, Ludwig 1884: Ableitung des Stefan-Gesetzes betreffend die Abhängigkeit der Wärmestrahlung von der Temperatur aus der elektromagnetischen Lichttheorie, 4 Seiten.

Stefan, Josef 1879: Über die Beziehung von Wärmestrahlung und Temperatur, 38 Seiten.

8.2 Quellen gedruckt

Dörte, Gernert 1993(Hrsg.): Österreichische Volksschulgesetzgebung. Gesetze für das niedere Bildungswesen 1774-1905. Köln / Weimar / Wien:

- Allgemeine Schulordnung, für die deutschen Normal– Haupt- und Trivialschulen in sämmtlichen Königl. Kaiserl. Erbländern 1774. Wien, S. 1-58.
- Politische Verfassung der deutschen Schulen in der k. auch k. k. deutschen Erbstaaten 1806. Wien, S. 71-439.

Stefan, Josef
- 1902
- Aufzeichnungen. In: Ivan Subic: Dr. Josip Stefan. Ljubljana.
- Fragmente von Tagebuchaufzeichnungen in deutscher und slowenischer Sprache, Universitätsbibliothek Laibach.
- 1879: Über die Beziehung zwischen der Wärmestrahlung und der Temperatur, vorgelegt als wirkliches Mitglied der kaiserlichen Akademie der Wissenschaften.
- 1857: Allgemeine Gleichungen für oszillierende Bewegungen. In: Poggendorfer Annalen, Band 102.

Kärntner Landsmannschaft
- 1953: Brief an Franz Geiger. In: Kärntner Landesarchiv.
- 1949: Brief an Karl Treven. In: Kärntner Landesarchiv.

Partezettel: Tod von Josef Stefan. In: Archiv der Akademie der Wissenschaften.

Programme des k. k. Staatsgymnasium zu Klagenfurt. Am Schlusse des Schuljahres 1851, 1853, 1856. Klagenfurt

Treven, Karl 1949: Brief an die Kärntner Landsmannschaft. In: Kärntner Landesarchiv.

8.3 Primärliteratur

Herz, Norbert 1901: Die Fortschritte der Naturwissenschaften im 19. Jahrhundert. Wien.

Jäger, Gustav 1908: Josef Stefan, In: Allgemeine Deutsche Biographie, Bd. 54, Leipzig.

Lechner, Alfred 1915: Geschichte der Technischen Hochschule in Wien 1815-1915. Wien.

Boltzmann, Ludwig
- 1895: Josef Stefan- Rede gehalten bei der Stefan-Denkmal Enthüllung. In: Die Naturwissenschaften, 23. Jg., Heft 12, S. 185-189.
- 2005: Populäre Schriften, S. 92-103.

Braumüller, Hermann 1925: Die Geschichte der Klagenfurter Lehrerbildungsanstalt. In: Festschrift der Bundes-Lehrer- und Lehrerinnen-Bildungs-Anstalt in Klagenfurt. Siebenter Bericht, Klagenfurt 1925, S. 5-19.

Carinthia: 1. Jg., 1811 bis 1854 als Wochenblatt der Klagenfurter Zeitung, ab 1855 als selbständiges Wochenblatt, seit 1864 als wissenschaftliche Zeitschrift des Geschichtsvereines und des Naturkundlichen Landesvereines für Kärnten, Neue Carinthia 1890, ab 1891 Carinthia I bis heute, Geschichtliche und volkskundliche Beiträge zur Heimatkunde Kärntens. Herausgegeben vom Geschichtsverein für Kärnten.

Ehrenfried Felix 1919: Festrede 50-Jahrfeier der Chemisch-physikalischen Gesellschaft Wien.

Festschrift 2008: 100 Jahre Pfarre Ebenthal.

Hermann, Heinrich 1932: Klagenfurt wie es war und ist. Klagenfurt.

Karner, Herbert / Rosenauer, Artur / Telesko, Werner 2007: Die Österreichische Akademie der Wissenschaften. Das Haus und seine Geschichte. Wien.

Jahrbuch der k. k. Universität Wien 1892/93.

Jahresberichte der öffentlichen Ober-Realschule auf dem Bauernmarkte in Wien. 1859, 1860, 1861, 1862 und 1863.

Lebmacher, Carl 1935
- Klagenfurt in alter Zeit. Klagenfurt
- Zu Josef Stefans 100. Geburtstag 1835-1893. In: 4-seitiger Artikel im Landesarchiv und Freie Stimmen. Deutsche Kärntner Landeszeitung. „Verschärfte Vorlagepflicht".

Lenard, Philip 1930: Große Naturforscher. Eine Geschichte der Naturforschung in Lebensbeschreibungen. Wien.

Mitschrift einer Vorlesung Josef Stefans aus der Zentralbibliothek der Physik an der Universität Wien.

Obermayer, Albert von 1893: Zur Erinnerung an Josef Stefan. K. k. Hofrath und Professor der Physik an der Universität in Wien. Wien und Leipzig.

Suess, Eduard 1893
- Bericht der Gesammt-Akademie und der Mathematisch-naturwissenschaftlichen Classe. Almanach der kaiserlichen Akademie der Wissenschaften, Jg. 43, Wien, S 252-257.
- Almanach der kaiserlichen Akademie der Wissenschaften, Jg. 43. Wien.

8.4 Sekundärliteratur

Allgemeine Deutsche Biographie, Bd. 5 und 54. Herausgegeben durch die Historische Commission bei der Königlichen Akademie der Wissenschaften. Leipzig.

Bäck, Roland 2009: Der `Franziszeische Kataster`1817-1861 als Quelle zur Wirtschafts-, Sozial- und Umweltgeschichte in der Startphase der `Industriellen Revolution`. (= Archiv für vaterländische Geschichte und Topographie, 93). In: Drobesch, Werner / Fräss-Ehrfeld (Hrsg.): Die Bauern werden frei. Innerösterreichs Landwirtschaft zwischen Beharren und Modernisierung im frühen 19. Jahrhundert. Klagenfurt, S. 31-54.

Bittner, Lotte 1949: Geschichte des Studienfaches Physik an der Universität Wien, unveröffentlichte Dissertation an der Universität Wien.

Boncelj, Josef 1958: Josef Stefan und seine Tätigkeit auf dem Gebiet der Elektrotechnik. In: Sonderdruck der Zeitschrift „Elektrotechnik und Maschinenbau", 75. Jg., Heft 24, S. 666-674.

Brodnig, Melanie 1991: Thomas Koschat- der Vater des Kärntnerliedes. In: Kollegium, Lyzeum, Gymnasium. Vom „Collegium Sapientiae et Pietates" zum Bundesgymnasium Völkermarkter Ring, Klagenfurt. Die Geschichte des ältesten Gymnasium Österreichs, S. 319-324.

Bruckmüller, Ernst 2007: Rigaer Leinsamen und eiserner Pflug- Tendenzen der Neuorientierung der Landwirtschaft in den österreichischen Ländern im späten 18. und frühen 19. Jahrhundert. In:

Cermelj, Leo 1950: Josip Stefan. Leben und Werk des großen Physikers. Auszugsweise Übersetzung von Josef Boncelj 1956.

Drobesch, Werner 2003: Grundherrschaft und Bauer auf dem Weg zur Grundentlastung. Die „Agrarrevolution" in den innerösterreichischen Ländern. Klagenfurt.

Engelbrecht, Helmut: Geschichte des österreichischen Bildungswesens. Wien.
- **1886:** Von 1848 bis zum Ende der Monarchie. Band 4.
- **1884:** Von der frühen Aufklärung bis zum Vormärz, Band 3.

Entwurf der Organisation der Gymnasien und Realschulen in Österreich 1849. Plan der Realschulen. Wien.

Gollob, Hedwig 1965: Zur Frühgeschichte der Technischen Hochschule in Wien. In: 150 Jahre Technische Hochschule Wien 1815-1965. Wien, S. 160-394.

Fräss-Ehrfeld, Claudia 2007: Der lange Weg zur „Grünen Revolution". In: Drobesch, Werner / Fräss-Ehrfeld, Claudia (Hrsg.): Die Bauern werden frei. Innerösterreichs Landwirtschaft zwischen Beharren und Modernisierung im frühen 19. Jahrhundert (= Archiv für vaterländische Geschichte, 93). Klagenfurt, 7-12.

Fischer, Gero 1980: Das Slowenische in Kärnten. Bedingungen der sprachlichen Sozialisation. Klagenfurt.

Jahne, Ludwig 1921: Wegweiser durch die Umgebung von Klagenfurt. Klagenfurt.

Klammer, Hermann 1992: Auf fremden Höfen. Anstiftkinder, Dienstboten und Einleger im Gebirge. Wien / Köln / Weimar.

Kreuzer, Anton / Jaritz, Johann 2009: St. Peter und die Ebenthaler Allee. Klagenfurt.

Kreuzer, Anton / Leute, Gerfried H. / Franz, Wilfried R. 2009: St. Ruprecht Stadt vor der Stadt, Klagenfurt am Wörtersee.

Langeheinecke, Klaus / Jany, Peter / Thieleke, Gerd 2011: Thermodynamik für Ingenieure. Ein Lehr- und Arbeitsbuch für das Studium. 8. Aufl. Wiesbaden.

Lebmacher, Carl 1993: Klagenfurt in alter Zeit. Historische Bilder aus dem Alltag von Kärnten. Zusammengetragen von Josef Höck, Klagenfurt.

Lommel, Eugen 1877: In: Allgemeine Deutsche Biographie, Bd. 5. Leipzig.

Meister, Richard 1947: Geschichte der Akademie der Wissenschaften in Wien 1847-1947. Wien.

Ogris, Alfred 1982: Josef Stefan- ein berühmter Physiker aus Kärnten. In: Kärntner Landesarchiv, Die Kärntner Landmannschaft, Heft 10. Klagenfurt.

Ottowitz, Niko 1910 (Hrsg.): Jožef Stefan. Klagenfurt.

Österreich Lexikon 1995, Bd. I u. II. Wien.

Österreichische Akademie der Wissenschaften 1950 (Hrsg.): Österreichische Naturforscher und Techniker. Wien.

Österreichische Zentralbibliothek für Physik 2004 (Hrsg.): Geschichte, Dokumente und Dienste. Wien.

Pohl, Heinz Dieter
- Slowenisches Erbe in Kärnten und Österreich: ein Überblick.
- Sprache und Politik, gezeigt am Glottonym Windisch. Sonderdruck aus Festschrift für Oswald Panagl.
- 2. Vorwort. In: Rulitz, Florian Thomas: Die Tragödie von Bleiburg und Viktring. Partisanengewalt in Kärnten am Beispiel der antikommunistischen Flüchtlinge im Mai 1945. Klagenfurt.

Probstei-Pfarramt 1990: Votivkirche in Wien. Wien.

Reichmann, Linde 1991: Das Akademische Gymnasium und die Philosophische Fakultät am Lyzeum zu Klagenfurt 1773-1848. In: Baum, Wilhelm (Hrsg.): Kollegium, Lyzeum, Gymnasium. Klagenfurt, S. 149-172.

Schmid, Otto: Thomas Koschat, der Sänger des Kärntner Volksliedes.

Schneider, Hermann 2009: Die Straßen und Plätze von Klagenfurt. 4. erweiterte und verbesserte Auflage. Klagenfurt.

Schöffmann, Peter 1994: Klagenfurt als Schulstadt 1848-1918. Klagenfurt.

Sitar, Sandi 1993: Jozef Stefan- pesnik in fizik, Ljubljana.

Singer, Stephan 1934: Kultur- und Kirchengeschichte des unteren Rosentales. Dekanat Ferlach. Kappel.

Spitzer, Sebastian 2011: Josef Stefan 1835-1893. Ein Mensch in der Lebensluft zweier Sprachen. In: Festschrift 150 Jahre HTL1 Klagenfurt, S. 96-99.

Szegö, Johann 2004: Vorstadt Spaziergänge. Das alte Wien zwischen Ring und Gürtel. Wien.

Tropper, Peter G. 1996: Zur pfarrlichen Entwicklung der Landeshauptstadt Klagenfurt von der Zeit Kaiser Joseph II. bis in die Gegenwart. (= Archiv für vaterländische Geschichte, 77) In: 800 Jahre Klagenfurt. Herausgegeben: Geschichtsverein für Kärnten. Klagenfurt, S.265-280.

Kollegium, Lyzeum, Gymnasium 1991. Vom `Collegium Sapientiae et Pietatis" zum Bundesgymnasium. Die Geschichte des ältesten Gymnasiums Österreichs. Klagenfurt.

Kristof, Johann F. 1982: Die kulturpolitische Bedeutung der „St. Hermagoras Bruderschaft" für die Kärntner Slowenen, Hausarbeit Universität Salzburg.

Wagner, Kurt 1991: Josef Stefan ein österreichischer Physiker, S. 305-318.

Zablatnik, Pavle 1991: Die Bedeutung des Klagenfurter Gymnasiums für die Kärntner Slowenen, S. 383-401.

Weiß, Ida 1976: Der große Gelehrte aus der Franzlkeusche. Zum Gedenken an Josef Stefan, den aus Kärnten stammenden Begründer der österreichischen Physiker-Schule und Lehrer von Ludwig Boltzmann. In: Die Kärntner Landsmannschaft, Heft 4.